ORDENAMENTO TERRITORIAL:
COLETÂNEA DE TEXTOS COM DIFERENTES ABORDAGENS NO CONTEXTO BRASILEIRO

Leia também:

Antonio J. T. Guerra & Sandra B. Cunha
Impactos Ambientais Urbanos no Brasil

Luís Henrique Ramos de Camargo
A Ruptura do Meio Ambiente

Flávio Gomes de Almeida
Luiz Antônio Alves Soares
(Organizadores)

Ordenamento Territorial:

Coletânea de Textos com Diferentes Abordagens no Contexto Brasileiro

Copyright © 2009, Organizadores e Autores de seus respectivos capítulos

Capa: Leonardo Carvalho

Editoração: DFL

2009
Impresso no Brasil
Printed in Brazil

CIP-Brasil. Catalogação na fonte
Sindicato Nacional dos Editores de Livros – RJ

O76	Ordenamento territorial: coletânea de textos com diferentes abordagens no contexto brasileiro/Flávio Gomes de Almeida, Luiz Antônio Alves Soares (organizadores). – Rio de Janeiro: Bertrand Brasil, 2009.
	288p.
	Inclui bibliografia
	ISBN 978-85-286-1396-4
	1. Territorialidade humana. 2. Geografia urbana. 3. Geografia ambiental. 4. Sociologia urbana. I. Almeida, Flávio Gomes de. II. Soares, Luiz Antônio Alves.
09-2965	CDD – 307.76 CDU – 316.334.56

Todos os direitos reservados pela:
EDITORA BERTRAND BRASIL LTDA.
Rua Argentina, 171 – 1º andar – São Cristóvão
20921-380 – Rio de Janeiro – RJ
Tel.: (0xx21) 2585-2070 – Fax: (0xx21) 2585-2087

Não é permitida a reprodução total ou parcial desta obra, por quaisquer meios, sem a prévia autorização por escrito da Editora.

Atendemos pelo Reembolso Postal.

Sumário

Apresentação 11
Prefácio 15
Autores 19

Capítulo 1   Ordenamento Territorial e Complexidade:
             por uma Reestruturação do Espaço Social 21
             Luís Henrique Ramos de Camargo

1. Introdução 21
2. O que é ordem? E para que(m) serve? 22
3. Planejamento e ordenação territorial no Terceiro Mundo 26
4. O Terceiro Mundo e sua inserção no processo de ordenação
   territorial internacional: o caso brasileiro 28
    4.1. Expansão técnica e organização do território 30
        4.1.1. O período industrial 30
        4.1.2. O processo de urbanização nacional 31
        4.1.3. O período tecnológico 32
        4.1.4. Planejamento e ideologia no pós-guerra 33
        4.1.5. Globalização, espaço geográfico e meio técnico-científico
               informacional 35
            4.1.5.1. O meio técnico-científico
                     informacional 37
5. Globalização e o espaço organizacional: uma análise a partir das
   teorias do campo da auto-organização e da complexidade 39
    5.1. Interconectividade e o espaço social: em busca de uma nova
         identidade para os povos oprimidos pelo capital 41

5.2. Identidade, complexidade e o surgimento necessário de uma nova ética para o cidadão 43
6. Repensar o ordenamento para reativar o espaço social 46
7. A auto-organização inerente ao espaço geográfico 49
8. Conclusão 52
9. Referências Bibliográficas 53

CAPÍTULO 2   O ENFOQUE SOCIOLÓGICO E DA TEORIA ECONÔMICA NO ORDENAMENTO TERRITORIAL 61
Luiz Antônio Alves Soares

1. Introdução 61
2. O enfoque sociológico e da teoria econômica no ordenamento territorial 62
   2.1. O território 62
   2.2. O ordenamento territorial 67
      2.2.1. Questões conceituais 67
      2.2.2. O ordenamento do território, seus enfoques sociológicos e da teoria econômica e outras abordagens 75
3. Conclusão 82
4. Referências Bibliográficas 82

CAPÍTULO 3   O PAPEL DA DISTRIBUIÇÃO E DA GESTÃO DOS RECURSOS HÍDRICOS NO ORDENAMENTO TERRITORIAL BRASILEIRO 85
Flávio Gomes de Almeida
Luiz Firmino Martins Pereira

1. Introdução 85
2. Distribuição dos recursos hídricos no Brasil 88
3. A influência das águas no ordenamento do território 89
4. A gestão dos recursos hídricos e sua influência no ordenamento territorial 94
5. A multiplicidade de atores no controle social e no processo decisório em bacias hidrográficas 102
6. Conclusão 109
7. Referências Bibliográficas 110

CAPÍTULO 4 A DIVERSIDADE BIOLÓGICA E O ORDENAMENTO
            TERRITORIAL BRASILEIRO 115
            Cláudio Belmonte de Athayde Bohrer
            Luiz Eduardo Duque Dutra

1. Ordenamento territorial e biodiversidade 115
2. Biodiversidade no Brasil 117
   2.1. Refúgios e centros de endemismos 118
   2.2. Dinâmica florestal, ambientes e diversidade 120
   2.3. Centros de diversidade 123
3. O ecossistema 124
   3.1. Biogeoquímica e o manejo dos ecossistemas florestais 126
   3.2. Ecossistema e biodiversidade 128
4. Recursos biológicos e ordenamento territorial no Brasil 130
   4.1. Políticas de conservação da biodiversidade 131
   4.2. Biodiversidade, biotecnologia e propriedade intelectual 134
   4.3. Manejo e conservação da biodiversidade 135
   4.4. Estratégias de conservação 137
      4.4.1. Conservação *in situ* 137
      4.4.2. Conservação *ex situ* 138
5. Avaliação da biodiversidade, ecologia da paisagem e conservação 139
   5.1. Ecologia da paisagem 140
   5.2. Avaliação da biodiversidade 142
6. Avaliação econômica e biodiversidade 144
7. Conclusão: novos rumos e tendências 146
8. Referências Bibliográficas 148

CAPÍTULO 5 OS PARQUES E RESERVAS COMO
            INSTRUMENTOS DO ORDENAMENTO TERRITORIAL 157
            Luiz Renato Vallejo

1. Origens e globalização das políticas de conservação 158
2. Os grandes argumentos para a conservação da biodiversidade
   e a criação de Unidades de Conservação 162

3. Diretrizes metodológicas de planejamento de Unidades
de Conservação 166
   3.1. Aspectos introdutórios 166
   3.2. Mecanismos e critérios para o estabelecimento
de áreas protegidas 170
   3.3. Planejamento de áreas protegidas 174
      3.3.1. Planos de manejo 178
      3.3.2. Caracterização de Unidades de Conservação 182
      3.3.3. O zoneamento em Unidades de Conservação 185
4. Considerações finais 188
5. Referências Bibliográficas 191

CAPÍTULO 6 A CARTOGRAFIA NO ORDENAMENTO TERRITORIAL DO
ESPAÇO GEOGRÁFICO BRASILEIRO 195
Carla Bernadete Madureira Cruz
Paulo Márcio Leal de Meneses

1. Definições e conceito de cartografia 195
   1.1. Divisão da cartografia 196
   1.2. Mapa: conceitos e definições 198
2. Inventário cartográfico 202
3. Situação cartográfica brasileira 207
   3.1. Legislação vigente 208
      3.1.1. Sistema cartográfico nacional 209
      3.1.2. Representação do espaço territorial 209
      3.1.3. Cartografia sistemática 209
      3.1.4. Infra-estrutura cartográfica 210
      3.1.5. Normas técnicas 211
4. Escalas de ordenamento e natureza da informação 212
   4.1. Escalas de ordenamento 212
      4.1.1. Informações e escalas de observação 215
   4.2. Natureza do dado ambiental 217
5. Generalização e compatibilização cartográficas 219
   5.1. Generalização cartográfica 220
   5.2. Compatibilização 222

6. Considerações finais 224
7. Referências Bibliográficas 224

CAPÍTULO 7   O PROCESSO DE FORMAÇÃO TERRITORIAL DO ESTADO DO
RIO DE JANEIRO 227
Hélio de Araújo Evangelista
Rui Erthal

1. Introdução 227
   1.1. As fases da ocupação do território 228
      1.1.1. O descobrimento 228
      1.1.2. O porto e a cidade do Rio de Janeiro 230
      1.1.3. Cabo Frio 233
      1.1.4. Angra dos Reis e Paraty 234
      1.1.5. Campos dos Goytacazes 236
      1.1.6. Vale do Paraíba 238
      1.1.7. Noroeste fluminense 245
2. Conclusão 246
3. Referências Bibliográficas 247
4. Anexo 250

CAPÍTULO 8   O ORDENAMENTO TERRITORIAL DO ESTADO DE
MINAS GERAIS: BREVE HISTÓRICO 259
David Márcio Santos Rodrigues

1. Olhando a paisagem, entendendo o território 259
2. O início da ocupação 260
3. A busca de informações para o planejamento 266
4. Cartografia, política e ordenamento territorial 271
5. Histórico sobre as divisões geográficas, administrativas e regionais em Minas Gerais 279
6. Conclusão 282
7. Referências Bibliográficas 283

Apresentação

A relação entre Geografia e Ordenamento Territorial e Ambiental se dá cada vez mais de uma forma real e necessária. É conveniente precisar conceitual e metodologicamente o que venha a ser ordenamento territorial, através de um significado claro e que compartilhe das idéias fundamentais, bem como o entendimento do processo histórico de estruturação espacial, que no presente trabalho será o território brasileiro.

Ainda é importante ressaltar os aspectos ambientais, sociais, culturais, políticos e jurídicos dos planos nacionais e regionais de ordenação do território brasileiro.

O território, além do povo e das instituições políticas, é um dos três fundamentos da expressão política do poder nacional.

A manutenção da integridade territorial e a utilização racional e ordenada dos recursos, quando expressam verdadeiramente a vontade do povo de modo a identificar e estabelecer os objetivos nacionais, passam também por uma questão de soberania, sendo esta um objetivo nacional permanente (Costa, 1989).

O Brasil possui um imenso território que, diante das tecnologias e da disponibilidade para investimentos em escala internacional, se poderá constituir em potencial de desenvolvimento maior do que em nações menores e não tão ricas. Mas isso é apenas uma potencialidade, jamais uma determinação. O maior obstáculo ao desenvolvimento brasileiro, em nosso entendimento, está na condição social de nossa população. Como convencer o brasileiro pobre do campo e o da cidade de que esse imenso território lhes pertence e lhes é útil, quando a grande maioria deles (63% de excluídos) não pode usufruir sequer de parcos espaços para o seu trabalho e a sua vivência?

Tradicionalmente, as políticas territoriais têm sido entendidas no âmbito restrito dos planos regionais de desenvolvimento, isto é, enquanto atividade planejadora do Estado voltada para o enfoque regional específico, resultando comumente em projetos especiais que interessam a uma ou outra região do país. Em nosso entendimento, as políticas territoriais extrapolam essa noção, abrangendo toda e qualquer atividade estatal que implique, simultaneamente, uma dada concepção do espaço nacional, uma estratégia de intervenção ao nível da estrutura territorial e, por fim, mecanismos concretos que sejam capazes de viabilizar essas políticas. Daí nos interessar, além das políticas regionais, também as urbanas, ambientais, de colonização, de fronteiras internas e externas de integração nacional, além de programas especiais, tais como os de descentralização industrial e outros do tipo.

Ao se desenvolver uma política de produção do território, não têm sido levados em conta os interesses da população e sim os dos grupos econômicos e políticos dominantes, que raciocinam sempre a curto e médio prazos e não fazem prospectivas para o futuro. Daí coincidir o crescimento da produção com o crescimento da miséria, fato denunciado pelo papa João Paulo II em sua visita ao Brasil, em outubro de 1991.

A nossa política de produção do território deveria reger-se por uma preocupação com a defesa dos interesses e das aspirações nacionais, de vez que a tão decantada política de internacionalização da economia não deve ignorar que as fronteiras e os sentimentos nacionais existem e que para a manutenção do sentimento da nacionalidade é necessário que se preservem os interesses econômicos e territoriais. Daí o Brasil necessitar racionalizar em prol dos seus interesses, do crescimento de sua economia e da utilização de seu espaço geográfico, a fim de que possa diminuir as diversificações de renda existentes e resolver os seus problemas sem recorrer à emigração dos seus habitantes (Andrade, 1995).

Na ausência de um instrumento jurídico até 1988 para a ordenação do território brasileiro, bem como da prática governamental nesse sentido, torna-se possível que sejam observadas políticas de ocupação do território, as quais levaram em muitos casos ao (des)ordenamento territorial e ambiental.

APRESENTAÇÃO

Num primeiro momento o livro aponta a complexidade da estruturação do espaço social brasileiro juntamente com o enfoque sociológico e da teoria econômica, examinando alguns momentos da história nacional, procurando evitar o caminho dos estudos clássicos de formação histórica, econômica ou mesmo territorial, e passa ao largo daqueles problemas políticos que não atingem diretamente o tema proposto.

Na etapa seguinte, tentando-se ressaltar os objetivos do presente trabalho, destacaram-se diferentes técnicas para elaboração do ordenamento territorial e ambiental, enfatizando-se sempre que um zoneamento geográfico das unidades ambientais em seu sentido mais abrangente inclui um componente estritamente técnico e um político.

Após traçarmos os objetivos, apontarmos as estratégias para atingi-los, restou-nos na segunda parte do livro exemplificar com dois estudos de caso, um do Estado do Rio de Janeiro e o outro de Minas Gerais, para finalmente, nas considerações finais, ressaltar a importância de um ordenamento territorial e ambiental em território brasileiro para que venhamos a ter um desenvolvimento com bases verdadeiramente sustentáveis.

Os Organizadores

PREFÁCIO

Dr. Antonio José Teixeira Guerra
Professor-Associado do Departamento de Geografia da UFRJ

É com grande satisfação que faço o prefácio de *Ordenamento Territorial: coletânea de textos com diferentes abordagens no contexto brasileiro*. O livro foi organizado por Flávio Gomes de Almeida, professor da Universidade Federal Fluminense (UFF) e também um de seus autores. A equipe de pesquisadores convidada por Flávio tem grande experiência na temática abordada, ou seja, no ordenamento territorial brasileiro.

No Capítulo 1 — O Ordenamento Territorial e Complexidade: por uma Reestruturação do Espaço Social —, escrito por Luís Henrique Ramos de Camargo, o ordenamento territorial é abordado à luz da teoria da complexidade. Estuda o que é ordem e seu significado no capitalismo, o planejamento e a ordem territorial no Terceiro Mundo e a globalização, o espaço geográfico e o meio técnico-científico informacional. No entender do autor, "ordenamento territorial não pode ser manipulação e sim a materialização do desejo popular, onde as formas geográficas devem seguir a orientação da liberdade e não da escravização".

No Capítulo 2 — O Enfoque Sociológico e da Teoria Econômica no Ordenamento Territorial —, Luiz Antônio Alves Soares adota posicionamento epistemológico a partir da crítica dos saberes fragmentados, refutando a procedência do tratamento do ordenamento territorial à luz de fatores específicos, como o sociológico e o econômico. Tal como Luís Henrique Ramos de Camargo, o autor apóia-se na teoria da complexidade. Discute alguns conceitos de ordenamento territorial e analisa o impacto da globalização, apresentando dois exemplos de ordenamento territorial desenvolvidos com esse caráter no Brasil.

No Capítulo 3 — O Papel da Distribuição e da Gestão dos Recursos Hídricos no Ordenamento Territorial Brasileiro —, Flávio Gomes de Almeida e Luiz Firmino Martins Pereira estudam a contribuição dos rios no ordenamento territorial do Brasil. Para esses autores, o ordenamento territorial brasileiro possui uma relação histórica com a distribuição da água, servindo como via de penetração teórica, com a sua distribuição como via de penetração para o interior. Entendem que, no ordenamento territorial, é o conhecimento da dinâmica ambiental que deve orientar os processos decisórios com vistas a atingir a qualidade ambiental. Nesse pensamento têm importância central os comitês de gestão de bacias em virtude da participação popular, contribuindo para a correção do (des)ordenamento territorial.

No Capítulo 4 — A Diversidade Biológica e o Ordenamento Territorial —, Cláudio Belmonte de Athayde Bohrer e Luiz Eduardo Duque Dutra vêem o ordenamento territorial como um processo de planejamento, tendo como objetivo o desenvolvimento sustentável. Para eles, o papel da biodiversidade no ordenamento territorial deve ser enforcado de modo amplo, abrangendo as diferentes definições ou níveis de biodiversidade. Segundo esses mesmos autores, o recurso biológico vem influenciando o ordenamento territorial desde os primórdios da humanidade, pois o homem sempre depende dele para a sua sobrevivência.

No Capítulo 5 — Os Parques e Reservas como Instrumentos do Ordenamento Territorial —, Luiz Renato Vallejo estuda as unidades de conservação, destinadas a garantir a perpetuação dos recursos naturais para as gerações futuras e manutenção de serviços ambientais para as sociedades. Trata-se de tema relevante para a reflexão e o exercício sobre o ordenamento territorial dentro de uma perspectiva de sustentabilidade socioambiental.

No Capítulo 6 — A Cartografia no Ordenamento Territorial do Espaço Geográfico Brasileiro —, Carla Bernadete Madureira Cruz e Paulo Márcio Leal de Meneses estudam temas, como: definição e conceito de cartografia; inventário cartográfico; situação cartográfica brasileira; escalas de ordenamento e natureza da informação; generalização e compatibilização cartográficas.

PREFÁCIO

O livro apresenta, por fim, dois estudos de caso que bem ilustram o objetivo de discussão e reflexão sobre o ordenamento territorial brasileiro.

No Capítulo 7 — O Processo de Formação Territorial do Estado do Rio de Janeiro —, Hélio de Araújo Evangelista e Rui Erthal partem da concepção de que a organização espacial é permeada por diversas relações de poder. Em seu estudo, consideram os cenários geopolíticos a partir da identificação de fenômenos políticos situados em diferentes porções territoriais, mas interligados por estratégia(s) espacial(ais) que chegava(m) a afetar a conformação das fronteiras do Rio de Janeiro.

No Capítulo 8 — O Ordenamento Territorial do Estado de Minas Gerais: Breve Histórico —, David Márcio Santos Rodrigues, apoiado em farta documentação, estuda as atividades econômicas desenvolvidas no Estado, o início da ocupação, a busca de informação para o planejamento, cartografia, política e ordenamento territorial, histórico sobre as divisões geográficas, administrativas e regionais de Minas Gerais.

O livro, como um todo, aborda uma temática atual, que sem dúvida será de grande utilidade para estudantes de Geografia e ciências afins, como também para professores e pesquisadores que têm mergulhado nesse campo de conhecimento nas últimas décadas. A equipe autora do livro vem se debruçando sobre esse tema já há algum tempo e tem grande experiência no que foi escrito. Preenche uma lacuna em um campo que ainda possui poucos trabalhos em língua portuguesa.

Autores

LUÍS HENRIQUE RAMOS DE CAMARGO — Doutor em Geografia pela UFRJ e professor da Unesa e do Colégio Federal Pedro II.

LUIZ ANTÔNIO ALVES SOARES — Bacharel e licenciado em Ciências Sociais pela Faculdade Nacional de Filosofia da UFRJ (1964), professor de Sociologia Urbana, de Planejamento Urbano e de Sociologia, e consultor de Planejamento Urbano.

FLÁVIO GOMES DE ALMEIDA — Professor-associado do Departamento de Geografia da UFF e doutor em Geografia pela UFRJ.

LUIZ FIRMINO MARTINS PEREIRA — Doutor em Geografia pela UFF. Foi secretário executivo do Consórcio Intermunicipal Lago São João (RJ) e é presidente do INEA.

CLÁUDIO BELMONTE DE ATHAYDE BOHRER — Doutor em Ecologia e professor-associado da UFF.

LUIZ EDUARDO DUQUE DUTRA — Doutor em Economia pela Université Paris-Nord.

LUÍS RENATO VALLEJO — Doutor em Geografia e professor-associado da UFF.

CARLA BERNADETE MADUREIRA CRUZ — Engenheira, cartógrafa e doutora em Geografia pela UFRJ. Professora adjunta do Departamento de Geografia da UFRJ.

PAULO MÁRCIO LEAL DE MENESES — Engenheiro, cartógrafo e professor adjunto do Departamento de Geografia da UFRJ. É doutor em Geografia.

HÉLIO DE ARAÚJO EVANGELISTA — Doutor em Geografia pela UFRJ e professor-associado da UFF.

RUI ERTHAL — Doutor em Geografia pela UFRJ e professor-associado da UFF.

DAVID MÁRCIO SANTOS RODRIGUES — Professor titular da UFMG, aposentado, e atualmente diretor-geral do Instituto de Geociências Aplicadas (IGA) de Minas Gerais.

CAPÍTULO 1

ORDENAMENTO TERRITORIAL E COMPLEXIDADE: POR UMA REESTRUTURAÇÃO DO ESPAÇO SOCIAL

Luís Henrique Ramos de Camargo

"O capitalismo só tem êxito quando começa a ser identificado com o Estado, quando ele é o próprio Estado."

Fernand Braudel

1. INTRODUÇÃO

Relativizar a vida e suas opções é uma questão cada vez mais importante em uma sociedade na qual a cada dia o espaço encontra-se mais interconectado e preenchido por inúmeras possibilidades. A escolha dos modelos que devem ordenar e orientar nossas vidas deve sugerir diversos e diferentes caminhos para que não nos prendamos a verdades preestabelecidas sob o custo de pagarmos o preço com a nossa própria liberdade.

Concepção da realidade e método tornam-se abstrações quando submetidos à sua relatividade dentro do contexto histórico das sociedades que constroem e construíram a humanidade, pois a trajetória da humanidade que descreveu vários percursos conheceu também o desenho de várias formas de organização espacial. Sociedades que hoje caem em descrédito, devido a seu suposto atraso científico e tecnológico, organizaram e viram a reordenação de seus espaços geográficos gerando múltiplos sistemas diferenciados de ordenamento, mostrando-nos que não há um único caminho.

Em nossos dias, a mesma ideologia que hoje preconiza a idéia de progresso e da tecnociência como um caminho unívoco dita também a verdade sobre o passado e como deve ser o futuro. Abraçamos assim uma só verdade, inseridos em um modelo único e global de política econômica que suplanta os interesses das nações, pois ao se desenvolverem laços de integração dos territórios nacionais com grandes organizações transnacionais não se escuta o pedido popular mas, sim, o desejo do capital.

A concepção capitalista de ordem traça assim uma única verdade e reproduz no espaço geográfico suas perspectivas de mais-valia. Nesse contexto, o planejamento-gestão torna-se um instrumento do capital, criando e recriando no espaço um "panóptico foucaultiano", em que a emergência de novas formas geográficas dita o teor dos laços que integram as economias periféricas a modelos criados para as grandes organizações. E, como conseqüência, as formas reproduzem-se em conteúdos diferenciados do seu passado e que, como alerta Santos (2003), em geral, não atendem às demandas das populações locais.

Este trabalho visa discutir o teor estrutural desse debate, sugerindo como proposta, a partir do campo filosófico da auto-organização e da complexidade, rediscutir o espaço social, tornando-o eficaz frente ao ordenamento territorial imposto pelos grandes grupos organizacionais.

2. O QUE É ORDEM? E PARA QUE(M) SERVE?

O dicionário *Aurélio* nos ensina que a palavra *ordem*, entre vários significados, remete a uma disposição permanente de meios para se obter um determinado fim. Ora, dentro de uma lógica de fluxos sistêmicos, a partir da utilização da Teoria Geral dos Sistemas, de Bertalanffy (1968), verifica-se que um sistema também corresponde a uma ordenação específica de elementos dispostos, que se encontra, porém, em constante dinâmica de fluxos que possibilitam seu reordenamento. Em Morin (1998), a partir da idéia da complexidade, por sua vez, a idéia de ordem envolve-se em uma dinâmica de constantes sintropias evolutivas, em que a ordem é sucedida pela desordem, gerando organização e um novo patamar de ordem, lembrando a espiral evolutiva proposta por Moreira (1993).[1]

---

[1] Ler *O Círculo e a Espiral*, de Ruy Moreira.

Em verdade, a ordem em um sistema complexo não digere a idéia do controle, pois ela é auto-organizada (Atlan, 1992; Camargo, 1999 e 2000; Capra, 1996; Christofoletti, 1999; Prigogine & Stengers, 1984 e 1997). O melhor exemplo para entender essa dinâmica é a própria análise de qualquer evento espacial relacionado ao processo de globalização, pois seus fluxos distanciam-se do controle, gerando constantes incertezas a quem planeja, devido à grande velocidade e à não-linearidade das suas redes. Essa dinâmica acaba não permitindo um planejamento determinístico e previsível, cartesiano-newtoniano, trazendo a necessidade da gestão como elemento metodológico fundamental.

O planejamento encarcerado no ideal determinístico, que possui como essência a previsibilidade, torna-se obsoleto quando submetido à grande complexidade das variáveis que constantemente se inserem nos sistemas, e assim se perde. Não é à toa que Morin (1977) verifica que a palavra-chave da ciência clássica é o substantivo *ordem*, em que a organização associa-se à ordem pura e simplesmente como um elemento organizador da desordem, ou seja, que coloca ordenamento. Nesse caso, ordenar significa pôr em ordem, dispor, determinar por ordem, mandar — controlar. Ordem, no sentido cartesiano-newtoniano e respaldando o sistema de poder, remete assim a disposição metódica, arranjo de coisas segundo certas relações, boa disposição, bom arranjo.

Para o positivismo de Comte e Durkheim, assim como no iluminismo de Voltaire, a perfeição apresentada pela ordem newtoniana é um modelo ideal para ordenar a sociedade e curá-la de seus principais males. Assim, a economia política capitalista pôde apropriar-se dessa idéia fornecendo uma bagagem ideológica para sua política econômica. Na concepção monístico-positivista, a partir das categorias cartesiano-newtonianas, ordenar tomou o significado da busca pelo progresso, tornando-se fato natural e inquestionável (Löwi, 2002).

Ao gerar seu modelo de universo ordenado e sincrônico, Newton integra o empirismo de Bacon à razão de Descartes, criando um charmoso e revolucionário sistema em que o silogismo aristotélico, que veio fundamentar a lógica escolástico-tomista, seria suplantado em nome da racionalidade científica, como descreve o próprio Newton em seu clássico livro *Princípios Matemáticos da Filosofia Natural* (1987):

"Não se hão de admitir mais causas naturais do que as que sejam verdadeiras e, ao mesmo tempo, bastem para explicar os fenômenos de tudo. A natureza, com efeito, é simples e não se serve do luxo de causas supérfluas das 'coisas' (Newton, 1987, p. 166)."

Como na concepção newtoniana tudo o que acontecia tinha uma causa definida, gerando também um efeito definido, cada detalhe do movimento de um objeto no futuro seria matematicamente previsível. A coerência obtida por Newton em conhecer a "lógica" do deslocamento dos objetos seria facilmente utilizada como modelo para compreensão de todo o universo. Assim, todas as ações feitas nele seguiam a previsibilidade inerente à própria organização da grande máquina universal, onde tudo permanecia ordenado: as galáxias, os planetas e as estrelas.

Assim, com o positivismo e a aceitação da idéia newtoniana de ordem como um processo associado à própria lógica, a ordem passou a ser considerada um elemento natural dado *a priori*, fruto da inerente busca da organização natural no universo.

O ordenamento planejado burguês, que, como descreve Santos (2003), é um trato ideológico na estruturação do sistema-mundo, é solidário dessa proposta. Planejar em uma economia na qual o território é nacional, porém a economia é internacional, subentende não democratizar desejos e muitas vezes necessidades locais. Assim, a ideologia positivista capitalista faz-se salvadora das esperanças e caminho único para o progresso humano. Nesse sentido, onde está o cidadão?

Ordenar em nossa sociedade, em verdade, é um indicativo não-natural do real, tornando-se uma busca ideológica de consolidar objetivos de classe. Desse modo, a totalidade espacial contemporânea, fruto da busca unívoca do capital pela mais-valia global, retrata na paisagem os desejos das grandes corporações interconectados pela ação do Estado e a busca da sociedade em viver seu lugar e sua identidade. Favelas, prédios modernos, sistemas de engenharia, entre tantas outras questões, se dinamizam com sistemas de ações, levando o espaço geográfico a perseguir constantes totalizações[2] e, assim, trazendo o nascimento de novas totalidades.

---

[2] A palavra *totalização*, neste capítulo, remete à leitura de Santos (1997), que a ela se refere como um processo na construção de novas totalidades.

Nesse sentido, o ordenamento e seus métodos de planejamento[3] passam a constituir um elemento inerte enclausurado na dinâmica da reversibilidade newtoniana, pois os constantes fluxos não-lineares que se incorporam diariamente às economias mundiais, associados às dinâmicas locais, direcionam o futuro e sua tentativa de controle para muito além do que Newton imaginava. A constante complexidade dos sistemas em uma economia globalizada vive fornecendo possibilidades de imprevisibilidade e não certezas determinísticas, em que a incerteza se torna um novo patamar de lógica.

A antiga idéia de ordem newtoniana associada à ideologia capitalista, que assegurava a ordem, e o imaginário de que a mesma levaria ao progresso a partir do advento das teorias da auto-organização,[4] trazem um novo sentido à antiga idéia de previsibilidade, em que se percebe que a ciência clássica não mais responde às necessidades atuais da sociedade. Remete-se então à noção de ruptura de paradigma proposta por Khun (1970), que observa que quando um paradigma não mais responde às necessidades da ciência deve ser substituído.

No paradigma da auto-organização e da complexidade, a ordem é sucedida pela desordem, gerando um novo patamar de organização que, por sua vez, novamente é sucedido por outro patamar de ordem. Porém, nessa análise não há o controle e sim a possibilidade por probabilidade, inserindo elementos variáveis no sistema, tentando influir na dinâmica que percorre caminhos próprios, fruto da combinação de seus elementos na sua complexidade.

A existência da ordem mundial atual relaciona-se a uma normatização supranacional que se expressa juridicamente, gerando unicidade planetária e rompendo antigas barreiras legais. Os autores ainda observam que essa questão não se manifesta como se fosse dirigida por um grande centro de poder que intencionalmente orquestra e manipula o planeta, pois acreditam que a própria estrutura da ordem atual se reproduz dentro de uma grande diversidade. Assim, verifica-se a heterogeneidade de forças que

---

[3] De tantas leituras a respeito do assunto, sugere-se o livro do professor e geógrafo Marcelo Souza, por traçar um estudo detalhado das correntes de planejamento.
[4] Ver Referências Bibliográficas. Sugere-se a tese de doutorado de Camargo (2002).

atuam na construção jurídica e organizacional do exercício do poder sobre o território e sua ordenação gerando o poder constituinte (Negri, 2002) e efetivando o que chamam, no sentido foucaultiano, de sociedade de controle.

3. Planejamento e Ordenação Territorial no Terceiro Mundo

O ordenamento da sociedade, hoje mais do que nunca, passa pela interferência direta na organização espacial, onde as formas geográficas são reestruturadas de acordo com o interesse do planejador a partir da inserção do território específico na ordem mundial. Assim, o planejamento/gestão deixa de ser uma concepção de análise puramente econômica, tornando-se ideológica, pois se remete à manipulação das formas da paisagem geográfica, usando-as para o controle da reprodução do capital.

Dentro dessa perspectiva ideológica, Santos (2003) verifica que a partir do ordenamento através das formas, seguindo um processo ideológico, os grandes grupos econômicos consolidam seu poder sobre o território, ampliando o laço de dependência das economias periféricas, e também que esse processo ocorre associado à modernização, que traz o discurso do progresso técnico-científico capitalista como caminho único e irreversível.

O papel do planejamento/gestão na organização do território representa a articulação de como o poder se mobiliza em torno de interesses perniciosos a partir de sua promiscuidade com o Estado. Segundo Santos (2003), o planejamento faceou a intromissão das economias centrais com uma grande brutalidade e rapidez no "Terceiro Mundo", facilitando assim a entrada do grande capital nessas nações.

Essa penetração se deu a tal ponto que hoje, como observa Guatari (1990), essas nações se encontram à beira de uma grave crise de desestruturação moral, econômica e social. O processo de tutelamento que elas sofrem, ligado ao ordenamento burguês, representa a busca da padronização, o furto das identidades locais, a desestruturação das nações e de seus espaços territoriais e o compromisso faustiano[5] dos seus governos com entidades organizacionais que nada ou pouco têm a ver com os interesses locais.

Ainda segundo Santos (2003), o planejamento, que levou as economias locais à atual crise, ocorreu em três fases sucessivas, sendo a primeira associada à penetração pela força e as outras duas ligadas à ideologia como fator de domínio. O autor não descarta, porém, que nas três fases também se direcionaram processos ideológicos associados muitas vezes com o uso da força, e o que as distinguiria, nesse sentido, é a característica própria do primeiro momento em que os dominadores não sentiram a necessidade de disfarçar sua atividade. Assim, o autor verifica que, por essa razão, o termo *planejamento* só começou a ser usado a partir da década de 1930 para garantir a dominação e mascarar suas hipocrisias.

Santos (2003), ao identificar as três grandes fases do planejamento, delimita-as, verificando suas diferenças básicas. Assim, na primeira fase o autor constata que os processos de descolonização reforçaram a inserção do mercado e das suas vantagens. A segunda fase, por sua vez, é marcada pelo desenvolvimento de monopólios na sua forma transnacional, estando diretamente relacionada com a ampliação da penetração e da reprodução do capital. Nesse sentido, o autor delimita a importância das revoluções técnicas e científicas associadas à difusão das idéias através da propagação da mídia e da propaganda, possibilitando o advento dessa fase que se expande para além da produção, exigindo que a população dê sua colaboração através do consumo.

A terceira fase, segundo o autor, espalha-se ao mesmo tempo por todo o Terceiro Mundo, ampliando o consumo de bens e serviços, porém dando continuidade à antiga estrutura que gerou fome e miséria, pois é mantida a grande taxa de acumulação e de desigualdade. O paradoxo que se materializa liga-se à continuidade do estado social de pobreza mascarado, determinando assim uma pobreza planejada. Segundo o autor, deve-se dar aos pobres a impressão, e não somente a esperança, de que estão emergindo da pobreza.

---

[5] O autor se refere a Fausto, de Goethe.

Modernizam-se áreas rurais através de gastos com infra-estrutura que saem dos cofres públicos, estimula-se a reordenação do espaço, permitindo a penetração do capital mais moderno. Juridicamente, alteram-se normas e criam-se mecanismos e compromissos políticos que devem ser assumidos pelos países periféricos. Um exemplo clássico é o Consenso de Washington, que, como descreve Batista *et al.* (1994), é um decálogo que deveria ser observado pelos países da América Central, América Latina e Caribe que não quisessem ter relações de animosidade com grandes grupos de orientação neoliberal, como o FMI, o Banco Central dos EUA e o Banco Mundial.

Nesse sentido, o próprio Estado torna-se internacionalizado, como nos ensina Santos (1997a), tanto em suas funções externas como por suas funções internas, pois o mesmo deve garantir o modelo geral e, assim, assegurar as condições de crescimento econômico ao nível mundial.

Tem-se assim o trato do ordenamento influenciado por laços estreitos correspondentes aos anseios da economia internacional, em que o território reflete essa intencionalidade.

4. O Terceiro Mundo e sua Inserção no Processo de Ordenação Territorial Internacional: o Caso Brasileiro

A relação das partes com o todo é entendida quando as partes são inseridas na dinâmica da totalidade, pois, como observam Capra (1991) e Bohm (1980), não há partes em absoluto, o que chamamos de partes é meramente um padrão em uma teia inseparável de relações, segundo Comze, "o uno é tão-somente o todo, o todo é apenas o uno. Intera-te disso e tudo o mais virá naturalmente".

O espaço é em sua estrutura uma totalidade indivisível, cujas partes encontram-se interconectadas mantendo fluxos constantes, mas que, porém, guarda sua diversidade, em que cada elemento de análise seja o território, região ou o lugar, combinando de forma própria suas variáveis internas, o que possibilita análises específicas.

Nesse sentido, compreender a inserção do Brasil nos modelos de ordenamento passa pelo critério de entendimento da relação da ordem local, em uma economia capitalista, com o mecanismo internacional, como a Divisão Internacional do Trabalho dimensiona cada região do Globo. E se a combinação de variáveis distingue cada lugar ou território, cada período técnico vai, por sua vez, direcionar e organizar diferentes tipos de paisagens geográficas, dimensionando funções e estruturas específicas, além de redirecionar as formas e os processos de acordo com cada função produtiva do território.

O desenvolvimento capitalista que reorientou a Geografia mundial distinguiu, segundo Santos (1997b), cinco períodos técnicos que se sucedem no tempo, em que cada etapa equivale a uma sucessão de sistemas que se modernizam, redinamizando portanto o tempo de produção e a velocidade das distâncias percorridas pelos processos ligados à extração, à produção e ao consumo. Nesse sentido, redinamizam-se antigas ordens e paisagens de acordo com o mecanismo internacional, e é assim que a totalização torna-se totalidade a partir de fluxos que integram, em sua inerente dialética, interesses e processos diferenciados. Daí, as diferentes etapas de planejamento citadas são reflexos diretos dessa dinâmica mundial.

Funcionando em etapas evolutivas de acumulação do capital e de reordenação do território, esses períodos sucedem-se, determinando paisagens próprias que atendem à necessidade técnica das novas famílias de objetos que se dispõem a serviço da reprodução dos interesses dominantes no espaço. Segundo Santos (1997b), esses períodos são:

— o período do comércio em grande escala, do fim do século XV até mais ou menos 1650;
— o período manufatureiro, de 1650 até 1750;
— o período da Revolução Industrial, de 1750 até 1870;
— o período industrial, de 1870 até 1945;
— o atual período tecnológico.

Estradas de ferro, navios a vapor, portos modernizados, entre outros fatores, trarão novas paisagens que dinamizarão a organização do espaço a partir da inserção de novas técnicas no território. Cada nova inserção técnica encontrará antigos objetos e assim se adaptará à realidade espacial local, formando uma rede organizada, onde o novo objeto com o tempo se torna um componente inserido na realidade local (Santos, 1997a).

Assim, vários períodos técnicos sucedem-se à medida que a difusão de máquinas e de infra-estruturas modela o espaço e sua paisagem. Formas geográficas são assim criadas em relação a novas lógicas e estruturas de organização social e econômica (Santos, 2001).

4.1. Expansão Técnica e Organização do Território

No caso brasileiro, dois períodos são fundamentais para se compreender a expansão do meio técnico na paisagem e na reordenação constante do espaço: o período industrial, que vai de 1870 até 1945, e o tecnológico, que podemos redimensionar em dois subperíodos, constituindo a fase após 1945, e o período em que se efetiva a economia globalizada como fruto da tecnologia da informática nos anos 70.

4.1.1. O Período Industrial

No caso brasileiro, Santos (1993 e 2001), comungando com Bacelar (1999), verifica a posição do território na economia internacional durante o século XIX até os anos 30 do século seguinte. Nessa análise, verificam-se os grandes distanciamentos entre as regiões, situando o Brasil como um grande arquipélago, onde somente com a inserção do meio técnico, que ocorre a partir da metade do século XIX, inicia-se um *processo de integração*, a partir da mecanização do território mediante a instalação de usinas de açúcar e, mais tarde, da navegação a vapor e de estradas de ferro.

A economia agroexportadora nacional vinculava-se diretamente aos grandes mercados de consumo internacional e era regulada pelo liberalismo clássico, uma vez que se acreditava no equilíbrio perfeito do mercado (Santos, 2003). Porém, esse suposto equilíbrio sucumbiu em 1929, quando a economia norte-americana não suportou a crise da superprodução ligada ao liberalismo econômico.

Para superar essa crise iniciou-se um período internacional de intervenção estatal na economia baseado nas idéias de John Maynard Keynes. O intervencionismo keynesiano postulava que não era possível pensar em crescimento e bem-estar social sem a ação do Estado. A função do planejamento estatal, como observa Santos (2003), seria a de garantir, dentro da lei e da ordem, um mínimo de segurança e de estabilidade, propiciando o investimento privado, além de proteger a segurança física das pessoas e das propriedades.

Nesse caso, os investimentos privados deveriam associar-se à ação do Estado, garantindo, através do Tesouro público, uma agradável recepção ao investidor. Assim, Santos (2003) verifica que a poupança e os salários dos mais pobres possuíam uma grande justificativa para sua utilização pelos mais abastados.

Furtado (1985) relata um exemplo clássico da intervenção econômica do Estado brasileiro subsidiando os grandes produtores de café, que poderiam ser prejudicados com a grave crise mundial iniciada em 1929, mas que, porém, através da utilização do dinheiro público, se mantiveram com capital disponível para reinvestir em outros setores de atividade.

4.1.2. O Processo de Urbanização Nacional

Com o processo de industrialização, ampliado no século XX, aos poucos o território nacional vai eliminando seus distanciamentos regionais a partir da criação de redes que integravam o país, justificando assim o surgimento de um grande mercado. Cidades, estradas, portos e outros sistemas de engenharia percorrem o país, redimensionando a ordenação territorial e assim a organização do espaço geográfico.

A urbanização que se dinamiza no território nacional passa a corresponder, segundo Santos (2003), a um resultado e uma condição para a reprodução do capital. Assim, o espaço vê o nascimento de obras de grande porte como estradas em substituição a outros sistemas de transporte, portos mais modernos, aeroportos, entre outras questões que aos poucos vão levando à inserção de meios técnicos cada vez mais sofisticados e dinâmicos, garantindo o processo de produção e de reprodução do capital. O espaço passa então a, cada vez mais, diferentes escalas de análise, em que sua inserção na economia do mundo redimensiona-se a cada nova totalização proposta (Santos, 2001).

4.1.3. O Período Tecnológico

Segundo Santos (1997a), após 1945, as diversas famílias técnicas existentes no mundo sucumbem ao processo técnico-científico ocidental, pois as diferentes opções técnicas existentes no planeta afunilam-se, limitando-se, assim, a um só modelo de escolha. Nesse sentido, a técnica constitui também um meio de intervenção que inventa e redireciona a organização espacial e seu ordenamento.

Essa é a fase de expansão das grandes corporações nos países periféricos em busca de maximização dos lucros por meio de isenção de impostos, incentivos fiscais, grandes mercados consumidores, mão-de-obra barata, legislações que favorecessem o investidor, entre outros processos.

A orientação dada na primeira fase desse período transforma a realidade nacional através da reorganização das formas geográficas. O processo de industrialização amplia a concentração regional, impondo novos mecanismos e funções aos elementos que atuam no dia-a-dia do território. Migrações aceleradas levam ao macrocrescimento de áreas urbanas e ao surgimento de regiões onde a concentração populacional faz com que os teóricos temam de forma malthusiana o futuro da humanidade. Nesse contexto instalam-se indústrias internacionais de alto padrão tecnológico, aproveitando as políticas de desenvolvimento e de modernização que assolam a ideologia nacional.

Ainda de acordo com Santos (2003), a economia se realiza no espaço através das formas geográficas, e, nesse momento da reprodução do capital, as formas concretizam esse processo, porque garantem a hegemonia dos blocos de poder.

Esse processo, como já dito, verifica-se na modernização agrícola e urbano-industrial, em que a importação de modelos técnicos associa-se ao comprometimento de formas geográficas que se associam por sua vez a conteúdos específicos e que interagem gerando as formas-conteúdo que representam a conexão dos grandes grupos enraizando-se cada vez mais no local. As formas assim alteradas solicitam cada vez mais fluxos que alimentem seu mecanismo de reprodução do capital, em que, além do modelo econômico internacional, busca homogeneizar o tempo da produção e as normas jurídicas.

O planejamento assume, dessa forma, uma postura cada vez mais sutil ao distribuir e manipular modelos técnicos pelo espaço, gerando, assim, concentrações cada vez mais intensas sob a justificativa do ideal do desenvolvimento e do progresso.

Cada fase de acumulação e reprodução do capital tem assim um encontro diferenciado com o espaço e, por sua vez, com os elementos que o constituem, sejam materiais ou não. Portanto, percebe-se que a mutabilidade das formas e sua relação com a complexidade do espaço tendem a tornar-se cada vez mais dinâmicas a ponto de o capital renunciar a uma totalidade e integrar-se a outra, gerando constantes processos de totalização. A evolução das formas geográficas e sua mutabilidade caminham em busca de novos patamares de organização constante a partir do direcionamento dos modelos internacionais de produção e da reprodução do capital.

4.1.4. PLANEJAMENTO E IDEOLOGIA NO PÓS-GUERRA

Para o planejamento a pobreza transformou-se em um dado estatístico, observado como se não fosse em sua essência um processo qualitativo. Santos (2003) verifica que com base nas teorias estatísticas forneceram-se números que comprovassem a enorme distância que existia entre os países centrais e os periféricos, levando à ideologia da imitação do modelo dos países centrais, além de induzir ao consumo direto dos produtos vindos de fora. Associado a esse processo encontra-se a tão bem-vinda ajuda tanto econômica quanto social, que, na maioria das vezes, constitui um forte mecanismo de dominação.

A ideologia de que o destino das nações mais pobres deveria convergir no mesmo sentido daquele dos países centrais leva, assim, a uma crença de forte teor em valores que não são em si locais. Por isso, o planejamento deveria criar uma racionalidade associada à noção de eficiência para seu modelo de desenvolvimento.

A garantia desse processo associava-se a nova forma de penetração do capital no pós-guerra. Essa nova forma estruturava um mecanismo de poder global, em que o conjunto de técnicas capitalistas torna-se, segundo Santos (1998), único em todo o Globo.

Esse modelo tem em si linguagem própria e representa para a reprodução do capital uma nova etapa em que o consumo se integra em diversos territórios a partir dos mesmos signos e buscando as mesmas compreensões dos seus modelos de produção. O planeta começa a falar a mesma linguagem técnica e a desenvolver uma mesma verdade produtiva.

Na contemplação de uma linguagem racional para a reprodução do capital, a fé nas taxas de crescimento tornou-se objetivo estatístico que nortearia o progresso e o ordenamento territorial. Desse modo, as grandes potências estabeleciam ajudas que, *a priori*, facilitariam a obtenção de taxas de crescimento, porém em verdade ampliavam a dependência das nações e de seus territórios. À proporção que o dinheiro de empréstimos e que a assistência técnica deslocavam-se em grandes fluxos para o Terceiro Mundo, a rede de penetração organizacional também se ampliava, deixando cada vez mais povos enclausurados em seus ditames e modelos.

Dessa forma, o endividamento tornou-se permanente e exponencial, e, para garantir seus critérios, as riquezas minerais e o sangue de povos foram dados como garantia, ao mesmo tempo que as economias locais perdiam seus projetos nacionais, enlameando-se e alienando sua indústria e agricultura.

Por sua vez, se a agricultura e a indústria locais não atendem ao máximo de eficiência propiciada pelo modelo técnico, então se ampliam as alianças e encarna-se a idéia de importação de tecnologias que visam aumentar a produtividade. Nessa mesma perspectiva, até hoje barreiras jurídicas são quebradas em busca de modernizar o espaço sob o critério do livre mercado. Essa condição de promiscuidade entre nações efetiva vencedores que se verificam na vertente direta do lucro e de seu direcionamento.

O papel do planejamento em garantir o desenvolvimento, via um modelo econômico, apresenta-se então como uma grande cilada para a população por encarnar um modelo unívoco de verdade, em que a política econômica segue uma ideologia e busca um objetivo próprio. A idéia de desenvolvimento atrelada ao investimento de grandes capitais liga-se, assim, à formação de uma grande massa de consumidores e de uma reordenação de objetivos de vida na sociedade. Para Latouche (1994), com a ocidentalização do planeta as verdades capitalistas dos grandes grupos buscam tornar-se únicas pela centralização da informação, dos interesses e das normas.

4.1.5. GLOBALIZAÇÃO, ESPAÇO GEOGRÁFICO E MEIO TÉCNICO-CIENTÍFICO INFORMACIONAL

Com a falência do modelo fordista e sua substituição pelas práticas de produção flexíveis associadas à ampliação da informática, aos processos neoliberais e ao mecanismo de globalização dos mercados mundiais, uma nova percepção da acumulação efetiva-se no território nacional. É a segunda fase do período tecnológico.

A crise do fordismo desencadeia um novo processo econômico e espacial, levando o capitalismo a repensar seus modelos. Segundo Benko (2002) & Negri (2001), o fordismo aparece com perda de velocidade, entravado em seu impulso pela conjunção de uma crise de eficácia e de um esmorecimento de legitimação, pois a cadeia de produção enclausura-se na sua rigidez, não mais respondendo às necessidades da evolução do mercado.

Benko (2002) & Castells (1999) verificam a emergência de uma nova perspectiva de processo produtivo que, na busca da restauração do lucro, gera o aprofundamento das relações capitalistas, levando o capital cada vez mais a se associar com a pesquisa e a informação. Na busca da restauração do lucro, fez-se mister um processo de produção em que o mercado fosse atendido com mais velocidade, menos rigidez e maior compromisso com a pesquisa no intuito de adequar capital, produtividade e lucratividade.

Assim, redefine-se a importância em adequar a produtividade a um modelo mais flexível de produção, em que novas tecnologias surgiriam gradativamente, ampliando a velocidade e a competitividade entre os agentes econômicos mundiais. A crise estrutural fordista sucumbe, portanto, a uma nova economia que irá redinamizar não apenas o processo de produção, como todo espaço geográfico em sua concepção maior de abrangência.

Castells (1999) lembra que a nova economia, ligada à emergência das grandes redes globais, associa-se a um novo paradigma tecnológico, gerando uma descontinuidade histórica, pois se move em torno de novas tecnologias da informação mais flexíveis e poderosas que integram todo o Globo. Na nova economia, a produtividade e a competitividade de suas unidades (sejam empresas, regiões ou nações) dependem basicamente de sua capacidade de gerar, processar e aplicar a informação com base em conhecimentos adquiridos pela pesquisa.

Essa dinâmica global, em que o grande capital transnacional não respeita barreiras territoriais, subordinando as nações aos ditames da tecnologia, implica diretamente, como afirma Benko (2002), o controle internacional capitalista dos locais de produção, que devem moldar-se às necessidades tanto da velocidade como do processo de produção. Sendo, como define Benko (2002), *mobilidade* a palavra-chave do mundo pós-fordista, a função de Estado torna-se de crucial importância nessa reorganização da paisagem e da dinâmica espacial, pois é ele quem garante ao capital as formas geográficas e os processos necessários para tornar o território competitivo.

Nasce daí uma nova dinâmica espacial associada a uma economia global que se estrutura em diversas escalas de redes que atravessam todo o planeta em fluxos *on-line* e que não mais respeitam fronteiras e desejos locais. Desse modo, Santos (2000) associa esse processo à subordinação das nações a um único modelo técnico de economia internacional que funciona mascarado pela ideologia do caminho único em nome do progresso e do desenvolvimento das nações e de seus povos.

Ao alcançar o estágio supremo da internacionalização do capital e da ampliação da economia-mundo para todo o Globo consagra-se, segundo Santos (1998), a globalização da economia. Nesse sistema-mundo, a internacionalização do capital que vinha ganhando terreno, principalmente após a Segunda Guerra Mundial, alcança todos os lugares e todos os indivíduos em diferentes graus, inserindo diferentes povos e suas economias locais numa mesma perspectiva de mais-valia.

A organização do espaço segue, assim, uma nova lógica de ordenamento territorial, em que ocorrem a ampliação da competitividade entre as empresas e uma nova representação do tempo-espaço. Nesse sentido, a tecnologia aproxima as distâncias, onde sistemas *off-line* podem ser substituídos por mecanismos que facilitam o encontro virtual entre as distâncias nas infovias, proporcionando sistemas *on-line*.

A partir de então, governar torna-se não planejar, como afirma Souza (2003), porém buscar gestões que respondam à inerente velocidade das transformações que submetem o espaço a grande volatilidade de trocas e a totalizações cada vez mais constantes.

Desorganizam-se estruturas para reordená-las de acordo com o interesse maior do capital. Nesse mecanismo, ordem e desordem ganham um certo sentido de intencionalidade, porém pressupondo permanente ingovernabilidade devido ao aumento de fluxos e interesses constantes, em que se interpõe o espaço organizacional ao social, tendendo, assim, à recorrente geração da desordem, o que pressupõe, segundo as teorias da auto-organização e da complexidade, uma nova organização de elementos que, dispostos sistemicamente, se reorganizam.

4.1.5.1. O Meio Técnico-Científico Informacional

Acompanhando a nova ordenação espacial do planeta, aceleram-se também as dinâmicas impostas pelo capital financeiro, que a cada avanço técnico exercem uma nova função espacial e econômica. A unicidade técnica e a aceleração do tempo-espaço, proporcionadas pela revolução técnico-científica da informática e dos meios de comunicação, vão trazer um novo estado de ações e de circulação em todo o Globo. A nova dinâmica da informação traz em si uma total reformulação espacial, econômica e política que vai reestruturar o planeta (Castells, 1999).

O advento da terceira revolução industrial em 1970 consagra a economia-mundo como uma grande rede articulada, ou um sistema-mundo que, entre várias funções, articula-se pelo espaço geográfico nacional.

Santos (1998) observa algumas características do processo de globalização que se impõe pelo planeta em seus territórios nacionais, dos quais destacamos:

1) a transformação dos territórios nacionais em espaços da economia internacional;
2) a exacerbação das especializações produtivas no nível do espaço;
3) a aceleração de todas as formas de circulação, devido ao processo crescente de competitividade, determinando a regulação das atividades localizadas no interior dos países;
4) na medida em que se amplia o processo de globalização, aumenta também a tensão entre a localidade e a globalidade. Essa última característica efetiva-se, entre outras coisas, com o fim gradativo das barreiras tarifárias que protegem sua produção da competição estrangeira e a abertura ao comércio e ao capital internacionais.

A caracterização do meio técnico-científico informacional associa-se à cientifização e à tecnicização da paisagem, e também à informatização do espaço. A informatização do espaço está presente nas empresas, nas casas e também é fundamental para a manutenção dos processos produtivos e para a realização, hoje, de praticamente todas as coisas (Santos, 1998).

A nova dimensão dos fluxos informatizados envolve o capital, as mercadorias e a ciência, entre várias questões em diversas escalas, interligadas ou não à robótica, à automatização e às infovias, ou mesmo envolvendo novos sistemas de telefonia, de computação ou de televisão, como a TV a cabo (Castells, 1999; Capra, 2002).

Castells (1999) observa que nas últimas décadas uma nova economia surgiu no planeta, a qual denomina informacional e global. O autor observa que é informacional porque tanto a produtividade quanto a competitividade de empresas, regiões ou nações dependem basicamente da sua capacidade de gerar e armazenar informações, acompanhando a demanda tecnológica. A nova economia é global, posto que ela se integra a uma rede de interação mundial.

Essa nova economia global funcionaria *on-line*, diferentemente da economia-mundo que precede a terceira revolução industrial e que funcionaria *off-line*. Verifica-se aqui que os sistemas *on-line* exercem uma função fundamental na manutenção da velocidade dos fluxos tão necessários à organização da nova economia. Os sistemas *on-line* possibilitam que as transações ocorram em tempo real, tanto nas bolsas quanto em qualquer outro agente da reprodução do capital. Assim, todo o conjunto produtivo acompanha essa demanda de tempo (Castells, 1999).

Segundo Santos (1997b e c e 2001), o meio técnico-científico informacional diferencia bruscamente espaços nacionais, pois com a alta sofisticação tecnológica, ligada à competitividade, efetivam-se dinâmicas produtivas e tecnológicas que distanciam, cada vez mais, países ricos de países menos desenvolvidos, tornando, portanto, mais distantes as relações espaço-temporais, apesar de aproximá-las no contexto do mundo globalizado.

Graças aos progressos da ciência e da técnica e à circulação acelerada de informações geram-se as condições materiais e imateriais para aumentar a especialização do trabalho nos lugares. Cada ponto do território modernizado é chamado a oferecer aptidões específicas à produção. É uma nova divisão territorial, fundada na ocupação de áreas até então periféricas e na remodelação de regiões já ocupadas.

Para a produção do meio técnico-científico informacional e suas relações organizacionais buscando unificação do tempo e das culturas, novos aparatos técnicos inserem-se constantemente no espaço à procura de produtividade, em que se aceleram as desigualdades regionais propiciadas pelas especializações das regiões que se dinamizam com o apoio do Estado-Nação e dos investimentos dos grandes grupos organizacionais em detrimento de outras regiões que tendem a ficar esquecidas (Bacelar, 1999; Santos, 2001).

5. GLOBALIZAÇÃO E O ESPAÇO ORGANIZACIONAL: UMA ANÁLISE A PARTIR DAS TEORIAS DO CAMPO DA AUTO-ORGANIZAÇÃO E DA COMPLEXIDADE

Cada época realiza uma determinada ordem de fatos que se torna a própria coerência espacial em um sistema. A acumulação desigual no tempo (Santos, 1997a) permite que cada lugar possua uma intrínseca combinação de elementos que, interconectados, dimensionam dinâmicas próprias movidos por fluxos constantes, exercendo, assim, funções e processos específicos. Tais elementos são constantemente alimentados pelas demandas que o mundo globalizado impõe.

O grande emaranhado de fluxos que compõem a dinâmica do espaço, segundo Haesbaert (2002) e Castells (1999), leva à sobreposição de fluxos organizacionais e sociais. Nessa perspectiva, Santos (1997a) verifica a imposição dos desejos dos grandes grupos organizacionais, provocando entropia na sociedade e gerando a desordem constante para essas populações locais. Essa dinâmica, porém, é percebida nesse trabalho como algo suscetível de ser precedida não pela desordem apenas, mas por um novo patamar de ordem, decorrente da dinâmica sistêmica.

Uma dinâmica de poder que influi na sociedade gerando desordem causa também uma nova ordem, seja ela a tentativa de controle ou mesmo a manifestação de insatisfação que, dialeticamente, traz o afloramento de um novo patamar de ordem. Seria possível o espaço imposto pelas grandes organizações e que se propõe à mais-valia global como essência alienar eternamente a sociedade? O processo que gera a desordem atua também de forma não-linear em uma nova conformação da ordem, que, porém, não segue um modelo apenas respeitoso no desejo de quem busca racionalizar o caos.

A imprevisibilidade torna-se, assim, a essência caótica do real,[6] reduzindo as possibilidades do planejamento por não acompanhar a dinâmica dos fluxos espaciais, elevando a gestão à categoria maior do ordenamento territorial. Essa dinâmica, em uma economia global, liga-se à velocidade dos sistemas e à incerteza provocada pela mesma, relacionada à grande volatilidade dos diversos níveis e escalas de fluxos que penetram constantemente nas unidades territoriais, perfazendo caminhos diversos e que se alteram numa dinâmica exponencial, como se a cada dia um novo patamar de organização sintrópica se manifestasse reorganizando o espaço dos fluxos.

Nesse sentido, o espaço geográfico torna-se elemento único na compreensão não-linear da dinâmica a que fica submetido o território, pois o

---

[6] Neste trabalho, ao nos referirmos ao caos, não pretendemos falar do caos grego, na essência da desordem, mas do caos sistêmico, fruto da Teoria do Caos, que nos ensina a pensar na imprevisibilidade como uma nova lógica.

espaço, sendo receptor da velocidade imposta pela racionalidade organizacional, verifica novas dinâmicas sistêmicas que se deterioram e se reconstroem constantemente, tornando-o, por meio de seus fluxos materiais e imateriais, um grande mosaico de imprevisibilidades e incertezas.

5.1. Interconectividade e o Espaço Social: em Busca de uma Nova Identidade para os Povos Oprimidos pelo Capital

Um dos grandes debates da atualidade que se manifestam como elemento-chave do combate à globalização é a questão da territorialidade, do lugar e da identidade.

Por essa lógica, que se pretende debater nesta seção, espera-se fugir do nível da abstração filosófica de quem apenas conclama e não reclama, buscando compreender esses mecanismos no dia-a-dia da nossa geografia.

Nas grandes dinâmicas que percorrem a geografia dos territórios e que subentende diversos tipos de escalas e fluxos, o espaço das corporações não se identifica com a sociedade local, pois seu *leitmotiv* não é o lugar e sim a busca de um local que facilite a reprodução do capital. Por isso, as populações chamadas a colaborar com essa perspectiva não encontram crescimento efetivo de suas regiões, pois elas se subordinam a interesses diferenciados das necessidades locais (Santos, 1997a e b e 2003).

Mas seria possível um planejamento territorial no qual a população local seja o próprio agente controlador de seus processos, como deseja Souza (2003), ou essas populações sucumbiriam à grande regulação ideológica ligada ao controle foucaultiano e repensada por Negri (2002) na sua teoria do biopoder?[7] Como o mundo pode regular os lugares (Santos, 2002), tendo eles seus desejos próprios e suas próprias necessidades? Dentro desse contexto estaria o local totalmente subordinado a modelos e vontades internacionais?

Ianni (1994) verifica o aparecimento, com a globalização, de uma sociedade global que seria distinta da sociedade nacional, apresentando

---

[7] Ver o livro *Império*.

características próprias, sendo complexa e contraditória. A gênese dessa nova sociedade global se relaciona à evolução contínua de diferentes momentos da humanidade. A nova totalidade que surge é elemento único no tempo e na história, sem precedentes e que nasce como fruto dialético da evolução tecnológica, associada a fatores determinados e indeterminados pelo capital e pela sociedade.

E é claro que essa sociedade global não se constituiria dispersa do seu contexto nacional, pois, como verifica Ianni (1994), é no território, na região e na província que ocorre o processo de globalização. Por essa razão, o reflexo dos processos se dá em uma intrínseca dialética que envolve o local e o global. Ianni (1994) ainda afirma que algumas das relações que ocorrem no nível global são desdobramentos do que ocorre no território nacional, sejam influências de nações desenvolvidas ou não. O local e o global são interconectividades e dispõem-se em contínuo processo de auto-organização.

É certo também que, como lembra Santos (1994), ao se buscar uma aceleração uníssona do espaço e do tempo para o processo de reprodução do capital, busca-se unificar e não unir, sendo a lógica global a do mercado instigado pela racionalidade que dinamiza os objetos e assim influi na sociedade. O ordenamento global, que se impõe às nações, é mercadológico e não verifica a grande quantidade de diferentes interconectividades de cada local, buscando unicidade. Porém, é justamente essa diversidade de elementos posicionados diferentemente que faz a essência de cada lugar e sua resistência.

Cada inserção de novos fluxos nas matérias ou não em um determinado lugar representa uma remexida em sua estrutura, seja cultural ou não, e, assim, redinamiza-se o local. Esse processo decorre da interconectividade que envolve a tudo e a todos no espaço, possibilitando o constante surgimento de novos mecanismos para o lugar.

Esse mecanismo de interconectividade e de geração de novos patamares constantes de organização envolve diversas variáveis que se dispõem no espaço, sejam jurídicas, sociais, organizacionais, entre outras, e que funcionam como estruturas que se dissipam após novos fluxos, desorganizando as antigas ordens, recompondo novos posicionamentos de seus elementos (Prigogine & Stengers, 1997). Assim, cada elemento que se vincula a um território, sejam valores culturais, sejam dinâmicas produtivas, responde aos fluxos externos, auto-organizando-se continuamente.

É essa perspectiva não-linear que rouba do determinismo clássico sua concepção de domínio constante e a idéia de que sua concepção de ordem sempre irá levar ao seu tipo de progresso. Para Santos (2000), democratizar as relações entre quem ordena e quem é ordenado pode tornar-se questão de tempo, pois a própria velocidade imposta pela intencionalidade produtiva também verifica suas contradições em tempo real.

Governos locais que direcionam infra-estrutura para determinados locais e que nitidamente se esquecem de outros lugares dentro de seu território podem em um Estado democrático suportar a pressão popular? À medida que o capital diminui as distâncias implantando o meio técnico e o científico nas paisagens, também se verifica um novo patamar de dimensões informacionais que alertam as populações de seus limites e de suas possibilidades pela simples comparação de paisagens. E, associado a isso, o desenho geográfico-holográfico onde a região relaciona-se ao todo dimensiona e sugestiona também novos encontros do homem local com sua liberdade, pois, se as formas impostas pela dinâmica capitalista enclausuram, a sua dialética liberta.

A busca da identidade local passa a ser fundamental para referenciar o cidadão em seu contexto, tornando assim possível a ampliação de sua visão geográfica, desmascarando o véu político e ideológico que se impõe sobre a população. Repensar a identidade à luz da complexidade significa perceber o constante renascer do cidadão a partir da própria reformulação a que se submete o espaço, mas que, porém, não é determinada e sim fruto sintrópico que integra vários tipos de desejos: popular, dos grandes grupos e do Estado.

5.2. *Identidade, Complexidade e o Surgimento Necessário de uma Nova Ética para o Cidadão*

Para Castells (2002), na gênese da construção da identidade de um povo está sua base cultural ou ainda um conjunto de atributos culturais inter-relacionados, os quais prevalecem sobre outras formas de significado. Assim, Castells propõe na formação da identidade três concepções:

1ª — a identidade legitimadora que é introduzida pelas instituições dominantes, buscando expandir e racionalizar sua dominação em relação aos agentes sociais. Essa teoria aproxima-se, por exemplo, da questão do nacionalismo;
2ª — a identidade de resistência que se relaciona à busca dos atores que são estigmatizados e encontram-se em condições desvalorizadas pela lógica da dominação, construindo assim movimentos de resistência;
3ª — a identidade de projeto que ocorre quando os atores sociais, utilizando-se de qualquer tipo de material cultural ao seu alcance, constroem uma nova identidade capaz de redefinir sua posição na sociedade.

O desafio imposto ao Estado-nação em consolidar os objetivos do grande capital e associá-los a um projeto nacional que tente resguardar a população é em si um paradoxo devido às características do processo de globalização, que se associam, por exemplo, a uma época em que o desemprego faz parte da sua própria cultura e encontra-se na estruturação da mais-valia (Santos, 2003). Nesse caso, a construção de um projeto de identidade leva a pensar uma nova ética para o lugar, onde o projeto de identidade local dinamize-se sintropicamente, associando a construção da valorização da produção para o lugar a uma nova dinâmica ética que repense os valores do individualismo, dos egoísmos, da competitividade e da não-interconectividade que se fazem nítidos na ideologia da sociedade de consumo globalizada.

Nessa sociedade, o mercado elege como essencial o consumo repensado como elemento ideológico fruto da intencionalidade e da racionalidade estratégica vista empiricamente nas paisagens tanto urbanas como rurais. Esse processo construído gradativamente no imaginário capitalista transforma o cidadão em indivíduo que pretende ser feliz através do consumo e dos padrões de *status quo*.

Aliadas a esse processo, as práticas organizacionais que submetem os territórios nacionais a serem tutelados por grupos particulares acabam também conduzindo as economias locais, como verifica Guatari (1990), à pauperização em torno de grandes bolsões de miséria. Como exemplo, Bacelar (1999) analisa empiricamente que, no caso brasileiro, os últimos anos verificaram um grande aumento da concentração regional e, por sua vez, do esquecimento econômico de outras. Esse processo verifica a lógica da atual condição de fim da soberania do Estado-nação associada à dinâmica de deslocamento dos investimentos que buscam "portos seguros", onde seu capital seja ampliado com o máximo de garantia e se possível sem correr riscos. Nessa perspectiva, as formas geográficas relacionam-se à coerência dos avanços técnico-científicos subordinando o espaço e gerando um ordenamento que esquece o social.

Para Guatari (1990), não é possível uma verdadeira resposta a essa crise que se generaliza em escala global sem que haja uma autêntica revolução política, social e cultural, reorientando a produção de bens materiais e imateriais. Essa revolução deverá ultrapassar os limites cartesianos das forças visíveis encontrando-se nos domínios do desejo, da inteligência e da sensibilidade, pois, segundo o autor, uma finalidade do trabalho social regulada de maneira unívoca por uma economia de lucro e por relações de poder, em nossos dias, só pode levar a dramáticos problemas.

Referenciar-se na busca de uma nova ética é ir ao encontro do novo a partir dos recentes patamares que se libertam da sua antiga implicação.[8] Trata-se de conhecer as tendências e buscar inserir novas variáveis que tornem viáveis caminhos democráticos.

Essa revolução seria quântica, pois partiria da sua inerente concepção de interconectividade entre todos os elementos do universo, observando uma lógica que aposta definitivamente a compreensão cartesiano-newtoniana, que guarda em si a fragmentação que referencia os individualismos e o determinismo que garante as certezas capitalistas (Camargo, 1999 e 2002).

Uma sociedade quântica pressupõe harmonia e aceitação das diversidades dentro da unicidade (Bohm, 1980). Dentro desses novos valores

---

[8] No sentido da ordem implicada, ou seja, do que estava implicado e por totalização tornou-se real.

éticos, a produção é repensada não apenas a partir de valores externos, mas percebendo a região e suas potencialidades como elemento de interconectividade com o todo.

6. Repensar o Ordenamento para Reativar o Espaço Social

Mas como buscar uma ética solidária e o encontro de um processo de identidade regional se ambas as questões subordinam-se às demandas advindas do mundo globalizado que tem refletido as desterritorialidades, as perdas de identidade cultural e os egoísmos ligados à competitividade como ideologia?

Em sua estrutura, o processo de globalização tem dimensionado fatores, como ampliação do desemprego ligada à automatização da produção, questão diretamente integrada à corrida competitiva a que se submetem empresas, territórios e grandes oligopólios que participam de forma darwiniana do processo de globalização. Países do Terceiro Mundo, por sua vez, ampliam o desemprego, retirando de suas novas gerações qualquer expectativa de se inserir no mercado de trabalho, ao se prender ao mercado financeiro em fluxos especulativos relacionados à sua instabilidade frente ao mundo globalizado. Nesse processo, os capitais especulativos, sedentos das taxas de juros altas, retiram da nação a possibilidade de investimentos na produção.

A questão do desemprego, tanto estrutural como conjuntural, materializa-se no dia-a-dia dos jovens, dos desempregados e da população como um todo, ou seja, o medo, o individualismo exagerado, a impotência frente à vida e, principalmente, à desesperança.

Nessa perspectiva, arrumar um emprego torna-se uma luta na selva, em que os valores éticos primários perdem-se e uma nova ideologia, gerada pelo medo, surge. A perspectiva do darwinismo social, em que só os fortes sobrevivem, leva a sensibilidade pessoal e a busca do amor ao próximo a se tornarem coisas do passado e de pessoas fracas. Porém, esse é o caminho da sociedade, da região e da recuperação da territorialidade.

E, se o capital busca implantar como ideologia a desestruturação dos valores sociais gerando uma sociedade internamente em luta, pretende, assim também, mascarar suas verdadeiras intenções.

A dinâmica que envolve a tentativa de impor ao espaço social a vontade e o desejo buscado pelo espaço organizacional relaciona-se unicamente à nova perspectiva da mais-valia, de como a sociedade inseriu-se nesse processo e qual a sua função para o bom andamento do lucro e da reprodução do capital na visão burguesa.

A mediocridade dos valores impostos, frente à necessidade de sobrevivência das populações, torna-as verdade absoluta, em que, ao se incorporar a uma empresa, a pessoa encarna a própria ideologia por ela apregoada. Seu povo e suas necessidades tornam-se secundários frente ao desejo da empresa. A ética é a ética do grupo, sua família é a empresa e, para manter seu atual estádio de *status quo,* os valores de solidariedade e integridade podem perder-se.

É por isso que vários autores, como Santos (2003) e Guatari (1999), por exemplo, criticam a produção que não é voltada para a sociedade local, em que o trabalhador torna-se vítima da internacionalização do capital.

Essas grades geradas pelo mecanismo de globalização são assim barreiras a ser superadas pela sociedade. Não podemos esquecer que o espaço do cidadão ainda é o lugar, a região, o território, pois o capital para manter sua mais-valia precisa dimensionar-se no espaço geográfico. Paradoxalmente é aqui que está a sintropia, em que da dialética dissipativa da dominação e do ilusionismo provocado pela ideologia burguesa podemos repensar o lugar, o território e a região, pois, a partir da própria manutenção da necessidade de levar fluxos de capital constantes à região, podemos redirecionar o conteúdo das formas reativando a organização de suas estruturas e gerando assim novas funções para seus processos.

Se os dias atuais têm demonstrado a ampliação da desigualdade regional (Bacelar, 1999) é porque às regiões esquecidas pelo capital simplesmente não interessam os investimentos do grande capital. Mas e daí? Pois a revalorização do lugar passa pela *reordenação* de suas funções e de seus processos dentro da própria perspectiva macro, que, porém, deve perceber novos arranjos para suas estruturas internas, ou seja, na região, no lugar. Reordenar o território passa por um projeto de totalidade, que, entretanto, percebe os antagonismos das suas partes, que, por sua vez, se dimensionam interconectadamente.

Cabe à totalidade ordenar a desordem constante, ou seja, tentar gerir a velocidade e a não-linearidade auto-organizada imposta pela dinâmica do processo de globalização, em que o planejamento em sua lentidão é substituído pela gestão. Porém, ao se repensarem o todo e suas funções, dinamizam-se as partes, a região. Essa ousadia dialética é a cultura, a sustentabilidade ambiental, a geração de informação a partir das potencialidades locais e o resguardo dos valores locais, mesmo que esses se tenham expandido a novas plataformas evolutivas. A produção de cultura com valor econômico está explícita, no caso brasileiro, na revolução propiciada pelo conhecimento ecológico local, em que o turismo, a identidade e os valores de solidariedade podem e devem ser exaltados devido à sua inerente interconectividade.

Entende-se aqui ecologia não como um processo puramente biológico e natural, mas como o próprio hibridismo inerente ao espaço social, em que interagem a natureza e a sociedade em diversas escalas de análise.

Portanto, gerar cidadania, na concepção correta da palavra, é fundamental se pretendemos viver e ter a felicidade como norma. Ser cidadão, portanto, é ter direitos, saber que o maior dever é ser feliz e que, portanto, esse caminho não passa pela submissão e sim pela organização democrática em nome dos seus direitos.

A gestão ligada ao ordenamento deve buscar a constante participação popular não como discurso político, mas como fundamentação econômica, em que as comunidades cientes de suas possibilidades e de suas limitações buscam sintropia constante com outras comunidades que a ela estejam interconectadas.

Os elos de auxílio regional devem perceber uma reestruturação ou um reordenamento territorial, frente às necessidades locais, visando à utilização das especificidades de áreas próximas como elemento de crescimento e não de disputa.

O conhecimento das potencialidades locais, seja natural ou cultural, deve atrelar-se à sustentabilidade ecológica, ao turismo ambiental e a diversas outras demandas produtivas que façam a valorização do espaço geográfico através de seu conhecimento não-geométrico, porém interno.

7. A Auto-Organização Inerente ao Espaço Geográfico

A complexidade[9] do atual sistema globalizado se expressa nitidamente no descontrole organizacional a que o sistema capitalista se submete constantemente. O sistema capitalista torna-se, assim, refém de seu próprio panóptico, de sua cela, de sua prisão, pois se garante na possibilidade da previsibilidade como elemento crucial e teórico em suas análises e planejamentos positivistas.

Sistemas complexos, como a atual dinâmica da economia-mundo globalizada, só podem ser pensados à luz das teorias da auto-organização, pois suas variáveis são expostas constantemente à imprevisibilidade, devido a sua complexidade,[10] ou seja, ao grande número de variáveis que atuam conjuntamente no espaço.

Essa dinâmica não leva à emergência imediata de uma nova ordem no sentido positivista, porém a todo um novo ordenamento que traz em si o teor de uma grande desordem que levará à reestruturação-organização do sistema, impondo-lhe uma nova ordem que se auto-organiza.

Prigogine & Stengers (1984 e 1997) observam que em um sistema em desordem uma nova etapa de evolução surge, auto-organizando-se por sintropia. Nesse processo, as suas estruturas internas dissipam-se com a presença de um novo fluxo que o penetra, buscando constantemente um novo patamar de evolução. Santos (1997) verifica que a evolução da totalidade ocorre durante o processo de totalização, gerando sempre um novo patamar de organização, pois se subentende que a totalidade é sempre maior do que a soma interna de suas partes, ou seja, não há determinismo clássico físico, em que um evento retorna à sua origem, pois a cada etapa evolutiva surge um novo patamar de complexidade.

Por ser direcionado por probabilidades, os sistemas podem ser relativamente direcionados, porém a auto-organização é intrínseca e muitas

---

[9] Segundo Morin (1977), complexidade não é confusão e sim uma combinação de elementos dispostos sistemicamente e que geram, por auto-organização, novos patamares constantes de complexidade por sintropia.

[10] Ver Camargo (2002). A geografia da complexidade. O encontro transdisciplinar entre a sociedade e a natureza — tese de doutorado.

vezes caótica,[11] gerando fluxos imprevisíveis e improváveis. Enxergar a maior possibilidade de elevar o espaço social ao poder direciona-se pelo reordenamento das variáveis dispostas nos sistemas e que devem ser inseridas continuamente nos processos, aproveitando os paradoxos a que se submete o próprio sistema capitalista.

Devemos lembrar que o atual estágio de acumulação capitalista é também um sistema possuidor de diversas variáveis, que se combinam constantemente gerando novos patamares de organização. Essas variáveis são históricas e fincaram suas raízes no espaço dentro de patamares do ordenamento positivista cartesiano-newtoniano, e que por isso mesmo não está preparado estruturalmente para suportar a emergência da imprevisibilidade, do descontrole propiciado pela auto-organização não-determinística[12] e da possibilidade de interconectividade dentro da diversidade.

A partir dos diferentes fluxos que o envolvem, o espaço geográfico atual é submetido constantemente a diversas redes materiais e imateriais e a processos e funções distintas que fazem seus elementos serem mutantes. A ação e os objetos combinam-se sistemicamente, refazendo padrões de organização a partir de interconectividades de escalas que envolvem o internacional no local.

Essa loucura de fluxos em diferentes escalas direciona o ordenamento territorial e sua dinâmica; porém, na sua essência, o sistema capitalista é um gerador contínuo de entropia e baseia-se na idéia de que o seu desarranjo provocado será constantemente recompensado pela utilização de energia advindo do seu próprio ambiente. O sistema capitalista, baseado na segunda Teoria da Termodinâmica, sob tais condições dissipa entropia aumentando o seu retorno para o ambiente e, dessa maneira, pode permanecer estável, sem mudanças, pois detém seu controle (Camargo, 2002).

Porém, um sistema pode também absorver tão grande quantidade de energia de seu ambiente que se torna capaz de dissipar mais entropia do que é produzida por ele. A neg-entropia acumulada pode ser expressa como crescimento, reprodução ou evolução de novas estruturas internas

---

[11] No sentido da Teoria do Caos.
[12] Ao nos referirmos ao determinismo, não pensamos no determinismo geográfico e sim na física de Newton e Laplace.

(Camargo, 2003). É um princípio de mudança, pois ocorre em estado de auto-organização como fruto dialético da contradição capitalista, em que forma, processo, estruturas e funções são os elementos-chave da mutabilidade e da volatilidade do espaço geográfico.

Em outra situação, lembrando que o bater de asas de uma borboleta na Amazônia brasileira pode provocar um tornado no deserto do Texas (ou em Wall Street), com o aumento constante da complexidade, um fluxo caótico pode acontecer não apenas no nível dos subsistemas, porém, no nível macro, em que as mudanças serão abruptas e inesperadas, e, segundo a Teoria do Caos, imprevisíveis.

A estabilidade aparente do atual sistema capitalista não indica que ele esteja estático, pois as forças controladoras do mecanismo a que se submete a economia-mundo apresentam variações de intensidade e freqüência, levando as redes a reagir, buscando (re)equilibrar-se continuamente para garantir o ordenamento dentro dos padrões desejáveis para as grandes organizações. Ao absorverem o impacto das constantes forças que atuam na mecânica dos fluxos, as redes e seus agentes podem não alterar e alienar suas características internas, mantendo-se em um aparente equilíbrio, sendo considerado estável quando apresenta uma menor flutuação. Dessa forma, como lembra Prigogine (1996), a instabilidade não pode ser associada apenas a um aumento de desordem, pois o desenvolvimento da dinâmica do não-equilíbrio mostra que a flecha do tempo pode ser uma fonte de ordem. A instabilidade pode levar tanto à ordem quanto à desordem. É a tentativa de manipulação das estruturas internas do sistema que garante ao capital sua estabilidade e seu poder.

Porém, quando um sistema sofre modificações irreversíveis, nascidas de mecanismos caóticos ou auto-organizados, atravessa um processo de reajustamento. O reajuste se faz então na busca de um novo estado de equilíbrio. Nesse estádio, ocorre a mutabilidade evolutiva, quando a resistência e a resiliência são rompidas, e o sistema não tem mais possibilidade de recuperação. Nesse processo evidencia-se a mudança do padrão de organização, em que as estruturas que se dissiparam saíram de um estado de ordem por interações, atingindo a desordem e uma nova organização. Aí se manifestam o descontrole, a dialética, o paradoxo do domínio (Prigogine, 1996; Camargo, 1999, 2000 e 2002; Christofoletti, 1999).

8. Conclusão

Provocar reordenamento, inserindo variáveis dentro dos sistemas e garantindo sobrevivência à região e ao território, passa pela questão de conhecer a essência geográfica de cada lugar, associando esse processo à democratização da participação popular.

Nessa perspectiva, é fundamental repensar o desenvolvimento regional através do reordenamento de suas possibilidades, revendo os caminhos percorridos pelos seus fluxos que o integram à totalidade para que se renovem as expectativas da produção ligadas ao lugar e não às demandas dos grandes grupos organizacionais.

O panóptico foucaultiano espacial criado pelo e no sistema globalizado materializa-se na ausência de uma ética solidária, nos contornos espaciais e nas dinâmicas produtivas ligadas a interesses específicos do capital. Portanto, fugir dessas grades passa por verificar que as mesmas se baseiam tanto no trato político-econômico-ideológico como na manipulação das formas geográficas.

E, assim, pensar o lugar e a redefinição das suas formas geográficas significa redirecionar o processo político, econômico, jurídico e ideológico, pois essas instâncias encontram-se interconectadas, sendo os mesmos elementos que constituem o espaço geográfico.

Repensar a produção deve significar dignificar a vida das suas populações locais e não dos interesses particulares que se baseiam na ideologia do progresso, justificando os sacrifícios que, supostamente, são passageiros e que trariam a curto ou longo prazo o desenvolvimento econômico para a região.

Desenvolvimento sustentável, turismo ecológico, valorização das culturas locais são algumas das políticas cruciais para que a totalidade redefina suas partes, pois elas são apenas elementos interconectados a uma macrorrede que se dimensiona no Estado-nação. Não adianta buscar soluções regionais específicas se a totalidade não altera sua dinâmica interna, pois é ela que mantém a coerência do todo.

Porém, isso não significa não ser necessário pensar a região, mas é fundamental repensar a função do Estado para que o mesmo dignifique os desejos populares. Ordenamento não pode ser manipulação e sim a materialização do desejo popular, em que as formas geográficas devem seguir a orientação da liberdade e não da escravização.

9. REFERÊNCIAS BIBLIOGRÁFICAS

ABRAHAM, Ralph; McKENNA, Terence e SHELDRAKE, Rupert. *Caos, Criatividade e o Retorno do Sagrado. Triálogo nas Fronteiras do Ocidente*. São Paulo: Cultrix, 1992, 228p.

AQUINO, Tomás de. O Ente e a Essência. *In*: *Tomás de Aquino*. São Paulo: Nova Cultural, 1996, p. 3-33. (Os Pensadores.)

ARISTÓTELES, 384-322 a. C. Tópicos; Dos Argumentos Sofísticos. *In*: *Aristóteles*. São Paulo: Abril Cultural, 1978, 197p. (Os Pensadores.)

ASIMOV, Isaac. *Cronologia de Los Descubrimientos*: La Historia de la Ciencia y la Tecnología al Ritmo de Los Descubrimientos. Barcelona: Ed. Ariel Ciencia, 1990, 865p.

ATLAN, Henri. *Entre o Cristal e a Fumaça*: Ensaios sobre a Organização do Ser Vivo. Rio de Janeiro: Jorge Zahar Editor, 1992, 268p.

BACELAR, Tânia. Dinâmica Regional Brasileira nos anos 90. *In*: CASTRO *et al.* (org.) *Redescobrindo o Brasil 500 Anos Depois*. Rio de Janeiro: Bertrand Brasil, 1999, p. 73-89.

BACON, Francis (Viscount ST Albans, 1561-1626). *Novum Organum*: Verdadeiras Indicações Acerca da Interpretação da Natureza. *In: Bacon*. São Paulo: Nova Cultural, 1979, p. 13-231. (Os Pensadores.)

BAI-LIN, Hao. *Chaos*. Cingapura: World Scientific Publishing Co Pte Ltd, 1984, 535 p.

BATISTA, Paulo N. *et al*. *Em Defesa do Interesse Nacional*. Rio de Janeiro: Paz e Terra, 1994, 180p.

BECKER, Bertha K. e EGLER, Cláudio A. G. *Brasil*: Uma Nova Potência na Economia-Mundo. 2ª ed. Rio de Janeiro: Bertrand Brasil, 1994, 268p.

BENKO, Georges. *Economia, Espaço e Globalização*: Na Aurora do Século XXI. 3ª edição. São Paulo: Hucitec, 2002, 266p.

BERGÉ, Pierre; POMEAU, Yves e DUBOIS-GANCE, Monique. *Dos Ritmos ao Caos*. São Paulo: Editora da Universidade Estadual Paulista, 1996, 301p.

BERNARDES, Júlia A.; MAVIGNIER, Teresa e SILVA, A. Alves. Algumas Reflexões sobre o Conceito de Espaço e Território. *In: Revista de Pós-*

Graduação em Geografia. Vol. 1, ano 1. Rio de Janeiro: UFRJ/PPGG, Semestral, 1997, p. 148-155.

BERTALANFFY, Ludwig Von. *Teoria Geral dos Sistemas.* Petrópolis: Vozes, 1968, 351p.

BOHM, David. *A Totalidade e a Ordem Implicada*: Uma Nova Percepção da Realidade. 10ª ed. São Paulo: Cultrix, 1980, 291p.

BRAUDEL, Fernand. *As Estruturas do Cotidiano*: Civilização Material, Economia e Capitalismo nos Séculos XV-XVIII. São Paulo: Martins Fontes, 1997, 541p.

CAMARGO, Luís Henrique Ramos. *O Tempo, o Caos e a Criatividade Ambiental*: Uma Análise em Ecologia Profunda da Natureza Auto-Organizadora. Rio de Janeiro: UNESA, 1999, 189p. (Dissertação de Mestrado.)

_____. Análise da Relação Sociedade e Natureza e sua Influência na Ciência Geográfica. *In: Revista Sociedade e Natureza*, Vol. 12, nº 23. Uberlândia: Universidade Federal de Uberlândia, Instituto de Geografia/EDUFU, 2000, p. 147-166.

_____. *A Geografia da Complexidade*: O Encontro Transdisciplinar entre a Sociedade e a Natureza. Rio de Janeiro: UFRJ/PPGG, 2002, 206p. (Tese de Doutorado.)

CAMARGO, Luís Henrique Ramos de & GUERRA, A. J. T. Criticalidade Auto-Organizada (CAO) e Caos em Escoamento Superficial: Revisão Conceitual e Aplicação à Geomorfologia. *In: Revista de Pós-Graduação em Geografia.* Rio de Janeiro: UFRJ/PPGG, 2000, p. 56-67.

CAPEL, Horácio. *Filosofía y Ciencia en La Geografía Contemporánea.* Barcelona: Barcanova, 1988, 508p.

CAPRA, Fritjof. *O Ponto de Mutação*: a Ciência, A Sociedade e a Cultura Emergente. São Paulo: Cultrix, 1982, 447p.

_____. *O Tao da Física*: Um Paralelo entre a Física Moderna e o Misticismo Oriental. São Paulo: Cultrix, 1983, 260p.

_____. *A Teia da Vida*: Uma Nova Compreensão Científica dos Sistemas Vivos. São Paulo: Cultrix/Amana Key, 1996, 255p.

_____. *As Conexões Ocultas*: Ciência para uma Vida Sustentável. São Paulo: Cultrix/Pensamento, 2002, 296p.

CAPRA, Fritjof e STEINDL-RAST, David. *Pertencendo ao Universo*: Exploração nas Fronteiras da Ciência e da Espiritualidade. São Paulo: Cultrix/Amana Key, 1991, 193p.

CARVALHO, Edgard da Assis. Complexidade e Ética Planetária. *In: Pena-Veja, Alfredo & Nascimento*, E. P. (orgs.) *O Pensar Complexo*: Edgard Morin e a Crise da Modernidade. Rio de Janeiro: Garamond, 1999, p. 107-118.

CASINI, Paolo. *Newton e a Consciência Européia*. São Paulo: Ed. da Universidade Estadual Paulista, 1995, 253p.

CASTELLS, Manuel. *A Sociedade em Rede. A Era da Informação*: Economia, Sociedade e Cultura. Vol.1. São Paulo: Paz e Terra, 1999, 617p.

_____. *O Poder da Identidade. A Era da Informação*: Economia, Sociedade e Cultura. Vol. 2. São Paulo: Paz e Terra, 2002, 530p.

CASTRO, Iná E. Problemas e Alternativas Metodológicas para a Região e para o Lugar. *In*: SOUZA, et al. (org.) *O Novo Mapa do Mundo. Natureza e Sociedade de Hoje*: Uma Leitura Geográfica. São Paulo: Hucitec, 1997, p. 56-63.

CASTRO, Iná Elias *et al. Geografia*: Conceitos e Temas. 2ª ed. Rio de Janeiro: Bertrand Brasil, 2000, 352p.

CHAUÍ, Marilena. *Convite à Filosofia*. São Paulo: Ed. Ática, 1994. 440p.

CHRISTOFOLETTI, Antônio. *Modelagem de Sistemas Ambientais*. São Paulo: Edgard Blücher, 1999, 236p.

CLAVAL, Paul. *A Geografia Cultural*. Florianópolis: Ed. da UFSC, 1999, 453p.

COMTE, Augusto. *Augusto Comte*. São Paulo: Nova Cultural, 1996, 336p. (Os Pensadores.)

CORRÊA, Roberto Lobato. Espaço, um Conceito-Chave da Geografia. *In*: CASTRO, Iná E. (org.). *Geografia*: Conceitos e Temas. Rio de Janeiro: Bertrand Brasil, 2000, p. 15-48.

DAUPHINÉ, André. Ordre et Chaos en Géographie Physique. *In: L'Espace Géographique*, 1991, p. 65-78.

_____. *Chaos, Fractales et Dynamiques en Géographie*. França: Reclus, 1995, 135p.

DESCARTES, René. O Discurso do Método. *In: Descartes*. 4ª ed. São Paulo: Nova Cultural, 1987, p. 25-71. (Os Pensadores.)

DURANT-DASTES, F. La Notion de Chaos et la Géographique. Quelques Réflections. *In: L'Espace Géographique,* 1991, p. 311-314.

EINSTEIN, Albert. *Como Vejo o Mundo*. Rio de Janeiro: Nova Fronteira, 1981, 213p.

ESCOLAR, Marcelo. Territórios de Dominação Estatal e Fronteiras Nacionais: a Mediação Geográfica da Representação e da Soberania Política. *In*:

SANTOS *et al. Fim de Século e Globalização*. São Paulo: Hucitec, 1994, p. 83-102.

FERREIRA, Aurélio Buarque de Holanda. *Novo Dicionário da Língua Portuguesa*. Rio de Janeiro: Nova Fronteira, 1975, 1.499p.

FIEDLER-FERRARA, Nelson e PRADO, Carmem P. Cintra. *Caos*: Uma Introdução. São Paulo: ABDR, 1995, 402 p.

FOUCAULT, Michael. *Microfísica do Poder*. 3ª ed. Rio de Janeiro: Graal, 1982, 293p.

FURTADO, Celso. *Formação Econômica do Brasil*. 20ª ed. São Paulo: Ed. Nacional, 1985, 248p.

GLEICK, James. *Caos*: A Criação de uma Nova Ciência. 8ª ed. Rio de Janeiro: Campus, 1989, 310 p.

GOMES, Marcelo A. F. Criticalidade Auto-Organizada. *In*: NUSSENZVEIG, H. M. *Complexidade & Caos*. Rio de Janeiro: Editora da UFRJ/COPEA, 1999, p. 99-110.

GUATARI, Félix. *As Três Ecologias*. Campinas: Papirus, 1990, 56p.

GUELKE, Leonard. On the Role of Evidence in Physical and Human Geography. *In*: *Geoforum*: Special Issue: Links Between The Natural and Social Sciences. Oxford/Nova York/Frankfurt: Pergamon Press. Vol. 16, nº 2, 1985, p. 131-137.

GUIMARÃES, Samuel Pinheiro. *Quinhentos Anos de Periferia:* Uma Contribuição ao Estudo da Política Internacional. 4ª ed. Porto Alegre/Rio de Janeiro: Ed. da UFRGS/Contraponto, 2002, 166p. (Coleção Relações Internacionais e Integração.)

HAESBAERT, Rogério. *Blocos Internacionais de Poder*. 3ª ed. São Paulo: Contexto, 1993, 95p. (Coleção Repensando a Geografia.)

_____. *Territórios Alternativos*. Niterói: EDUFF/São Paulo: Contexto, 2002, 186p.

HAIGH, Martin J. Geography and General System Theory. Philosophical Homologies and Current Pratice. *In*: *Geoforum*: Special Issue: Links Between The Natural and Social Sciences. Oxford/Nova York/Frankfurt: Pergamon Press. Vol. 16, nº 2, 1985, p. 191-203.

HARVEY, David. *Condição Pós-moderna*. São Paulo: Edições Loyola, 1989, 349p.

HAWKING, Stephen. *Uma Breve História do Tempo*: do Big Bang aos Buracos Negros. São Paulo: Círculo do Livro, 1988, 184p.

HAWKING, Stephen. *O Universo Numa Casca de Noz.* São Paulo: Mandarim, 2001, 200p.

HEISENBERG, Werner. *A Parte e o Todo*: Encontros e Conversas sobre Física, Filosofia, Religião e Política. Rio de Janeiro: Contraponto, 1996, 286p.

HUBERMAN, Leo. *História da Riqueza do Homem.* Rio de Janeiro: Ed. Guanabara Koogan, 1986, 313p.

HUMPHREYS, Christmas. O Budismo e o Caminho da Vida. 10ª ed. São Paulo: Cultrix, 1969, 210p.

IANNI, Otávio. Nação e Globalização. *In*: SANTOS *et al. Fim de Século e Globalização.* São Paulo: Hucitec, 1994, p. 66-74.

_____. *Teorias da Globalização.* Rio de Janeiro: Civilização Brasileira, 1995, 228p.

KHUN, Thomas. *A Estrutura das Revoluções Científicas.* 5ª ed. São Paulo: Ed. Perspectiva, 1970, 257p.

LATOUCHE, Serge. *A Ocidentalização do Mundo*: Ensaio sobre a Significação e os Limites da Uniformização Planetária. Petrópolis: Vozes, 1994, 136p.

LORENZ, Edward N. *A Essência do Caos.* Brasília: Editora da Universidade de Brasília, 1996, 278p.

LÖWI, Michel. *Ideologias e Ciência Social*: Elementos para uma Análise Marxista. 15ª ed. São Paulo: Cortez, 2002, 112p.

MACIEL, Jarbas. *Elementos da Teoria Geral dos Sistemas*: A Ciência que Está Revolucionando a Administração e o Planejamento nas Áreas do Governo, dos Negócios, na Indústria e na Solução dos Problemas Humanos. Petrópolis: Vozes, 1974, 404p.

MASSEY, Doreen. Space-time, "Science" and the Relationship Between Physical Geography and Human Geography. *In*: *Royal Geographical Society Bol.* Londres: The Institute of British Geographers, junho, 1999, p. 261-275.

MOREIRA, Ruy. *O Círculo e a Espiral.* Rio de Janeiro: Ed. Obra Aberta, 1993, 142p.

MORIN, Edgard. *O Método 1:* A Natureza da Natureza. Portugal: Publicações Europa-América, 1977, 363p.

_____. *O Método 4:* As Idéias: Hábitat, Vida, Costumes, Organização. Porto Alegre: Sulina, 1998, 288p.

_____. *Ciência com Consciência.* Rio de Janeiro: Bertrand Brasil, 1998, 344p.

MORIN, Edgar e MOIGNE, Jean-Louis. *A Inteligência da Complexidade.* São Paulo: Petrópolis, 2000, 263p.

NEGRI, Antônio. *Império*. Rio de Janeiro/São Paulo: Record, 2001, 501p.

_____. *O Poder Constituinte*: Ensaio sobre as Alternativas da Modernidade. Rio de Janeiro: DP&A, 2002, 467p.

NEWTON, Isaac. Princípios Matemáticos da Filosofia Natural. *In*: *Newton-Galileu*. São Paulo: Nova Cultural, 1987, p. 149-170. (Os Pensadores.)

NUSSENZVEIG, H.M. Introdução à Complexidade. *In*: H.M. NUSSENZVEIG (org.). *Complexidade e Caos*. Rio de Janeiro: Ed. da UFRJ/COPEA, 1999, p. 9-17.

PALIS, J. Sistemas Caóticos e Sistemas Complexos. *In*: NUSSENZVEIG, H.M. *Complexidade e Caos*. Rio de Janeiro: Ed. da UFRJ/COPEA, 1999, p. 22-38.

PEAT, F.David *et al*. *A Sabedoria do Caos*: Sete Lições que Vão Mudar sua Vida. Rio de Janeiro: Campus, 2000, 179p.

PESSIS-PASTERNAK, Guita (org.). *Do Caos à Inteligência Artificial*: Quando os Cientistas se Interrogam. São Paulo: Ed. da Universidade Estadual Paulista, 1993, 259p.

PRIGOGINE, Ilya. *Les Lois du Chaos*. França: Champs/Flammarion, 1993, 125p.

_____. *O Fim das Certezas:* Tempo, Caos e as Leis da Natureza. São Paulo: Ed. da UNESP, 1996, 199p.

PRIGOGINE, Ilya & STENGERS, Isabelle. *Order out of Chaos:* Man's New Dialogue With Nature. Nova York: Bantom Books, 1984, 349p.

_____. *A Nova Aliança:* Metamorfose da Ciência. Brasília: UNB, 1997, 247p.

RAY, Christopher. *Tempo, Espaço e Filosofia*. Campinas: Papirus, 1993, 311p.

ROSSI, Paolo. *Os Filósofos e as Máquinas — 1400-1700*. São Paulo: Companhia das Letras, 1989, 183p.

RUELLE, David. *Acaso e Caos*. São Paulo: Ed. da Universidade Estadual Paulista, 1993, 224 p. (Biblioteca Básica.)

RUSSELL, Peter. *O Despertar da Terra*: O Cérebro Global. 10ª ed. São Paulo: Cultrix, 1982, 304p.

SALEM, Lionel. *Dicionário das Ciências*. Campinas: Ed. da Universidade Estadual de Campinas, 1995, 556p.

SANTOS, Milton. *Por uma Geografia Nova*: Da Crítica da Geografia a uma Geografia Crítica. São Paulo: Hucitec, 1978, 236p.

_____. *A Metamorfose do Espaço Habitado*: Fundamentos Teóricos da Geografia. São Paulo: Hucitec, 1991, 124p.

_____. *A Urbanização Brasileira*. São Paulo: Hucitec, 1993, 157p.

_____. A Aceleração Contemporânea: Tempo-Mundo e Espaço-Mundo. *In*: SANTOS *et al. Fim de Século e Globalização*. São Paulo: Hucitec, 1994, p. 15-22.

_____. *A Natureza do Espaço:* Técnica e Tempo, Razão e Emoção. São Paulo: Hucitec, 1997a, 308p.

_____. *Espaço & Método*. São Paulo: Nobel, 1997b, 88p.

_____. *Pensando o Espaço do Homem*. São Paulo: Hucitec, 1997c, 61p.

_____. *Técnica, Espaço, Tempo*: Globalização e Meio Técnico-Científico Informacional. São Paulo: Hucitec, 1998, 190p.

_____. *O Espaço do Cidadão*. 3ª ed. São Paulo: Studio Nobel, 2000, 142p.

_____. *Por uma Outra Globalização:* do Pensamento Único à Consciência Universal. Rio de Janeiro: Record, 2000, 236p.

_____. *Economia Espacial:* Crítica e Alternativas. 2ª ed. São Paulo: Editora da Universidade de São Paulo, 2003. (Coleção Milton Santos, 3.)

SANTOS, Milton *et al. Brasil*: Território e Sociedade no Início do Século XXI. Rio de Janeiro-São Paulo: Record, 2001, 471p.

SCHAEFER, F. O Excepcionalismo na Geografia: Um Estudo Metodológico. *In*: *Revista de Geografia Teorética*. Vol. 7, nº 13, 1977, Rio Claro.

SHELDRAKE, Rupert. *O Renascimento da Natureza*: O Reflorescimento da Ciência e de Deus. 10ª ed. São Paulo: Cultrix, 1991, 236p.

SMITH, Neil. Desenvolvimento Desigual. Rio de Janeiro: Bertrand Brasil, 1988, 250p.

STEWART, Ian. *Será que Deus Joga Dados?* A Nova Matemática do Caos. Rio de Janeiro: Jorge Zahar Ed., 1991, 336p.

SZAMOSI, Géza. *Tempo & Espaço:* As Duas Dimensões Gêmeas. Rio de Janeiro; Jorge Zahar Ed., 1988, 277p.

SOUZA, Marcelo Lopes. ABC do Desenvolvimento Urbano. Rio de Janeiro: Bertrand Brasil, 2002.

_____. *Mudar a Cidade:* Uma Introdução Crítica ao Planejamento e à Gestão Urbana. 2ª ed. Rio de Janeiro: Bertrand Brasil, 2003, 560p.

TUAN, Yu-fu. *Topofilia*: Um Estudo da Percepção, Atitudes e Valores do Meio Ambiente. São Paulo: Difel, 1980.

VOLTAIRE. *Elementos da Filosofia de Newton*. Campinas: Ed. da UNICAMP, 1996, 244p.

WEBER, Renée. (org.) *Diálogo com Cientistas e Sábios:* A Busca da Unidade. São Paulo: Cultrix, 1986, 302p.

ZOHAR, Danah. *O Ser Quântico*: Uma Visão Revolucionária da Natureza Humana e da Consciência Baseada na Nova Física. 7ª ed. São Paulo: Ed. Best Seller, 1990, 305p.

Capítulo 2

O Enfoque Sociológico e da Teoria Econômica no Ordenamento Territorial

Luiz Antônio Alves Soares

> "A ordem, a desordem e a organização se desenvolvem juntas, conflitual e cooperativamente, e, de qualquer modo, inseparavelmente."
>
> Edgar Morin

1. Introdução

Observa-se inadequação cada vez mais profunda entre os saberes separados, compartimentados entre disciplinas, realidades e problemas cada vez mais transversais, polidisciplinares. Ao mesmo tempo, o retalhamento entre disciplinas torna impossível apreender o complexo, ou seja, o que é "tecido junto". A inteligência que só sabe separar fragmenta o complexo mundo em pedaços, fraciona os problemas, unidimensiona o multidimensional, atrofia as possibilidades de compreensão e reflexão.

Orientados por tal posicionamento epistemológico, buscamos articular os fenômenos sociológicos, econômicos e o espaço, fugindo, ao mesmo tempo, das abordagens em que esse é apenas o *locus* daqueles. Partimos do estudo do território considerado em sua historicidade (subitem 2.1). A cada momento histórico corresponderiam fenômenos específicos que o caracterizariam. A seguir, passamos a examinar o ordenamento territorial, considerando a dialógica ordem/desordem como seu elemento constitutivo (subitem 2.2.1), estudando, por fim, os enfoques sociológico e da teoria econômica (subitem 2.2.2). Concluímos com uma tentativa de compreensão articulada dos enfoques e do espaço em termos fenomênicos, visando a compreensão do ordenamento territorial.

2. O Enfoque Sociológico e da Teoria Econômica no Ordenamento Territorial

2.1. O Território

Entre as muitas conceituações possíveis, podemos entender o território como o espaço de interações dos subsistemas natural, construído e social, subsistemas que compõem o meio ambiente nacional, regional e local. O território não se entende apenas como entorno físico onde se desenrola a vida humana, animal e vegetal e onde estão contidos os recursos materiais, mas compreende também a atividade do homem que modifica esse espaço. É o chão mais a população, ou seja, uma identidade, o fato de pertencer àquilo que nos pertence. Milton Santos define o espaço como "um conjunto indissociável de sistemas de objetos e de sistema de ações".[13] Pode-se também, conforme esse autor, considerá-lo um conjunto de elementos fixos e fluxos. "Os elementos fixos, fixados em cada lugar, permitem ações que modificam o próprio lugar, fluxos novos ou renovados que recriam as condições ambientais e as condições sociais, e redefinem cada lugar. Já os fluxos são um resultado direto ou indireto das ações e atravessam ou se instalam nos fixos, modificando a sua significação e o seu valor, ao mesmo tempo que, também, se modificam."[14]

O espaço é hoje um sistema de objetos cada vez mais artificiais, povoado por um sistema de ações igualmente imbuídas de artificialidade e cada vez mais tendentes a fins estranhos a seus habitantes. Os objetos não

---

[13] Santos, Milton. *A Natureza do Espaço*: Técnica e Tempo, Razão e Emoção. São Paulo: Hucitec, 1996, p. 18.
[14] *Op. cit.*, p. 50.

existem se os vemos separados do sistema de ações. Os sistemas de ações não se dão sem os sistemas de objetos.

Enquanto no passado os objetos refletiam os propósitos de cada sociedade e eram os meios próprios à realização de seus fins, no mundo de hoje as ações ditas racionais tomam com freqüência esse nome a partir da racionalidade alheia.

Essas ações racionais são cada vez mais numerosas. Tal atributo deve-se, em grande parte, à própria natureza dos objetos técnicos cuja vocação original é, entretanto, servir a uma ação racional de que nem sequer precisa, graças às técnicas correntes. As ações são cada vez mais precisas e também mais cegas, porque obedientes a um projeto alheio. Em virtude do papel dos objetos técnicos, a ação é cada vez mais racional, mas a sua razão é, freqüentemente, uma razão técnica. A racionalidade do que é fim para outrem acaba sendo a racionalidade do meio e não do sujeito.

Mas a ação humana não é exclusivamente racional. Max Weber, em *Economia e Sociedade*, enumerou-as em ações racionais instrumentais, ações racionais pelo valor, tradicionais e afetivas.

As ações resultam de necessidades, naturais ou criadas. Essas necessidades — econômicas, sociais, culturais, morais, afetivas — é que conduzem os seres humanos a agir e levam a funções. Essas funções, de uma forma ou de outra, desembocam nos objetos. Realizadas através de formas sociais, elas próprias conduzem à criação e ao uso de objetos, formas geográficas. Milton Santos, parafraseando Whitehead, diz que "fora do espaço não há realização".

Esse conjunto indissociável, solidário, é também contraditório. Não são considerados isoladamente, mas como quadro único no qual a história se dá. Diz o citado autor:

"A história das chamadas relações entre sociedade e natureza é, em todos os lugares habitados, a da substituição de um meio natural, *dado a uma determinada sociedade, por um meio cada vez mais artificializado, isto é, sucessivamente* instrumentalizado *por essa mesma sociedade. Em cada fração da superfície da Terra, o caminho que vai de uma situação a outra se dá de maneira particular; e a parte do 'natural' e do 'artificial' também varia, assim como mudam as modalidades do seu arranjo."*[15]

---

[15] Santos, Milton, *op. cit.*, p. 186.

Ainda segundo o autor, a história do meio geográfico pode ser grosseiramente dividida em três etapas: o meio natural, o meio técnico e o meio técnico-científico-informacional.

Meio Natural
Quando tudo era meio natural, o homem escolhia as partes da natureza que considerava fundamentais para a sua sobrevivência. Esse meio era utilizado sem grandes transformações, e as técnicas, assim como o trabalho, combinavam com as dádivas da natureza. Essas transformações, inclusive a domesticação de plantas e animais, já eram técnicas. A simbiose dos sistemas técnicos com a natureza era total. Ainda que o intercâmbio nas relações sociais pudesse ter papel crescente, as motivações de uso eram sobretudo locais. "A harmonia socioespacial assim estabelecida era respeitosa da natureza herdada."[16]

Meio Técnico
O espaço mecanizado emerge nesse período. Os objetos que compõem o meio são objetos culturais e técnicos ao mesmo tempo e não apenas objetos culturais. O componente material do espaço é crescentemente formado pelo "natural" e pelo "artificial". Variam, porém, o número e a qualidade dos artefatos. As áreas — regiões, países — passam nesse período a se distinguir em face da extensão e da densidade da substituição dos objetos naturais por objetos técnicos.

Uma lógica instrumental é produzida pela união da razão dos objetos à razão natural, criando nos lugares atingidos híbridos conflitos. Os objetos técnicos e o espaço maquinizado são locais de ações "superiores", graças ao triunfo sobre as forças naturais. O componente internacional da divisão do trabalho apresenta tendência ao aumento exponencial. O fenômeno, entretanto, era limitado a alguns países e regiões, e, mesmo nesses, os sistemas técnicos eram geograficamente circunscritos.

---

[16] Santos, Milton, *op. cit.*, p. 188.

Meio Técnico-Científico-Informacional

Esse período tem início praticamente após a Segunda Guerra Mundial e sua afirmação, incluindo os países periféricos, realmente ocorre nos anos 70. Diferentemente dos períodos anteriores, existe uma intensa interação entre as ciências e a técnica, o que leva alguns a falar em tecnociência.

A união entre a ciência e a técnica ocorre sob a égide do mercado,[17] união essa que possibilitou que ele se tornasse global.

Nessa fase, os objetos tendem a ser técnicos e informacionais ao mesmo tempo, graças à extensa intencionalidade de sua produção e localização. A energia principal de seu funcionamento é a informação. Hoje, ao falarmos das manifestações geográficas nos novos progressos, falamos de algo novo: o *meio técnico-científico-informacional*. A ciência, a tecnologia e a informação estão na base da produção, da utilização e do funcionamento do espaço e tendem a constituir seu substrato.

O império da técnica, cada vez mais carregada de artifícios, não se restringe às grandes cidades, mas inclui hoje o mundo rural, onde se observa a presença de materiais inexistentes na natureza.

Se, por um lado, podemos falar de uma cientifização e de uma tecnificação da paisagem, por outro a informação não apenas está presente nas coisas, mas nos objetos técnicos que formam o espaço, como é necessária a ação realizada sobre essas coisas. "A informação é o vetor fundamental do processo social, e os territórios são, desse modo, equipados para facilitar a sua circulação. Pode-se falar ... de inevitabilidade do 'nexo informacional'". E afirma pouco adiante: "O meio técnico-científico-informacional é a cara da globalização."[18]

---

[17] Para uma crítica da sociedade de mercado, ver: Polanyi, Karl. *A Grande Transformação*: As Origens de Nossa Época. Rio de Janeiro: Campus, 1980; Guerreiro Ramos, Alberto: *A Nova Ciência das Organizações*. Uma Reconceituação da Riqueza das Nações. Rio de Janeiro: Fundação Getúlio Vargas, 1981; Soares, Luiz Antonio Alves. *Guerreiro Ramos*: Considerações Críticas a Respeito da Sociedade Centrada no Mercado. Rio de Janeiro: Conselho Regional de Administração (CRA/RJ), 2005.
[18] Santos, Milton, *op. cit.*, p. 191.

Seus aspectos constitucionais mais relevantes são:
a) *A unicidade técnica*: o que é representativo do sistema de técnicas de nossa época é a presença técnica da informação, por meio da cibernética, da informática e da eletrônica. Pela primeira vez na história os discursos técnicos existentes passam a se comunicar entre eles.
b) *A convergência dos momentos*: há uma confluência de momentos como resposta ao que, em física, chama-se tempo real, e, do ponto de vista histórico, chama-se interdependência e solidariedade do acontecer. Como resultado do progresso técnico-científico cuja busca intensifica-se com a Segunda Guerra Mundial, a operação planetária das grandes empresas globais revoluciona o mundo das finanças, possibilitando que o respectivo mercado funcione em diversos lugares durante o dia inteiro. Essa grande mudança da história torna-nos capazes, seja onde for, de ter conhecimento do que é o acontecer do outro. Os atores desse tempo real, entretanto, não são todos. Potencialmente ele existe para todos, mas, efetivamente, assegura exclusividades ou privilégios de uso.
c) *Motor único*: enquanto na época do imperialismo existiam diversos motores do capitalismo empurrando máquinas e homens segundo modalidades e combinações diferentes, hoje haveria um motor único, a mais-valia universal. Isso se tornou possível porque, a partir de agora, a produção se dá em escala mundial por intermédio de empresas mundiais que competem ferozmente entre si, como jamais aconteceu. Esse motor único se tornou possível devido ao novo patamar da internacionalização, como uma verdadeira mundialização do produto, do dinheiro, do crédito, da dívida, do consumo, da informação.

Embora tudo isso seja realidade, é em verdade uma tendência, porque em nenhum lugar, em nenhum país, houve completa internacionalização.
d) *Cognoscibilidade do planeta*: o período histórico atual permite ao ser humano, de modo inédito, conhecer extensiva e aprofundadamente o planeta. O presente período técnico-científico nos permite não apenas utilizar o que encontramos na natureza, mas também utilizar materiais criados em laboratório como produto da inteligência humana. Hoje podemos conceber os objetos que desejamos utilizar e então produzir a matéria-prima indispensável à sua fabricação.

O período histórico atual escapa à evolução comum da história do capitalismo até recentemente. Ele é, a um só tempo, um período e uma crise. Como período, as variáveis características instalam-se em toda parte e a tudo influenciam direta ou indiretamente. Daí a denominação de globalização. Como crise, as mesmas variáveis construtoras do sistema estão continuamente se chocando e exigindo novas definições e novos arranjos. O processo é permanente, e as crises são sucessivas. Trata-se de uma crise global, evidenciada seja por meio de fenômenos globais, seja como de manifestações particulares, neste ou naquele país, neste ou naquele momento, mas para produzir o novo estágio da crise. Nada é duradouro.

Sendo uma crise estrutural, as soluções não-estruturais geram mais crise. O que é considerado solução parte do interesse dos atores hegemônicos, tendendo a participar de sua própria natureza e de suas próprias características.

2.2. O Ordenamento Territorial

2.2.1. Questões Conceituais

Segundo José Arthur Rios, L. J. Lebret definiu organização do território como "a técnica de valorização e desenvolvimento do homem no quadro de unidades territoriais ou políticas mais ou menos vastas".[19] Segundo Rios, a organização do território transcende os objetivos puramente econômicos da planificação e tem como norma a idéia de recursos e ordenamento de uma área geográfica ao valor humano das populações. Diz Rios que o conceito vem na crista de um amplo movimento de valorização das estruturas sociais.

Para Gross, o ordenamento territorial "pode ser entendido como a ação e efeito de colocar as coisas no lugar que consideramos adequado".[20]

---

[19] Morin, Edgar. *O Método* 1: A Natureza da Natureza. Porto Alegre: SULINA, 2000, 2ª ed., p. 168.
[20] Rios, José Arthur. *A Educação dos Grupos*. Rio de Janeiro: Serviço Nacional de Educação Sanitária/Ministério da Saúde, 1957, p. 15.

Afirma ainda que o conceito implica a busca da disposição correta, equilibrada e harmônica da interação dos componentes do território. A Carta Européia de Ordenação do Território definiu o ordenamento territorial como "a expressão espacial das políticas econômica, social, cultural e ecológica de toda a sociedade".[21]

Diz Pierre George que a organização do território surgiu da necessidade de o Poder Público assumir responsabilidades crescentes na repartição dos homens e dos estabelecimentos de produção e serviços, diante dos cursos crescentes do empirismo no que concerne à ocupação do espaço e devido à aceleração dos processos de deslocamento das "forças produtivas" (*sic*), inclusive dos efetivos da população ativa. No entender desse autor, enquanto séculos de lenta evolução possibilitaram uma ação prática e ajustamentos sucessivos de caráter espontâneo, as decisões bruscas e a rapidez das evoluções que caracterizam a época contemporânea ameaçam engendrar contradições brutais e desperdícios caso não haja intervenção por meio de algum plano de coordenação e orientação previamente planejado.[22]

Se Gross e Pierre George identificam ordenamento territorial com planos e projetos,[23] Milton Santos se refere a normas. Estudando o período técnico-científico-informacional, afirma que a "organização das coisas" passa a ser um dado fundamental. "Daí a necessidade de adoção, de um lado, de objetos suscetíveis de particular dessa ordem, e, de outro lado, de regras de ação e comportamento à qual se subordinem todos os domínios da ação instrumental."[24] A seguir, referindo-se a "normas criadas internacionalmente", diz: "Num mundo globalizado, isso supõe, para entender o espaço, a necessidade de ir além da função localmente exercida e de também considerar suas motivações, que podem ser distantes e ter até mesmo um fundamento planetário. Como as ações, as normas também se classificam em função da escala de sua atuação e pertinência."[25]

---

[21] Gross, Patricio. Ordenamento territorial: el manejo de los espacios rurales. *Rev. Latinoamericana de Estudios Urbano Regionales*, Vol. XXIV, dezembro, 1998, nº 73.
[22] George, Pierre. *Sociologia e Geografia*. Rio de Janeiro/São Paulo: Forense, 1969, p. 179-80.
[23] Não empregamos o termo *planejamento* por entendermos que designa o processo e não um texto ou documento isolado.
[24] Santos, Milton, *op. cit.*, p. 182.
[25] Idem.

As normas das empresas são hoje uma das locomotivas de seu desempenho e de sua rentabilidade. Tais normas podem ser internas (relativas ao seu funcionamento técnico) ou externas (relativas ao seu comportamento político, nas suas relações com o Poder Público e com outras empresas). Em sua dinâmica é possível verificar que as ações de ordem técnica são também políticas, uma vez que atingem o entorno da empresa. Ações normativas e objetos técnicos impõem-se na regulação da economia e do território.

Pelo exposto, o entendimento de Milton Santos a respeito de ordenamento territorial diferia daquele esposado pelos autores até aqui examinados. As normas, instrumentos de regulação e controle, dizem respeito a todos os atores que agem no território. As normas — regras ou ordens — tendem a constituir um sistema. Vale observar que esse autor aponta para a desordem causada pela profusão de normas.

Ruy Moreira[26] estuda o ordenamento a partir da relação dialética entre sociedade e espaço, expondo os termos de tal relação. Explica o sentido ontológico do espaço, afirmando que toda constituição geográfica da sociedade — desde a chamada primeira natureza — começa na localização espacial dos elementos da estrutura. Um ponto da superfície terrestre é escolhido para a localização de dado elemento estrutural por meio de um processo de seletividade. Dentro da diversidade estrutural dos elementos o ato de seletividade dá origem a um arranjo de múltiplas localizações, cujo conjunto forma a distribuição.

O modo como as localizações definem sua reciprocidade de relações no interesse da distribuição forma a posição geográfica, ou seja, o modo como as localizações definem sua reciprocidade de relações no interior da distribuição. Desse modo, o espaço nasce como um sistema de localizações recíproca e interativamente interligadas. Posto que a localização leva à distribuição e esta àquela, numa relação de correspondência em que não há localização sem distribuição e nem distribuição sem localização, elas se contraditam em suas tendências organizativas do espaço. Tendendo a loca-

---

[26] Moreira, Ruy. O espaço e o contra-espaço: as dimensões territoriais da sociedade civil e do Estado, do privado ao público na ordem espacial burguesa. *In*: Santos, Milton *et alli*. *Território, Territórios: ensaios sobre o ordenamento territorial*. Rio de Janeiro: DP&A, 2006, 2ª ed., p. 71-107.

lização a se sobrepor à distribuição, e esta àquela, a tensão faz nascer o espaço. Diz Moreira: "A contradição localização-distribuição é então princípio ontológico da constituição do espaço..., o fundamento de seu conceito, a natureza contraditória da formação determinando a natureza intrinsecamente tensa do espaço e, assim, da sociedade que ele informa."[27]

Uma vez que o espaço estrutura-se como uma posição geográfica, a tensão localização-distribuição transforma-se numa contradição alteridade-centralidade. Conforme a natureza da relação de reciprocidade que as localizações entre si estabeleçam no sistema de distribuição, a estrutura espacial da sociedade será estabelecida numa perspectiva focal ou dispercional. A primeira institui o olhar que constrói a relação a partir da referência na pluraridade do uno. A segunda institui um olhar que constrói a relação a partir da pluraridade do múltiplo. A alteridade é a estrutura do espaço onde as localizações referenciam-se numa relação de igualdade entre si. A centralidade é a estrutura de espaço onde todas as localizações referenciam-se numa delas, que hierarquiza e dá o significado do todo e de cada uma das demais.

E prossegue o autor:

"Indo da base para a estrutura mais ampla da sociedade, essa contradição nascida da forma da relação entre localização e distribuição no âmbito da organização do espaço acabará por desdobrar-se em outras formas, surgindo uma relação sociedade/espaço alicerçada na contradição entre identidade e diferença, unidade e diversidade, homogenia e heterogenia, hegemonia e cooperação e, então, no limite, espaço e contra-espaço no todo da relação entre a sociedade e o seu espaço. Todo um sistema de contradições assim implantadas e a partir do espaço se instaura no âmbito da sociedade, o espaço instituindo-se e instituindo a sociedade como um espaço de correlação de forças, a organização da sociedade se constituindo como uma determinação política por excelência."[28]

---

[27] Moreira, Ruy, *op. cit.*, p. 73.
[28] *Idem, ibidem*, p. 7.

A fonte da ideologia que formará o amálgama cultural da sociedade é o símbolo estruturante da localização organicamente posta dentro da posição geográfica. A unidade do uno tende a significar a diversidade no sentido da hegemonia do centro, caso em que temos uma estrutura espacial de conflito manifesto. A sociedade do múltiplo tende a significar-se a partir do símbolo da cooperação e eqüipolência do todo. Nesse caso, uma estrutura de conflito já nasce regulada.

O ordenamento territorial é decorrência dessa estrutura tensional. Seu propósito é o controle dos termos da coabitação. A coabitação, conteúdo necessário da convivência espacial dos homens, se dá por consenso (sociedade comunitária) ou por coerção de classe (sociedade de classe). A regulação é a prescrição do controle da forma de coabitação através da regra e da norma do ordenamento. Dada a característica tensional do espaço, a coabitação pede uma espécie de contrato, um pacto com o qual nem sempre se confunde o ordenamento. A estrutura do ordenamento se confunde com o arranjo do espaço.

O ordenamento territorial tem como propósito a administração da base contraditória do espaço e se expressa por um conjunto de regras e normas do arranjo espacial da coabitação, operando como administração geográfica. Para Ruy Moreira, "o ordenamento não é... a estrutura espacial, mas a forma como essa estrutura espacial territorialmente se auto-regula no todo das contradições da sociedade, de modo a manter a sociedade funcionando segundo sua realidade societária."[29]

A coabitação, conteúdo necessário da convivência espacial dos homens, se dá por consenso (sociedade comunitária) ou por coerção de classe (sociedade de classe). A regulação é a prescrição do controle da forma de coabitação através da regra e da norma do ordenamento.

Dada a característica tensional do espaço, a coabitação pede uma espécie de contrato, um pacto com o qual nem sempre se confunde o ordenamento.

O ordenamento territorial tem como propósito a administração da base tensional do espaço e se expressa por um conjunto de regras e normas de arranjo espacial de coabitação operando como administração geográfica.

Abordando a relação sociedade/espaço numa perspectiva dialética, Ruy Moreira supera metodológica e epistemologicamente as visões

---

[29] Moreira, Ruy, *op. cit*, p. 76.

parciais, como seriam os enfoques sociológico e econômico. O autor aponta formas de tensão que se manifestam a partir do princípio ontológico do espaço e da tensão localização-distribuição: identidade e diferença, unidade e diversidade, homogenia e heterogenia, hegemonia e cooperação e, no limite, espaço e contra-espaço.[30] Tendo o propósito de administrar a base tensional do espaço que a sociedade tem no alicerce de sua organização geográfica, o ordenamento revela seu caráter político. No trabalho do autor tem-se uma mostra da Geografia como ciência social.

A palavra *ordenamento*, derivativo de ordem, significa que as relações da sociedade arrumam-se na forma de um arranjo do espaço que leva a que seus movimentos convirjam para uma finalidade predeterminada, orientando e organizando o rumo da sociedade no sentido dessa finalidade. O conceito de ordem é originário da Física clássica. O conceito de ordem, na Física clássica, era ptolomaico, um conceito-mestre soberano. Conforme as revoluções copernicana e eisteiniana, não há mais centro do mundo. O universo é, ao mesmo tempo, policêntrico, acentrado, descentrado, disseminado, diasporizado.[31] Hoje, ordem e desordem são conceitos inseparáveis. Em meados do século XIX surge o segundo princípio da termodinâmica, princípio irreversível de degradação da energia, princípio de desordem, ou seja, de agitação e dispersão calorífica (Princípio de Entropia). Trata-se de uma versão paradoxal do universo: é se desorganizando que o universo se organiza.

Outra manifestação da desordem ocorre no início do século XX, com o surgimento e desenvolvimento da Física Quântica. Ela destrói a idéia de um determinismo de base para substituí-lo por uma relativa indeterminação. Ela introduz a incerteza e a contradição, ou seja, a desordem. Um momento importante na história do pensamento moderno foi quando

---

[30] Ruy Moreira denomina sociedade do contra-espaço a que advém do estabelecimento da relação entre localização e distribuição na forma da centralidade. "O contra-espaço é a expressão da dialética do privado e do público, num plano micro, e da sociedade civil e da sociedade política, no plano macro da organização societária. Cada contra-espaço é um recorte que a contradição privado-pública e sociedade-Estado crava no coração do espaço instituído como espaço da ordem e que seus opositores declaram como o território de sua ação logística, em busca da subversão da ordem estabelecida" (*op. cit.*, p. 92).
[31] Morin, Edgar. *O Método* 1: A Natureza da Natureza. Porto Alegre: Sulina, 2003. 2ª ed., p. 108.

Niels Bohr declarou que não se deve querer superar a incerteza e a contradição, mas enfrentá-las e trabalhar com/contra elas (teoria da complementaridade).

A partir dos anos 60 a desordem aparece no cosmo. A descoberta do processo das galáxias, depois do barulho de fundo no universo, fortaleceu a hipótese de uma deflagração originária, conhecida como Big Bang. O cosmo teria sigo gerado por um extraordinário acontecimento térmico e nascido na agitação, coesão, dispersão. Cai por terra o antigo determinismo mecanicista: ele só era concebível para um universo sem começo, sem calor, sem evolução inovadora e sem observador.

A idéia de desordem, além de não poder ser eliminada do universo, é necessária para concebê-lo na sua natureza e na sua evolução. Um universo determinista e um universo aleatório seriam desprovidos de organização, de sol, de plantas, de seres pensantes. Um universo completamente determinista seria desprovido de inovação e, portanto, de evolução. Um mundo absolutamente determinista e um mundo absolutamente aleatório são dois mundos pobres e mutilados. Um, incapaz de nascer — o mundo do aleatório —, e o segundo, incapaz de evoluir.

Há que mesclar os dois mundos que, entretanto, se excluem logicamente. Essa mescla ininteligível é a condição para a relativa inteligibilidade do universo. Há uma contradição lógica entre ordem e desordem. Aceitar essa contradição é menos absurdo que rejeitá-la.

A partir do século XIX passa a haver complementaridade das duas noções antagonizantes de ordem e desordem. Desde então, em todos os setores, "o pensamento científico visa a combinações entre ordem e desordem, acaso e necessidade ... essa combinação e essa dialógica constituem a própria complexidade". *Complexus* = aquilo que é "tecido" junto. "O universo de fenômenos é inseparavelmente tecido de ordem, de desordem e de organização."[32] E mais adiante afirma esse autor: "Atingir a complexidade significa atingir a binocularidade mental e abandonar o pensamento caolho."[33]

---

[32] Morin, Edgar. *Ciência com Consciência*. Rio de Janeiro: Bertrand Brasil, 2003, 7ª ed., p. 215.
[33] *Idem.*

Para estabelecer o diálogo entre ordem e desordem, Morin associa essas duas noções à interação e à organização, formando um tetragrama:

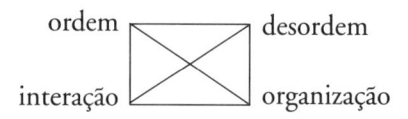

```
ordem ─────── desordem
       ╲   ╱
        ╳
       ╱   ╲
interação ── organização
```

"Mas esse tetragama não é o número sagrado: não é o J.H.V.H. bíblico, não nos dá a chave do universo, não é seu sonho, não comanda; é simplesmente uma fórmula paradigmática que nos permite conceber o jogo de formações e transformações, bem como não esquecer a complexidade do universo."[34]

Em síntese, os conceitos de ordenamento territorial podem ser examinados sob dois aspectos. Por um lado, pressupõe a idéia de ordem como procedimento ideal, adequado à valorização humana. O pensamento complexo aponta a improcedência de tal pressuposto e formula a dialógica ordem/desordem.

Por outro lado, enquanto o ordenamento territorial visa proporcionar qualidade de vida, observa-se ser outra a realidade no período técnico-científico-informacional. A eficácia das ações está estritamente relacionada com a sua localização. O espaço é hoje um sistema de objetos cada vez mais artificiais e de ações cada vez mais estranhas ao lugar e seus habitantes. Os territórios são equipados para facilitar a circulação de informação. Os processos não submetidos à tirania do dinheiro e da informação tendem a desaparecer ou a permanecer sob forma subordinada. São exceções em certas áreas da vida social e em certas frações do território onde podem manter-se relativamente autônomos.

A globalização gera desigualdade, exclusões, resistências, o que significa negação da ordem, desordem.

O ordenamento territorial pode contemplar a gestão. Para Harvey, gestão significa muito mais que governo, pois o poder efetivo de reorganização freqüentemente se localiza em outro lugar, ou, pelo menos, numa

---

[34] Morin, Edgar, *op. cit.*, p. 204.

coalização de forças mais ampla. Para este autor, "o poder de organizar o espaço advém de todo um complexo de forças mobilizadas por diversos agentes sociais. É um processo tão mais conflituoso quanto mais variada a densidade social num determinado espaço ecológico".[35]

Partindo de tais considerações, a gestão envolve atores outros além do governo e empresas como organismos globais (Banco Mundial, Banco Interamericano de Reconstrução — BIRD) e entidades civis sob a forma de acordos, convênios, parcerias. Novas tendências poderiam considerar aspectos como:

— aumento da intervenção dos governos locais em esferas onde tradicionalmente atua o governo federal;
— parcerias envolvendo múltiplos atores, substituindo a centralização da ação pública e constituindo uma esfera pública e não estatal. O associativismo seria um exemplo;[36]
— consolidação e não remoção de assentamentos urbanos;
— incorporação da questão ambiental nas pautas urbanas e territoriais;
— criação de uma estrutura legal que legitime a participação da população no ordenamento do território.

2.2.2. O Ordenamento do Território, seus Enfoques Sociológicos e da Teoria Econômica e Outras Abordagens

Os enfoques sociológicos e da teoria econômica do ordenamento do território pressupõem uma concepção do fenômeno de modo isolado, como encontramos em diversos autores. Esses seriam dois enfoques dos vários possíveis, uma vez que a relação sociedade-espaço não é dada como necessária. Assim, poderiam ser considerados os enfoques demográfico, político, antropológico, administrativo e outros. Trata-se de uma concepção

---

[35] Haevey, David. Do gerenciamento ao empreendimento: a transformação da administração urbana no capitalismo tardio. *Espaço & Debates*, Ano XVI, nº 39, p. 48-64.
[36] Schweizer, Peter José. *Planejamento participativo na reestruturação urbana*. Rio de Janeiro: Associação Fluminense de Ex-Bolsistas da Alemanha, 2000. Coleção AFEBA, Vol. 1.

que é herança de tradição reducionista — pensamento clássico consolidado por Descartes — que divide o todo em partes e as estuda em separado.

Outra é a orientação de Ruy Moreira, como vimos, que estuda o ordenamento territorial à luz do método dialético, expressando sua real complexidade, que tem sido objeto de esforços visando a sua incorporação à análise geográfica. Segundo essa idéia — diz Milton Santos —, "todas as coisas presentes no Universo formam uma unidade. Cada coisa é que parte da unidade do todo, mas a totalidade não é uma simples soma das partes. As partes que formam a totalidade não bastam para explicá-la. Ao contrário, é a totalidade que explica as partes".[37] Essa posição é a mesma de Morin,[38] um dos estudiosos do *paradigma da complexidade* (ou pensamento complexo). Morin propõe a complementaridade e a transacionalidade entre as concepções linear (reducionista) e holística (sistêmica) e estabelece vários princípios.

Com tais reservas, podemos ilustrativamente tecer considerações de natureza sociológica e econômica a respeito do ordenamento do território.

A globalização — internacionalização da economia capitalista — provocou mudanças em toda a face da Terra a partir dos últimos anos do século XX. Novas condições técnicas, bases para uma ação humana mundializada, promovem a unificação do mundo, afetam o território e seu ordenamento.

Quanto a essas condições, vemos que a primeira delas é a tirania do dinheiro e da informação. A tirania do dinheiro se dá pela ação articulada das grandes empresas transacionais ou suas empresas financeiras. Tais empresas financeiras, ao se instalarem, incorporam as poupanças internas dos países à sua lógica financeira e de trabalho. Quando exportado, esse dinheiro pode regressar ao país de origem na forma de crédito ou de dívida por intermédio dessas empresas. A finança movimenta a economia deformada.

A violência da informação ocorre quando suas técnicas são utilizadas por alguns atores em função de seus objetivos particulares. Essas técnicas

---

[37] Santos, Milton. *A Natureza do Espaço*, p. 94.
[38] Morin, Edgar. *O Método* 1: A Natureza da Natureza; *O Método* 2: A Vida da Vida; *O Método* 3: O Conhecimento do Conhecimento; *O Método* 4: As Idéias; *O Método* 5: A Humanidade da Humanidade; *O Método* 6: Ética. Porto Alegre: Sulina.

são apropriadas por alguns Estados e por algumas empresas, aprofundando os processos de criação de desigualdades. Acentua-se a condição periférica dos países. A informação transmitida é uma manipulação que, em vez de esclarecer, confunde. Ao chegar às pessoas, às empresas e às instituições hegemonizadas, essa informação se apresenta como ideologia. A presença da ideologia se dá porque hoje o discurso antecede, quase obrigatoriamente, parte significativa das ações humanas, seja a técnica, a produção, o consumo, o poder. A ideologia se insere nos objetos e se apresenta como coisa. A informação, insidiosa, por um lado, busca instruir e, de outro, convencer. Esse é o trabalho da propaganda, à proporção que a função de convencer se torna muito mais presente.

A competição, regra da expansão do capitalismo nos últimos cinco séculos, cede lugar à competitividade. A guerra é a norma. Há que vencer o outro a todo custo, tomar-lhe o lugar. Nos últimos anos do século XX realizaram-se grandes fusões e incorporações na órbita da produção e também na órbita da informação.

Essa guerra como norma justifica toda forma de apelo para dirimir conflitos. Isso justifica os individualismos arrebatadores e possessivos na vida econômica (a maneira como as empresas lutam umas com as outras), na vida política (a ação eleitoreira dos partidos em detrimento da idéia política), na ordem do território (competição entre cidades e regiões). Também na ordem social e individual os individualismos arrebatadores e possessivos levam à visão do outro como coisa. O comportamento desrespeitoso é uma das tônicas da sociabilidade atual. A sociedade abandona a solidariedade e a emoção com a entronização do reino do cálculo.

A violência de que se fala, característica de nosso tempo, é formada por violências funcionais derivadas. Há uma violência estrutural que está na base de todas as outras, que é menos percebida, razão pela qual se condenam as violências periféricas particulares. A violência estrutural é resultado da manifestação conjunta do dinheiro em estado puro, da competitividade em estado puro e da potência em estado puro, cuja associação conduz a novos totalitarismos.

Observa-se um retrocesso no que diz respeito a noções de bem público e de solidariedade, do qual é emblemática a redução das funções sociais e políticas do Estado com a ampliação da pobreza, do desemprego e os crescentes agravos à soberania. Ampliam-se as desigualdades interpessoais, de classe, regionais e internacionais.

No mundo da globalização o espaço ganha novas características e também nova importância, porque a eficácia das ações está estritamente relacionada com a sua localização.

Na extrema competitividade em que vivemos, os lugares representam os embates entre os diversos atores, e o território como um todo revela os movimentos de fundo da sociedade. A globalização, com a proeminência dos sistemas técnicos e da informação, subverte o antigo jogo da evolução territorial e impõe novas lógicas.

Os territórios tendem a uma compartimentação generalizada, em que se associam e se chocam o movimento geral da sociedade planetária e o movimento particular de cada fração, regional ou local, da sociedade nacional. Esses movimentos são paralelos a um processo de fragmentação que rouba às coletividades o comando de seu destino, enquanto os novos atores também não dispõem de instrumentos de regulamentação que interessem à sociedade em conjunto. O dinheiro usurpa em seu favor as perspectivas de fluidez do território, buscando conformar sob o seu comando as outras atividades.

O território, porém, não é um dado neutro. Produz-se uma verdadeira esquizofrenia, já que os lugares escolhidos acolhem e beneficiam os vetores da racionalidade dominante, mas também permitem a emergência de outras formas de vida. Essa esquizofrenia do território e do lugar tem um papel ativo na formação da consciência. O espaço geográfico não apenas revela o transcurso da história, como indica a seus atores o modo de nela intervir conscientemente.

Dois exemplos de ordenamento territorial de caráter global no Brasil
Nos últimos anos, várias cidades do mundo têm sido alvo das grandes intervenções urbanas propostas no Plano Estratégico de Cidades, configurando um novo ordenamento territorial delas. Exigências mercadológicas atuam como pano de fundo no cenário de grande competitividade entre cidades e impõe a elas grandes transformações para que essas se tornem atraentes aos grandes investidores e empreendedores. A intervenção do

Estado nas decisões socioeconômicas é mínima. Os empresários e investidores são os grandes atores políticos. Tal tendência da administração local se confirma no crescente processo de privatização de empresas públicas e desregulamentação de atividades econômicas e sociais, juntamente com a reconversão dos padrões universais de proteção social. A cidade passa a ser administrada como uma grande empresa e, com isso, lança mão dos meios pertinentes para se tornar atraente às empresas transacionais mais competitivas a partir de sua oferta de infra-estrutura.

A cidade do Rio de Janeiro é um caso ilustrativo. Os Planos Estratégicos da Cidade do Rio de Janeiro[39] foram inspirados nos planos estratégicos elaborados para a cidade de Barcelona, que a deixou refém das grandes empresas. Através do marketing urbano, promoveu uma nova configuração urbana, pagando, porém, o preço de uma enorme exclusão social.

A partir da década de 1990 (Governo Cesar Maia) a administração municipal do Rio de Janeiro incorporou a ideologia do Plano Estratégico das Cidades sob a perspectiva catalã. Em 1996 foi elaborado o Rio Super Rio, contando com a participação de empresários, com o objetivo de inverter o quadro de decadência da cidade e da fuga de capitais. A intervenção visava tornar a cidade atraente para negócios e turismo, atividades dependentes e investimentos empresariais, inserindo-a no circuito econômico globalizado.

As transformações de recuperação e embelezamento dos espaços públicos e melhoria da infra-estrutura ficaram comprometidas com o processo de empresariamento e empreendedorismo, mais que com o bem-estar da população. O discurso neoliberal impõe que o governo local desinvista nos setores públicos básicos e invista em setores que viabilizem o empresariamento e empreendedorismo da cidade.[40] Isso resulta em agra-

---

[39] O Rio de Janeiro é integrante do Centro Interamericano de Desenvolvimento Estratégico Urbano (CIDEU), associação entre cidades, sediada em Barcelona e que tem por objetivo impulsionar as cidades-membros à realização de planos estratégicos urbanos como instrumento de ordenamento futuro das cidades. Como cidade-membro, a Prefeitura da cidade do Rio de Janeiro recebeu assistência técnica, juntamente com uma plataforma de comunicações, fórum de debates e intercâmbio de experiências.

vamento dos conflitos sociais e problemas (desemprego, favelização, aumento da criminalidade).

No primeiro Plano Estratégico, o Projeto Teleporto propunha que as "portas" de entrada da cidade e suas infra-estruturas de acesso fossem adequadas aos importantes fluxos econômicos. A proposta parte da concepção das cidades como pólos infra-estruturados que articulam redes e fluxos de pessoas, de idéias, de informações, de capitais e de mercadorias. O projeto perdeu fôlego a partir de 1995 e surgiram diversas dificuldades, tornando morosas as decisões de como encontrar novos parceiros. Em 2002 a Prefeitura era a única base empreendedora e vinha buscando parcerias para desenvolver um novo projeto em substituição ao Projeto Teleporto, chamado Projeto NAP (Network Access Point). Essa parceria envolveria empresas e instituições de cadeia de comunicações e de grandes empreendimentos imobiliários. O projeto, no entanto, deparava-se com dificuldades, as mesmas que impossibilitaram o projeto anterior.[41]

Em Niterói (RJ), a administração eleita em 1989 adotou uma política de reorganização territorial visando reformular a imagem do município para seus habitantes através da intervenção e do discurso, no sentido de fazer com que a população sentisse orgulho da cidade. O discurso visava alcançar, também, quem estivesse fora de Niterói, principalmente na questão histórica de que Niterói seria um apêndice da capital do Estado do Rio de Janeiro. Esse pensamento justificaria o dito popular de que "a melhor coisa de Niterói seria a vista para o Rio de Janeiro".

Essa política baseia-se principalmente em indicadores socioeconômicos que não condizem com a realidade vivida pelo município. O Poder Público implementou um discurso enaltecendo a qualidade de vida apontada pelos indicadores quantitativos, transformando dados em discurso a ser incorporado por todos. Foram utilizados todos os recursos possíveis para divulgação do discurso, desde obras, fachadas e logomarcas de órgãos públicos (incluída a própria Prefeitura), até anúncios veiculados

---

[40] Para análise do empresariamento na administração urbana ver Harvey, David, *op. cit.*
[41] Amendola, Mônica. O ordenamento urbano carioca sob a ótica do plano estratégico de cidades. *Rev. GeoPaisagem* (*on-line*). Vol. 1, nº 2, jul./dez. de 2002.

nos meios de comunicação de massa. Trata-se de um raro exemplo de marketing de cidade, uma proposta de "ordenamento territorial que se assenta sobre o desejo de 'cidade de qualidade de vida' que imprime ao espaço uma nova dimensão social".[42] O marketing de cidade é baseado no modelo adotado pelo município de Curitiba.

Novos ícones foram criados para legitimar a política. As novas formas na paisagem, aliadas ao discurso de qualidade de vida, proporcionaram profunda reorganização territorial e cultural do município, principalmente nas áreas onde foram inseridos esses novos elementos na paisagem. O Museu de Arte Contemporânea é o principal elemento legitimador dessa nova política. Houve profunda reorganização territorial e valorização do solo urbano, favorecendo, em muito, o capital imobiliário.

A administração após 1989 promoveu várias intervenções urbanísticas: Plano Diretor (1992), Lei de Uso e Ocupação do Solo (1995), Plano Urbanístico (Praias da Barra, 1995). O discurso da "cidade qualidade de vida" também utilizou o marketing do meio ambiente, com abundância de áreas verdes e o sistema lagunar Piratininga-Itaipu na Região Oceânica de Niterói.

A política de qualidade de vida, vinculada às propostas de preservação ambiental, forma um conjunto de atrativos para as classes alta e média-alta, que se auto-segregam, a exemplo do que ocorre na Barra da Tijuca, na cidade do Rio de Janeiro.

A globalização e seus limites

Os aspectos dominantes da globalização, que tantos inconvenientes resultam para maior parte da humanidade, apresentam limites em sua evolução. Surgem sinais indicativos da emergência de outros processos, autorizando pensar que vivemos numa verdadeira fase de transição para um novo período.

Em primeiro lugar, o denso sistema ideológico que envolve e sustenta as ações determinantes parece não resistir à evidência dos fatos. A vida

---

[42] Costa, Leonardo Mazagão & Kuchler, Patrick Calvano. *Niterói*: Novas políticas para um novo modelo de cidade do século XXI. Universidade do Estado do Rio de Janeiro/FFP/Departamento de Geografia, s/d.

cotidiana revela a impossibilidade de fruição das vantagens do chamado tempo real para a maioria da humanidade. Caem por terra as promessas de que as técnicas contemporâneas melhorariam a existência de todos, e se observa a expansão acelerada do reino da escassez, atingindo as classes médias e criando mais pobres.

As populações envolvidas no processo de exclusão relacionam suas carências e vicissitudes às novidades que as atingem, e uma tomada de consciência torna-se possível. Por isso, a compreensão do que está ocorrendo chega aos pobres e aos países pobres com clareza crescente. Daí o repúdio às idéias e às práticas políticas que fundamentam o processo socioeconômico atual e a demanda, cada vez mais pressurosa, de novas soluções. Essas não seriam centradas no dinheiro, como na fase atual, mas no próprio homem como base para a construção de um mundo novo.

3. CONCLUSÃO

A definição de ordenamento territorial como forma de auto-regulação da estrutura espacial no todo das tensões da sociedade de modo a mantê-la funcionando segundo sua realidade societária fundamenta-se na relação sociedade-espaço. Sistema de objetos e ações, o espaço é fenômeno total, e sua historicidade leva à manifestação de características próprias, ou seja, novas tensões.

O atual período técnico-científico-informacional da globalização apresenta tensões próprias, que podem ser observadas ilustrativa e parcialmente sob os enfoques sociológico e da teoria econômica. Sua periodicidade histórica indica a necessidade de observação de novas tensões e novos processos.

4. REFERÊNCIAS BIBLIOGRÁFICAS

ARRUDA, Marcos. Globalização financeira neoliberal: Grave enfermidade do capitalismo. *In*: ARRUDA, M. & BOFF, Leonardo. *Globalização:* Desafios socioeconômicos, éticos e educativos. Petrópolis: Vozes, 2001, 2ª ed., p. 186-202.

BAUMAN, Zygmunt. *Globalização*: as conseqüências humanas. Rio de Janeiro, Jorge Zahar, 1999.
BECKER, Bertha *et alli*. *Tecnologia e Gestão*. Rio de Janeiro: UFRJ, 1988.
FOLHA DE S. PAULO. Lutas entre lugares. Caderno Mais!, 30.10.2005, p.3.
_____. Macrometrópole se espalha e ocupa rodovias. 31.10.2005, p. 1 e 3.
IANNI, Octávio. *A sociedade global*. Rio de Janeiro: Civilização Brasileira, 1997, 5ª ed.
MOREIRA, Ruy. O espaço e o contra-espaço: as dimensões territoriais da sociedade civil e do Estado, do privado ao público na ordem espacial burguesa. *In*: SANTOS, Milton *et alli*. *Território, Territórios: ensaios sobre o ordenamento territorial*. Rio de Janeiro: DP&A, 2006, 2ª ed., p. 71-107.
SANTOS, Milton. *O Espaço e a Sociedade*. Petrópolis: Vozes, 2ª ed., 1982.
_____. *A Natureza do Espaço*: Técnica e tempo. Razão e Emoção. São Paulo: Hucitec, 1996.
SANTOS, Milton e SOUZA, Maria Adélia A. de & SILVEIRA, Maria Lúcia (organizadores). *Território: Globalização e Fragmentação*. São Paulo: Hucitec, 1996, 3ª ed.

CAPÍTULO 3

O Papel da Distribuição e da Gestão dos Recursos Hídricos no Ordenamento Territorial Brasileiro

Flávio Gomes de Almeida
Luiz Firmino Martins Pereira

1. Introdução

Segundo John F. Kennedy, "quem for capaz de resolver os problemas da água será merecedor de dois prêmios Nobel, um pela paz e outro pela ciência". Sem água não há vida. Ela está presente não só na constituição física dos animais, como em todas as ações humanas: produção de energia, alimentação, transporte, integração, turismo... Desde a Antiguidade observa-se que o acesso à água é fonte de poder e ao mesmo tempo ponto de conflito de interesses (Almeida *et al.*, 2002).

A água estará em foco neste novo milênio, já aparecendo, com freqüência, nos noticiários. Notícias sobre poluição, falta de água, seca e, mais recentemente, o problema da geração de energia têm sido muito veiculadas.

A verdade é que sempre se pensou a água como um bem abundante e, por conseqüência, inesgotável. Mas trata-se de uma falsa impressão. Da totalidade da água que temos em nosso planeta, 97,5% é salgada, o que exigiria enormes investimentos para viabilizar o seu consumo e mesmo sua utilização como insumo para o processo produtivo. Os 2,5% restantes são água doce, embora cerca de 75% se encontrem em forma de geleiras, de modo que somente 0,78% se encontra disponibilizada para o consumo, e parte dela está poluída (ERJ, 2002).

Além disso, a população mundial aumenta, sendo crescentes também seus níveis de urbanização e industrialização, o que aumenta a demanda de água, cuja quantidade tem se mantido constante ao longo dos últimos séculos. Assim, a deficiência em qualidade e quantidade de recursos hídricos tornou-se evidente e preocupante.

A água não se encontra distribuída de forma homogênea em nosso planeta e sua demanda é também heterogênea. Esse fato torna necessária uma eficiente gestão, de maneira que se contemple o uso múltiplo dos recursos hídricos, estando a água disponível em quantidade e qualidade suficientes para os interessados. Ela é um bem natural público; logo é de todos, sendo obrigação do Estado fornecê-la em quantidade e qualidade para todos os segmentos da sociedade, não somente aos que pagam ou que pagarão por ela.

A água é também o recurso natural mais importante para o crescimento econômico e social da população, de forma que ela é o mais importante vetor para a indução ao investimento em determinadas regiões, sendo hoje um diferencial competitivo essencial para qualquer área.

O presente capítulo tenta desenvolver a idéia de que as questões ambientais, principalmente no caso da água, envolvem conflitos extra, inter e intra-espécies por alimento, espaço/disponibilidade e pela reprodução, seja dentro da natureza — intocada pela civilização humana —, seja nas sociedades ditas civilizadas. Aqui estamos interessados em estudar conflitos e suas correlações junto à Gestão dos Recursos Hídricos. E quando se estudam conflitos humanos, sociais, logo surgem as idéias de Justiça e Direito. Maas (1962), aliás, já ressaltava como pré-requisito para a Gestão dos Recursos Hídricos a existência do Estado de Direito em sua sociedade democrática.

O ordenamento territorial brasileiro possui uma relação histórica com a distribuição da água, servindo como via de penetração para o interior. Existem áreas de êxodo pela escassez sazonal e até outras que atraíram certas atividades econômicas devido à abundante presença do recurso.

No Brasil, devido à irregular distribuição da população ao longo do território e à irregular distribuição dos recursos hídricos, dos 182.633m^3/s, perto de 80% ocorrem em regiões hidrográficas com densidade de população inferior a 10 hab./km^2, enquanto 20% ocorrem nas áreas mais povoadas, cujas densidades atingem mais de 100 hab./km^2.

Dados disponibilizados pelo IBGE revelam:

- O Brasil tem muita água, mas sua distribuição geográfica é irregular:
  Região Norte — 68%
  Região Centro-Oeste — 16%
  Região Sul — 7%
  Região Sudeste — 6%
  Região Nordeste — 3%

- Utilização da água no Brasil:
  Setor agrícola (com irrigação) — 60%
  Indústrias — 20%
  Abastecimento urbano — 20%

- Total dos domicílios com abastecimento de água no Brasil:
  Território Nacional — 86%
  Região Sudeste — 94%
  Região Sul — 91%
  Região Centro-Oeste — 80%
  Região Nordeste — 79%
  Região Norte — 67%

- Total dos domicílios com serviços de captação de esgotos:
  Território Nacional — 49%
  Região Sudeste — 71%
  Região Centro-Oeste — 33%
  Região Sul — 18%
  Região Nordeste — 13%
  Região Norte — 2%

2. Distribuição dos Recursos Hídricos no Brasil

No Brasil, a distribuição dos recursos hídricos (Figura 1) não possui sintonia com a distribuição da população ao longo do território. Dados do Censo Demográfico do IBGE em 2000, comparados à distribuição da água doce em nosso país, revelam que dos 182.633m³/s de descarga dos rios, perto de 80% ocorrem nas regiões hidrográficas com densidade de população inferior a 10 hab./km², enquanto perto de 20% apenas ocorrem em áreas mais povoadas.

REGIÕES HIDROGRÁFICAS BRASILEIRAS

LEGENDA

Regiões Hidrográficas

1 – Amazonas

2 – Tocantins/Araguaia

3 – Atlântico Norte/Nordeste

4 – São Francisco

5 – Atlântico Leste

6 – Paraná/Paraguai

7 – Uruguai

8 – Atlântico Sul/Sudeste

Figura 1 — Mapa das regiões hidrográficas do Brasil (Fonte: Relatório SRH, 2002).

O Brasil, em relação à disponibilidade hídrica *per capita* (a descarga média de longo período dos rios dividida pela população total), possui uma oferta de água doce de perto de 40.000m³/ano, o que o coloca na classe das nações ricas desse recurso. O que se pode observar é que em algumas áreas registram-se menos de 500m³/hab./ano, o que na avaliação das Nações Unidas significa muita pobreza, como acontece em parte do Nordeste setentrional. No restante do Brasil as disponibilidades sociais variam entre regulares (1.000 a 2.000m³/ano *per capita*) e ricas (10.000-100.000m³/ano *per capita*), e ainda como casos extremos nas regiões hidrográficas do Amazonas e Tocantins, encontramos os maiores índices de disponibilidade social do Brasil, de 558.000m³/hab./ano (Rebouças, 2002).

O que se pode considerar a respeito do elemento recurso hídrico quando se pensa num ordenamento territorial é que, apesar de a distribuição do potencial de água doce nos rios ser muito irregular, não se tem, efetivamente, escassez quantitativa de água no Brasil. Os problemas atuais decorrem fundamentalmente da concentração desordenada das demandas, da baixa eficiência do fornecimento e principalmente da degradação da qualidade em números nunca imaginados.

3. A INFLUÊNCIA DAS ÁGUAS NO ORDENAMENTO DO TERRITÓRIO

A água enquanto elemento essencial à vida no planeta inevitavelmente direciona a tendência de ocupação do território. Isso, é claro, sempre que possível, já que esta lógica não impediu que houvesse ocupações em áreas com pouca disponibilidade hídrica, como é o caso hoje de 180 países e territórios, que dispõem de pouca quantidade de recursos hídricos renováveis disponíveis *per capita*, considerando toda a água encontrada na superfície ou em lençóis freáticos mais profundos. É o caso, por exemplo, do Kuwait, com 10m³ disponíveis por pessoa a cada ano, um forte contraste para países como o Brasil, onde 36.317m³ estão disponíveis por pessoa por ano (Relatório sobre RH da Unesco, 2003).

No Brasil, as facilidades das comunicações e o escoamento de mercadorias por via marítima ou fluvial constituíram o fundamento do esforço colonizador português. As concessões feitas pela Coroa portuguesa fora da área beira-mar sempre priorizavam as áreas ribeirinhas navegáveis, como o rio São Francisco. Toda essa situação marcou profundamente o modelo de ocupação no Brasil, recaindo sobre os ecossistemas aquáticos forte pressão e degradação (Pereira, 2004).

Durante muitos anos esses ecossistemas aquáticos foram utilizados por comunidades tradicionais de pescadores, pequenos agricultores e extrativistas. Esses recursos ambientais já foram utilizados pelos primeiros ocupantes do país, como atestam os numerosos sambaquis dispersos nessas áreas. Um exemplo disso são as populações que vivem dos mangues, em áreas estuarinas, com a venda de caranguejos, moluscos e outros crustáceos. Cabe ressaltar a importância do manguezal para o homem, uma vez que ele fornece uma grande variedade de organismos que são utilizados na pesca, como moluscos, crustáceos e peixes. A captura desses animais para comercialização e consumo permitiu ao longo dos anos a sobrevivência de inúmeras comunidades em zonas estuarinas e a manutenção de uma tradição e cultura próprias.

Esses ecossistemas extremamente produtivos foram justamente as áreas escolhidas nos primórdios da colonização, para a implantação de vilas e povoados, e seguem até hoje, dado o modelo de exploração, estando ainda entre as áreas mais visadas para ocupação, sempre voltada ao suporte de um modelo primário exportador. Não obstante, a intensificação no uso e a degradação dos ecossistemas estuarinos se deram também mediante a implantação de projetos industriais. Além disso, houve a ampliação de portos e terminais para o escoamento de produtos agrícolas e minérios, químicos e petroquímicos, caracterizados por indústrias pesadas (Diegues, 1988).

Portanto, o modelo de crescimento do Brasil fez com que a ocupação humana se desse exatamente junto a essas áreas, degradando e ameaçando grande parte desses ecossistemas. Mais da metade da população do país vive hoje a uma distância interior a 60 quilômetros de distância do mar, em áreas cortadas por rios, e parte significativa da produção industrial também se realiza nessas áreas, já que a água também é fator decisivo na implantação de indústrias. Essa degradação pode ser medida não só pela supressão direta das espécies vegetais e ocupação das áreas, como também por problemas decorrentes do desprezo pelo papel que alguns desses ecossistemas desempenham, absorvendo e retendo águas de chuva, controlando cheias de rios ou defendendo a faixa costeira de ressacas. Situações que são ainda mais agravadas em decorrência dos problemas de infra-estrutura surgidos, com a interrupção de sistemas naturais de drenagem, lançamento de lixo e de esgotos sem tratamento em corpos hídricos, aumentando a produtividade primária além da capacidade de suporte do meio. Soma-se a isso, ainda, os despejos de origem industrial com metais pesados. O desmatamento em áreas de bacia e as inundações que assolam alguns centros urbanos do Brasil estão intimamente relacionados. O desmatamento das encostas aumenta o assoreamento e diminui a capacidade de vazão dos rios, que, somados à perda da capacidade de retenção da água das chuvas e à impermeabilização do solo com as construções nas cidades, provocam as enchentes. Outro fator que pode potencializar os efeitos das enchentes é o aquecimento da Terra ocasionado pelas mudanças climáticas.

As taxas de crescimento de inúmeras áreas ribeirinhas demonstram que a pressão sobre esses ecossistemas é cada vez maior e resultante da expansão urbana, associada a grandes obras de engenharia, como portos, aterros e dragagens. A proximidade de centros consumidores tem sido o argumento para instalação de parques fabris junto ao litoral, assim como a necessidade de água para os processos produtivos justifica a proximidade dos rios. As implicações para o meio ambiente com o acréscimo da poluição podem ser claramente visíveis nos ambientes aquáticos, que têm sua turbidez elevada, reduzindo a penetração de luz, afetando a camada eutrófica, reduzindo o oxigênio dissolvido na água e, por fim, modificando o hábitat de peixes e aves, inviabilizando o uso para a agricultura e para o próprio consumo humano. O aumento da oferta de detrito orgânico no ecossistema, como numa reação em cadeia, interfere em processos de grande importância para o metabolismo do ecossistema aquático, tais como: aumento da taxa de decomposição, que é um processo que consome grandes quantidades de oxigênio da água (DBO — demanda bioquímica de oxigênio), e incremento da concentração de nutrientes, que fertilizam a coluna d'água, favorecendo o aumento de biomassa das algas. Além disso, a acumulação de resíduos orgânicos no fundo, onde reinam condições altamente redutoras, causa a redução de sulfatos a gás sulfídrico, e o processo de decomposição microbiana anaeróbica gera gás metano. Ambos os gases são responsáveis por mau cheiro e podem eventualmente provocar mortandades de peixes.

A sociedade urbano-industrial imprime profundas cicatrizes nos ambientes (degradação de solos e florestas, poluição dos recursos hídricos, aumento da carga de poluentes na atmosfera, etc.) em nome da modernidade e do progresso. O que realmente pretende e aonde quer chegar essa sociedade urbano-industrial com a manutenção de suas práticas insustentáveis (Almeida, 2002)?

Observa-se, entretanto, que mesmo com o crescimento do setor fabril, aproximadamente 70% da poluição das águas é de origem doméstica e 30% de origem industrial (Relatório WWF-Brasil, 2003).

Não são só as áreas urbanas que sofrem influência direta na ocupação do território pela localização de recursos hídricos. A fronteira agrícola no Brasil avança com alto nível de mecanização e utilização de recursos hídricos para os sistemas de irrigação. Disponibilidade hídrica é fator limitador para essa expansão, limite que não se observa no avanço dessa fronteira em Goiás e Tocantins, em direção à Amazônia. Estima-se ainda um grande desenvolvimento da agricultura dos países latinos nos próximos 30 anos.

Vários foram os casos em que os rios funcionaram como contribuintes do ordenamento territorial brasileiros; entre eles: o Tietê, o Amazonas, o Prata e o São Francisco.

Vejamos o caso do São Francisco, onde relatos históricos nos mostram que já na primeira década do século XVI várias expedições circundavam a foz do rio. A primeira delas, no dia 4 de outubro de 1501, que objetivava um reconhecimento da costa brasileira, comandada por André Gonçalves e Américo Vespúcio; vindo desde o Cabo de São Roque, chegou à foz do São Francisco. Habitada a região pelos índios, que a chamavam de Opara, os portugueses deram o nome de São Francisco àquele rio, em homenagem ao santo que era comemorado naquele dia. Somente em 1553, uma primeira expedição avançou rio adentro, e, a partir de então, várias outras se sucederam; entretanto, somente com as sesmarias, por volta de 1573, é que surgem as primeiras apropriações de extensas terras. Outro fator importante de ocupação foram as missões, que, ao que se tem registro, iniciaram-se nessa região a partir de 1641, quando então surgiram os primeiros aldeamentos. No começo do século XVIII o desbravamento do São Francisco já estava completado por homens vindos de Salvador e Recife, tendo sido instalados alguns aldeamentos, aumentando o povoamento nas margens do rio. Para essa fixação, concorreu a descoberta de ouro no Médio São Francisco, próximo à cabeceira do Salitre, um afluente, e pelo povoamento do Piauí, Maranhão e Ceará. Desenvolveram-se, a partir de então, as fazendas de criação de gado. Da mesma forma, o Alto São Francisco, a essa altura, estava também povoado pelas constantes rotas de penetração que se dirigiam a Goiás. Nessa rota, muitos se fixaram na exploração de diamantes e ouro ou na manutenção de fazendas de pecuária. O Baixo São Francisco constitui-se basicamente da área da foz, que deu lugar aos quilombos; entre eles, o de Palmares. Já o Médio São Francisco compreende trecho entre a Cachoeira de Paulo Afonso, entre a Bahia e Alagoas, e a Cachoeira de Pirapora, em Minas Gerais. Esses trechos do rio são navegáveis, o que revela a facilidade de acesso e de ocupação das terras mais ao interior. Já o Alto São Francisco constitui-se no trecho onde surgiram as cidades criadas a partir da busca por ouro, descoberto em Goiás nos idos de 1700.

Por volta de 1800, a indústria da mineração começou a declinar e muitas cidades iniciais e primeiros estabelecimentos diminuíram seu tamanho e importância. A agricultura substituiu gradativamente a mineração e, hoje em dia, muitas cidades e vilas que tiveram seu início devido à mineração vivem da agricultura. A navegação comercial fez surgir pequenas cidades e estabelecimentos e permitiu o crescimento de outras. Entre 1850 e 1852 foram feitos por Henrique Halfeld os primeiros estudos sobre o rio, intitulado *Atlas Concernente à Exploração do Rio São Francisco,* desde a Cachoeira de Pirapora até o Oceano Atlântico, que objetivavam possibilitar o transporte fluvial para abastecimento com produtos manufaturados das cidades litorâneas diretamente para as cidades ribeirinhas.

Concluindo esse relato histórico do ordenamento territorial a partir do São Francisco, na primeira metade do século XX, foram feitas as primeiras intervenções iniciais destinadas a melhorar o transporte aquaviário, mesmo período em que foi criada a Companhia Hidroelétrica do São Francisco (CHESF) para explorar o potencial energético do rio.

4. A GESTÃO DOS RECURSOS HÍDRICOS E SUA INFLUÊNCIA NO ORDENAMENTO TERRITORIAL

A história nos mostra que algumas civilizações tratavam da água com a verdadeira dimensão de influência da organização do espaço (ordenamento territorial), como fora o caso dos incas. O arranjo das vilas e povoados em forma de platôs que se ajustam à topografia, tornando as terras cultiváveis, maximizava hidraulicamente a utilização do recurso água, que escorria de um platô para outro. É uma demonstração inequívoca de que já no século XII havia povos que racionalizavam os princípios que hoje perseguimos.

A idéia de gestão por bacia não chega a ser nova, tanto que Worster em *La Democracia de Cuencas. Recuperando la vision de John Wesley Powell*, em 1890, dizia:

> *Cada cuenca dentro de cada área de drenaje, sostenía Powell, debería ser medida y abierta a los colonizadores como una sola unidad integrada. Los colonizadores que ingresaran a la cuenca debería poseer en común esa tierra, o la mayor parte de ella, así como el agua. Juntos, debería establecer reglamentos para administrar todo uso dentro de una misma área de captura.*

Worster coloca Powell na condição de profeta do ambiente habitado, o profeta das bacias hidrográficas, o profeta da democracia de bacias. Powell percebeu, já naquela época, a paisagem norte-americana de uma maneira revolucionária: como uma série de bacias, antes mesmo do que como uma série de unidades político-administrativas artificialmente construídas. Dentro dessas bacias imaginou uma nova sociedade que exibia suas raízes, uma sociedade comprometida com valores comunitários e democráticos, e com comprometimento com a proteção dessas bacias.

A ausência de uma política, no sentido aplicado da palavra, ou ao menos uma visão, resultou em uma (des)influência no ordenamento territorial no Brasil. Como mostrado no item sobre a infuência das águas no ordenamento do território, vilas, povoados e, por fim, cidades se formaram de modo descompromissado com as faixas marginais dos rios, brejos, talvegues, encostas e áreas estuarinas, lançando seus resíduos *in natura*, impermeabilizando o solo com pisos cimentados e asfaltados, resultando em um comprometimento dos corpos hídricos, hoje objeto de políticas de recuperação.

A visão das autoridades nas últimas décadas (1970 a 1990) indicava que a solução para as questões hídricas estava nas obras de engenharia e não na gestão das bacias hidrográficas, que deveriam ser tratadas como um sistema vivo. Esse modelo levou a inúmeros projetos de retificação de cursos de água, que objetivavam a drenagem de áreas alagadiças, construção de barragens e açudes e projetos de transposição de águas que modificavam por completo a dinâmica natural de diversos ecossistemas.

As hidroelétricas estão entre essas grandes obras e contribuíram também para o ordenamento do território, já que determinaram o fim e o surgimento de inúmeras cidades, vilas e povoados.

A geração de energia através de hidroelétricas está entre aquelas com custo de produção mais barato no mundo, mas seu custo de implantação, considerando as áreas que passaram a ser alagadas, mudanças de regimes hídricos dos rios, interferência no hábitat de inúmeras espécies, nem sempre é quantificado e suficientemente mitigado.

Olhando os rios sob a perspectiva de seu potencial hidroelétrico, como se observa na Figura 2, ainda há um grande potencial a ser explorado.

Ao se falar em potencial é preciso considerar a água subterrânea, que corresponde à parcela mais lenta do ciclo hidrológico e constitui nossa principal reserva, ocorrendo em volumes muito superiores aos disponíveis na superfície, ou seja, 29,9% dos 2,5% de água doce disponíveis no planeta, bem mais do que o 0,3% do volume dos rios e lagos. As águas subterrâneas são vitais para a manutenção de rios e lagos, pois elas geralmente os abastecem nos períodos de seca, mantendo-os perenes.

Persiste ainda um grande desconhecimento sobre a água subterrânea, mas sabe-se que ela contribui com a retenção de águas de chuva, controle

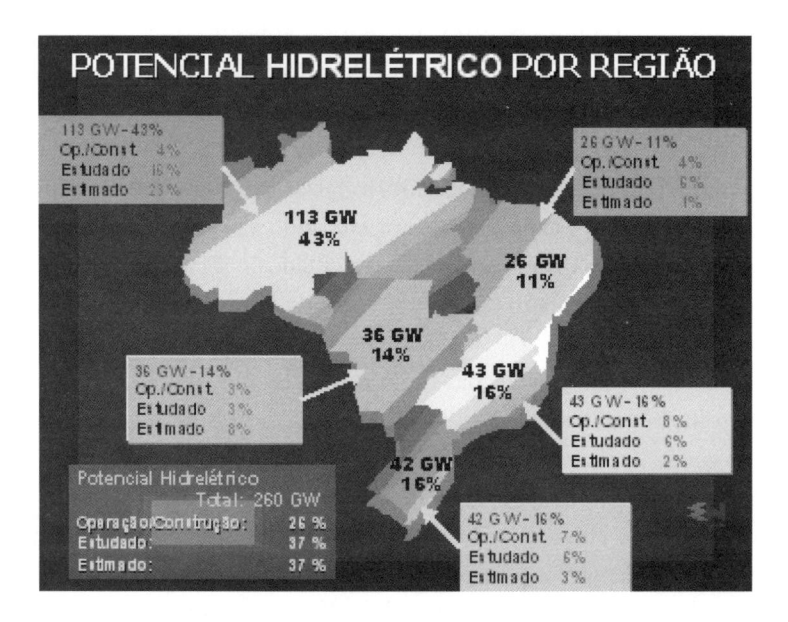

Figura 2 — Potencial hidrelétrico do Brasil (Fonte: Eletronorte, 2002).

de cheias e possui proteção natural contra agentes poluidores ou perdas por evaporação. Entretanto, é fato que, se contaminada, os custos para sua recuperação podem ser proibitivos.

Não sem razão, a irrigação e a captação de águas subterrâneas se generalizam, tanto para fins agrícolas como para abastecimento urbano-industrial, com o uso crescente em todo o mundo, sobretudo nos últimos 30 anos, de bombas a diesel e de poços artesianos. O problema da água, literalmente, se aprofunda (Gonçalves, 2001).

As monoculturas passam a predominar nas paisagens rurais, visando abastecer os centros urbanos tanto no interior dos diferentes países como para garantir o fluxo de matéria entre os países. Esse fluxo é sobretudo dirigido aos países hegemônicos.

O desafio se encontra em melhorar a eficácia do uso da terra e da água. Em nível mundial, a irrigação é extremamente ineficiente — aproximadamente 60% da água usada são desperdiçados. Nessa área, haverá melhora estimada de apenas 4%. Há enorme necessidade de melhorias nos financiamentos de tecnologias adequadas e na promoção de práticas de gestão mais eficazes (Relatório da Unesco, 2003).

Por outro lado, a média de produção de grãos dobrou entre 1962 e 1996, indo de 1,4 para 2,8 toneladas por hectare em cada plantação, graças à introdução da irrigação. Isso significa que a mesma quantidade de grãos pode ser produzida usando menos da metade da terra cultivável. "Até 2030, é esperado que 80% do aumento da produção agrícola sejam devidos à obtenção de maior rendimento, à diversificação das culturas e a períodos mais curtos de descanso da terra", diz o Relatório da Unesco, de 2003.

Em contraste com essa situação de crescimento da produção agrícola, alguns países já vivem o limiar que assinala o ponto a partir do qual eles são forçados a fazer escolhas difíceis, entre os setores de abastecimento urbano e de abastecimento da agricultura.

O uso de água residual tratada poderia amenizar a crise. Fazendeiros em países em desenvolvimento já utilizam esse recurso em aproximadamente 10% da terra irrigada e poderiam aumentar esse percentual. Com o tratamento adequado, a água residual pode até mesmo aumentar a fertilidade do solo.

No Brasil, a primeira tentativa de se organizar uma gestão voltada para as águas surge na década de 1930, com a decretação do Código de Águas, que tomou o nº 24.643 e foi publicado em 10 de julho de 1934.

O Código de Águas é um documento avançado, tão à frente de sua época que não conseguiu ter seus dispositivos completamente implementados, caso do princípio usuário-pagador (arts. 36, 109 e 110). É completo, não se atendo apenas à utilização das águas, mas também à ocupação de margens, à formação ou desaparecimento de ilhas e aos efeitos de enchentes. Considera as águas pluviais e a navegação e prevê a necessidade de autorização administrativa para a agricultura e a indústria descartarem efluentes (SRH, 2002).

Para Almeida (2002), o ordenamento é um dos instrumentos da gestão ambiental; portanto, seus caracteres *normativos*, *fiscalizadores*, *controladores*, *preventivos* e *corretivos* devem estar harmonizados com uma proposta política crítica e responsável que vise ao exercício da sustentabilidade, envolvendo todo o espaço (ambientes natural e social) para evitar que só alguns setores sejam atingidos ou privilegiados. Daí a necessidade da democratização de tomadas de decisão, ou seja, para se obterem avanços nas políticas públicas que visam a ações interventoras sobre territórios é necessário criar mecanismos de participação ativa das comunidades envolvidas. Por outro lado, há que se questionar o papel do Estado, que é institucionalmente incumbido de legislar, normatizar e fiscalizar. O Estado deve participar do processo de ordenamento territorial como interventor (através de políticas públicas) e também como disciplinador das ações dos principais atores não-estatais. Esses podem ser as ONGs, instituições financeiras (FMI, BID, BIRD) e grandes corporações empresariais. Santos (2000) faz a seguinte observação sobre a atuação das forças hegemônicas e a situação do Estado: há um uso privilegiado do território em função das forças hegemônicas. Essas, por meio de suas ordens, comandam verticalmente o território e a vida social, relegando o Estado a uma posição de coadjuvante ou de testemunha, sempre que ele se retira, como no caso brasileiro, do processo de ordenação do uso do território. Então, sob o jogo de interesses individualistas e conflitantes das empresas, o território acaba sendo fragmentado. Na ausência de uma regulação unificadora do processo social e político, o que se impõe é a fragmentação social e geográfica também como um processo social e político.

Em 8 de janeiro de 1997 foi criada a Lei 9.433, que institui a Política Nacional de Recursos Hídricos, prevendo processos participativos e instrumentos econômicos que promovam uma utilização mais eficiente deste bem. O país vem, portanto, se preparando para participar dessa nova forma de propor, construir e implantar políticas públicas, especialmente na área ambiental, que é a proposta doutrinária que estrutura toda a legislação de gestão das águas brasileiras.

Entre os principais fundamentos estão: i) a água é um bem de domínio público; ii) a água é um recurso natural limitado, dotado de valor econômico; iii) a bacia hidrográfica é a unidade territorial para implementação da Política Nacional de Recursos Hídricos e atuação do Sistema Nacional de Gerenciamento de Recursos Hídricos; e iv) a gestão dos recursos hídricos deve ser descentralizada e contar com a participação do Poder Público, dos usuários e das comunidades.

Entre os principais instrumentos estão: i) o comitê de bacia; ii) o plano de bacia; iii) a outorga dos direitos de uso de recursos hídricos; iv) a cobrança pelo uso de recursos hídricos e v) a agência de água.

O comitê de bacia é a essência dos instrumentos, constituindo-se em um fórum deliberativo tripartite, ou seja, com participação dos governos, usuários e sociedade civil em quantitativos entre 20% e 40% por categoria, de acordo com a lei de cada Estado. Nele são hierarquizadas as ações prioritárias para gestão e recuperação da bacia, que é o Plano de Bacia Hidrográfica (PBH). No comitê são dirimidos os conflitos quanto ao uso da água, definindo-se assim as regras para a outorga, que é o direito de uso de um determinado quantitativo de água. É importante entender que o comitê é um instrumento de governo e não do governo, a gestão continua pública e assim deve ser, mas com base nas decisões participativas. Para colocar o Plano de Bacia em curso, o comitê deve decidir sobre a chamada cobrança condominial, ou seja, o quanto cada usuário do recurso hídrico vai pagar pelo metro cúbico de água captada ou devolvida ao curso d'água, para que os programas e projetos da bacia sejam custeados. Esses recursos devem ser geridos por uma agência, que diferentemente do comitê tem personalidade jurídica e a quem cabe executar os planos e projetos aprovados e decididos pelo comitê.

O meio ambiente, que não tem quem o represente no processo econômico, encontra-se convenientemente enquadrado, no caso da Política de Recursos Hídricos, ao se dar preço à água. O que tem preço pode ser vendido e pode ser comprado; o que não é preço não é negociável. Então por trás de eventuais e ingênuos exercícios de natureza contábil se escondem ou podem vir a esconder-se profundas questões de ordem ética e moral (Pereira, 2000).

Não obstante a preocupação com a mercantilização da água, a aplicabilidade dos princípios e instrumentos da Lei 9.433/97 traz consigo a possibilidade do surgimento de novas territorialidades, diante da condição de acesso que é dada a grupos e pessoas de influírem decisivamente através do comitê de bacia, fórum deliberativo. Essa nova territorialidade é condição indispensável para o surgimento de novos territórios, onde a água se inscreve como elemento de união de multiterritorialidades, diferindo assim do território clássico, onde a delimitação do espaço, a integração social e a continuidade são as bases de sua classificação. Outro aspecto relevante é o surgimento de novas regiões no que diz respeito à visão do Estado, suas ações de planejamento e gestão.

Constitui-se assim em um campo fértil para o surgimento de um modelo de governança, em que não se pretende substituir o papel do Estado, mas sim torná-lo mais democrático com a participação daqueles que produzem o espaço.

Na avaliação de Almeida (2002), em países subdesenvolvidos o Estado precisa assumir papel central no caminho da sustentabilidade, pois o sistema social desses países é marcado por fortes injustiças, precariedade de serviços, desemprego e concentração de renda. Daí a necessidade de um Estado ativo (não-coadjuvante de forças hegemônicas) e de uma gestão descentralizada, participativa e integrada. A criação dos comitês será fundamental, pois, através deles, se estabelecerá um canal de comunicação com as comunidades envolvidas. A proposta é, realmente, acabar com as metodologias diretivas que impõem planejamentos de cima para baixo e que, na maioria das vezes, só atendem às necessidades da reprodução do capital em detrimento do social.

É importante, portanto, considerar que no ordenamento territorial o conhecimento da dinâmica ambiental é que irá instrumentalizar os processos decisórios com vistas a atingir a qualidade ambiental. A noção de ambiente à qual nos referimos compreende tanto o meio físico (análise da dinâmica natural) quanto o meio social (economia, tecnologia, culturas), que se encontram em complexas interações, a relação sociedade/natureza. Tal relação é criadora de novas dinâmicas que precisam ser investigadas, segundo Leff (2001, p. 160).

Atualmente, pode-se dizer que o país possui legislação avançada de gestão das águas, destacando-se questões como descentralização espacial (bacias hidrográficas), política (comitês de bacia), técnica (agências técnicas de bacias) e financeira (recursos obtidos pela cobrança pelo uso da água), a negociação/decisiva coletiva e a inserção do cidadão, por meio de seus representantes nos comitês de bacia no processo decisório do futuro dos recursos hídricos na sua região.

Conceitos como escassez qualiquantitativa, água como um bem natural público dotado de valor econômico e social, exercício da cidadania através da informação, papel social do técnico e da tecnologia, outorga, licenciamento ambiental, sistema de informações, cadastro de usuários, enquadramento dos rios conforme resolução do Conama, planos de bacia, cobrança pelo uso da água, princípio usuário-pagador, desenvolvimento sustentado e outros fazem parte da vida cotidiana de número cada vez maior de brasileiros.

Em 2000, foi criada a Agência Nacional de Águas (ANA), responsável por implementar a nova lei. Ao mesmo tempo estão sendo criados os comitês de bacias, que contam com a participação dos usuários, da sociedade civil organizada e do governo, promovendo a discussão e a viabilização de soluções. Um dos avanços nesta área, já em fase de implementação, é a cobrança pelo uso da água, que obriga a maior economia do recurso, além de gerar fundos para a sua conservação.

Sistemas bem-sucedidos em Gestão dos Recursos Hídricos, como o sistema francês, que reduziu a carga de poluição de seus rios em mais de 60%, adotam as bacias hidrográficas como unidades territoriais para implementação e gerenciamento, e apontam como principais armas a descentralização e a transparência.

Consórcios de municípios organizados em bacias hidrográficas têm obtido grande sucesso na gestão dos recursos hídridos, como o caso do Consórcio Piracicaba/Capivari, em São Paulo, com mais de 10 anos de existência, ou o Lagos São João, no Rio de Janeiro, com mais de cinco anos. Compreendem um tipo de associação, prevista nas constituições estaduais, que faculta aos municípios, mediante aprovação das respectivas câmaras municipais, se associarem, seguindo as diretrizes preconizadas na Política Nacional de Recursos Hídricos, na Lei 9.433 e nas leis estaduais de recursos hídricos, as quais possibilitam, por exemplo, que as bacias hidrográficas sejam trabalhadas dentro dos limites de seus potenciais hídricos, com utilização de novos paradigmas relativos aos usos múltiplos da água, permitindo o acesso a todos os usuários, além do seu reconhecimento como um recurso finito, vulnerável e com valor econômico. Destaque para o princípio da gestão descentralizada e participativa, em que as discussões sobre a melhor maneira de lidar com a água estão sendo geradas pelas próprias localidades. Só a gestão descentralizada e participativa das águas trará as necessárias mudanças que transformarão uma realidade preocupante em um futuro cheio de possibilidades. Nesse contexto, vale destacar, não cabe mais a postura do usuário espectador à espera de propostas surgidas nas esferas governamentais. A nova ordem é o cidadão, ou grupo de cidadãos, buscar alternativas para resolver os problemas da água, levando em conta as necessidades e dificuldades vivenciadas pelas próprias comunidades. É o princípio da adoção da bacia hidrográfica como unidade de planejamento. Tendo-se os limites da bacia como o que define o perímetro da área a ser planejada, fica mais fácil fazer-se o confronto entre as disponibilidades e as demandas, essencial para o que se denomina balanço hídrico.

A filosofia por trás da chamada gestão descentralizada é a seguinte: o que pode ser decidido no âmbito de governos regionais, e mesmo locais, não será tratado em Brasília ou nas capitais de Estados. Quanto à gestão participativa, trata-se de um processo que permite que os usuários, a sociedade civil organizada, as ONGs e outros organismos possam influenciar o processo da tomada de decisão.

5. A Multiplicidade de Atores no Controle Social e no Processo Decisório em Bacias Hidrográficas

O grande desafio imposto ao ser humano nas últimas décadas vem se manifestando freqüentemente na expressão *Desenvolvimento Sustentável*, mas o que representa na essência esse conceito?

> *O Desenvolvimento Sustentável é um desenvolvimento que provém dos serviços ambientais, sociais e econômicos básicos a todos, sem prejudicar a viabilidade dos sistemas ecológicos e comunitários dos quais dependem esses serviços* (ICLEI, 1996).

Fala-se muito que o conceito de sustentabilidade está associado à conservação de recursos para futuras gerações, em entregar um meio ambiente equilibrado, no mínimo em iguais condições às que recebemos, para a próxima geração. Entretanto, percebe-se que essa expressão resume por demais a gama de variáveis de difícil controle. Exemplo disso, segundo Sachs, é que as mesmas produções localizadas em lugares diferentes têm impactos sociais e ambientais totalmente diferentes. Em outras palavras: a política de ordenamento territorial é uma parte integral da estratégia de desenvolvimento.

Há que analisar as diversas variáveis que interferem nesse comportamento, em especial em casos de novos espaços políticos, como aqueles proporcionados pelo modelo de gestão participativa em bacias hidrográficas. Nessas, o controle social representa o trabalho de uma sociedade unida ao redor de problemas, que são definidos a partir de uma visão holística.

Até hoje, o maior instrumento de controle social existente é sem dúvida o voto, meio pelo qual o cidadão elege seus representantes para o comando do Poder Executivo e para o Legislativo. Entretanto, a realidade vivida no Brasil mostra que estamos longe de um estágio de controle, como descreve Darcy Ribeiro em *O Povo Brasileiro*:

> *A estratificação social gerada historicamente tem também como característica a racionalidade resultante de sua montagem como negócio que a uns privilegia e enobrece, fazendo-os donos da vida, e aos demais subjuga e degrada, como objeto de enriquecimento alheio. Esse caráter intencional do empreendimento faz do Brasil, ainda hoje, menos uma sociedade do que uma feitoria, porque não estrutura a população para o preenchimento de suas condições de sobrevivência e de progresso, mas para enriquecer a camada senhorial voltada para atender às solicitações exógenas.*

Esse quadro, configurado por uma concentração do poder decisório nas mãos do Estado, do qual se esperam resultado e soluções para todos os problemas, retrata-se na dinâmica empreendida ao se governar, ficando o povo subjugado à mercê dos interesses e pressões de grupos mais poderosos. A divisão de poder, portanto, não existe, o controle social mostra-se inócuo e não apresenta resultados no que tange às inquietudes de alguns segmentos, abrindo dessa forma espaço para reações diante das insatisfações.

Assim sendo, criam-se as condições para movimentos sociais, em especial os ecológicos, que se organizam e lutam... Há um traço comum a esses movimentos: todos eles emergem a partir de determinadas condições sociais de existência que lhes dão substância (Gonçalves, 2001).

Uma estrutura social híbrida, instável, mas muito dinâmica, faz-se hoje ouvir em múltiplas vozes da sociedade civil que rapidamente organiza suas demandas "de baixo para cima", informalmente ou em projetos alternativos, como nunca antes verificado na história do país, e nos mais longínquos rincões do território. Alguns desses movimentos são temporários, correspondendo a pulsações em torno de uma reivindicação, que cessam quando ela é alcançada. Outros se tornaram duradouros e se institucionalizaram (Becker, 1999).

Segundo Liszt Vieira (2000), a distinção entre movimentos sociais e grupos de pressão nem sempre é muito clara, já que os primeiros defendem os interesses públicos de forma aberta e transparente, fortalecendo com sua ação a esfera pública. Os segundos caracterizam-se pela defesa de seus interesses particularistas.

O controle social nas bacias hidrográficas representa um nova abordagem de gestão ainda pouco explorada, já que seu espaço veio a se abrir formalmente após a implantação da nova Política de Recursos Hídricos (Lei Federal 9.433/97). Apresenta-se como uma nova abordagem, pois representa a participação de novos atores no processo decisório, interferindo e regulando aos poucos o papel antes exclusivo do Estado enquanto definidor das políticas públicas, e, assim sendo, único capaz de solucionar os problemas, ou de quem cobrar as soluções para a assunção de um novo *status* em que a sociedade organizada e unida em torno dos problemas de uma determinada bacia hidrográfica debate junto ao primeiro e segundo setores como superar os obstáculos que impedem o ordenamento territorial ambiental. A natureza desses obstáculos é maior do que a simples ineficiência das máquinas públicas, representa superação de condicionantes políticas que durante décadas obstacularizaram processos voltados para a verdadeira gestão, desacorrentando o Estado e efetivamente influenciando os processos de decisão.

Em *O Mito Moderno da Natureza Intocada*, Diegues (1996) adverte que em espaços comunitários torna-se necessário analisar o sistema de representações que indivíduos e grupos fazem de seu ambiente, pois é com base nessas representações que eles agem sobre ele.

Assim sendo, podemos dizer que a partir da democratização das discussões e decisões proporcionada pelo modelo de gestão do organismo de bacia temos verdadeiramente a reflexão e a participação dos movimentos sociais não só filosoficamente, mas em sua interação com os demais processos de ocupação e uso do solo na bacia. Dá-se também a interação do homem com o restante dos ecossistemas, todos em busca da dita sustentabilidade, que embora expresse uma amplitude de conceitos e variáveis, indica certamente o inverso do que estamos vivendo, ou seja, o (des)ordenamento territorial.

O Terceiro Setor se diz a representação da busca e do anseio de se construir uma sociedade mais ordenada. Na construção da Agenda 21, noções de desenvolvimento sustentável estão mais presentes a cada dia em grupos sociais. Essa representação se dá a partir da mudança do modelo decisório centralizador para o descentralizador com a efetiva tomada de decisão compartilhada.

É preciso repensar o ordenamento para além das soluções meramente tecnicistas e pouco refletidas. O ordenamento, a serviço da sustentabilidade, precisa fazer parte de uma política de gestão ambiental que permita conjugar a avaliação crítica dos reais interesses dos atores sociais com a capacidade de suporte dos territórios (Almeida, 2002).

O conceito de sociedade civil implica o reconhecimento de instituições intermediárias entre o indivíduo, por um lado, e o mercado e o governo, do outro. Essas instituições mediadoras cumprem o papel de institucionalizar princípios éticos que não podem ser produzidos nem pela ação estratégica do mercado nem pelo exercício do poder de Estado (Liszt Vieira, 2000).

Ao tentar entender a crise instalada no (des)ordenamento a que assistimos do território, podemos buscar referência na teoria do caos sistêmico, lembrada por Carlos Walter Gonçalves em *Da Geografia às Geo-grafias* (2001), em que sugere que a criação das chamadas organizações não-governamentais, regulamentadas pela própria ONU já quando da sua criação, foi um primeiro indício desse "caos sistêmico" dos conflitos de territorialidades que haveriam de se explicitar mais tarde. Afinal, o ente jurídico que protagonizara formalmente a criação da ONU fora exatamente o Estado Territorial Nacional. E vemos essa mesma organização consagrar formalmente entidades que se põem como não-governo, cuja atuação sobrepõe-se a qualquer Estado territorial nacional.

Podemos, no entanto, nos valer dessa mesma teoria para explicar o surgimento de movimentos que buscam encontrar aquilo que o Estado não tem conseguido proporcionar.

> *Recuperemos, aqui, o significado de todo movimento social que a partir das contradições materialmente postas procura construir um determinado* ethos. *Não sem sentido se autodesigna como União, Liga, Associação na medida em que busca a ligação entre cada um e todos (*religare*). Para isso precisam recuperar a palavra que é meio de ligação, pois é por meio da palavra que se constroem sentidos* (Gonçalves, 2001).

Na abordagem da tese sobre a gestão em bacias hidrográficas não se pode imaginar que algum modelo vá substituir o papel do Estado, do público, mas, sim, a condição de fazer a gestão do público de forma participativa. O grande desafio, então, vai além do simples gestionar (dialogar). Requer que não se perca de vista o papel de que todos os atores que atuam no processo de gestão — em especial o Estado — têm que estar fortes, capazes de desempenhar suas funções.

O controle social nas bacias hidrográficas, proporcionado através da criação de organismos de bacia fundamentado na recente legislação de recurso hídrico do país (Lei 9.433/97), é um viés de grandes perspectivas para a definição de estratégias de desenvolvimento. A análise dos processos que cercam uma experiência como essa é um laboratório de pesquisa fantástico a ser explorado na busca de respostas e definição de padrões comportamentais, que irão refletir sobre o ordenamento territorial e compromisso de recursos naturais.

Um bom exemplo de processo de gestão participativa pode ser visto na região da baixada litorânea do Rio de Janeiro, onde atua, desde o ano 2000, um organismo de bacia denominado Consórcio Intermunicipal Lagos São João. Lá, 54 organizações da sociedade civil se relacionam com 12 municipalidades, o governo do Estado e empresas privadas, em fóruns de gestão participativa que funcionam como embriões do comitê de bacia. A governança estabelecida pode ser mais bem percebida no avanço conseguido em termos de tratamento de esgotos sanitários. Dois contratos de concessão feitos em 1998, que privilegiavam o abastecimento d'água sem atendimento de curto prazo para o esgotamento, foram modificados não só nos prazos, mas também na essência dos projetos. Optou-se por concentrar os investimentos, em um primeiro momento, na interrupção da chegada dos efluentes aos corpos hídricos, através de cinturões que os coletam das galerias pluviais que já carregam os esgotos, deixando as redes separativas, que representam cerca de 70% do investimento em esgotamento, para um segundo momento. A solução é lógica para a população local, já que chove pouco na região, e o objetivo maior é salvar a principal lagoa da região da eutrofização, havendo, portanto, a necessidade de se interromper a chegada dos esgotos de forma maciça. Esse exemplo mostra como a bacia hidrográfica e suas representações podem e devem decidir sobre suas opções, mesmo que vão contra aspectos legais momentâneos, como no caso em questão, que admite nesse momento a coleta dos esgotos através dos sistemas de drenagem pluvial, o que é proibido pela Constituição do Estado.

O gerenciamento das bacias deve ter como meta estratégica consolidar o uso múltiplo dos ecossistemas, que consiste no aproveitamento integrado de suas potencialidades, resultando na geração de emprego e renda, melhoria das condições de lazer, exploração turística sustentável e manutenção da biodiversidade.

O território clássico surgido após 1648, com a Paz de Westfália, que evoluiu para o Estado Nacional, vem a cada dia revelando suas limitações, em especial no campo ambiental, onde os corpos hídricos e ecossistemas não conhecem ou reconhecem os limites territoriais definidos na geografia política do homem moderno. É dentro desse princípio, inspirado no modelo francês, que o Brasil passa a adotar a partir de 1997 — com a promulgação da Política Nacional de Recursos Hídricos (Lei 9.433/97) — a bacia hidrográfica como território de gestão e planejamento. Traz assim uma territorialidade nova com seus comportamentos, sociedades, indivíduos e todas as subjetividades do espaço geográfico.

A água tem que ser pensada enquanto território, isto é, enquanto inscrição da sociedade na natureza com todas as suas contradições implicadas no processo de apropriação da natureza pelos homens e mulheres por meio das relações sociais e de poder (Gonçalves, 2002).

Com o modelo de gestão por bacia não há como desperdiçar ou negar a oportunidade para que novos protagonistas locais e regionais venham à cena política, constituindo-se novos regimes de poder por meio de novas territorialidades. Há, portanto, um desafio entre o ousar e empreender a geograficidade permitida na gestão da bacia, ou subjugar-se mais uma vez a um poder imperial que se sobreponha às comunidades.

Para que se constitua um modelo bem-sucedido, será necessário realmente ascender à geograficidade, incorporando todos os atores que tradicionalmente têm sido desprezados nos processos político-decisórios. Falamos daqueles que constituem na comunidade tradicional a ciência do saber das universidades.

> *La eficacia de la ciencia le ha conferido una legitimidad dentro de la cultura hegemónica del Occidente como paradigma .por excelencia. de conocimiento, negando y excluyendo los saberes no científicos, los saberes populares, los saberes indígenas, tanto en el diseño de estrategias de conservación ecológica y en los proyectos de desarrollo sostenible, así como en la resolución de conflictos ambientales* (Manifesto por la vida, por una ética para la sustentabilidad, 2002).

É evidente que ao se colocarem frente a frente, em um mesmo fórum, com igualdade de expressão, governantes, usuários — setor em que a legislação inclui das companhias de abastecimento aos pescadores —, além da sociedade civil, representada por seus grupos organizados, quer sejam associações, ONGs e universidades, uma enormidade de conflitos latentes ou não haverá de vir à tona.

Faz-se necessário gerir os conflitos que ocorrem nesta territorialidade segundo dois segmentos de atores envolvidos, um daqueles que têm poder de decisão e que podem barrar os processos. Assim sendo, necessitam estar bem informados e comprometidos com as decisões. Um segundo segmento é o daqueles que estão envolvidos, interessando-se ou não pelas questões, pois são partes afetadas direta ou indiretamente nos processos e devem portanto participar das decisões para que também estejam comprometidos. Vale lembrar que os encaminhamentos devem se dar sem a pretensão de que se possam resolver os conflitos, ressalvando que conflitos sociais dificilmente são de fato resolvidos (Barbanti Jr., 2001).

Nesse processo é preciso atentar para a ilusão de óptica, que constrói teorias que sempre parecem mascarar o conflito e a atuação sociais, reduzindo-os a pouco mais do que a expressão conjunta de preferências individuais, tipicamente presumidas como sendo dadas. Perdidas de vista, ficam então as origens sociais mais profundas da espacialidade, sua produção e reprodução problemáticas, e sua contextualização da política, do poder e da ideologia (Soja, 1989).

6. Conclusão

Os pobres de nossas cidades são as primeiras vítimas de doenças relacionadas à falta de saneamento e a inundações. São também os mais afetados pelo aumento da incidência de doenças relacionadas à água, como a malária, que hoje está entre as principais causas de morte em muitas áreas urbanas (Relatório da ONU, 2003).

Em todo o mundo, cerca de 10 milhões de mortes anuais resultam de doenças intestinais transmitidas pela água, e, no Brasil, 70% das internações hospitalares são provocadas por doenças transmitidas por água contaminada, o que gera um gasto adicional de dois bilhões de dólares por ano no sistema de saúde brasileiro. Os índices de desperdício de água no Brasil chegam a 40% devido a problemas na tubulação e ligações clandestinas, entre outros (Relatório da WWF-Brasil, 2003).

O desmatamento em áreas de bacia e as inundações que assolam alguns centros urbanos do Brasil estão intimamente relacionados. O desmatamento das encostas causa o assoreamento dos rios (devido à perda da capacidade de retenção da água das chuvas), que, aliado à impermeabilização do solo com as construções nas cidades, provoca as enchentes. Outro fator que pode potencializar os efeitos das enchentes é o aquecimento da Terra ocasionado pelas mudanças climáticas.

Está previsto para o ano 2025 aumento de 50% no consumo de água nos países em desenvolvimento e de 18% nos países desenvolvidos, de acordo com o relatório da ONU. "Os efeitos desse aumento sobre os ecossistemas do mundo podem piorar dramaticamente a situação atual ..."

O relatório da ONU descreve ainda o círculo vicioso causado pelo crescimento da demanda de água. Ao exaurirmos os recursos hídricos e poluirmos os rios, lagos e zonas úmidas, estamos destruindo ecossistemas que têm um papel essencial na filtragem e no abastecimento de recursos de água doce.

Este texto, após caracterizar sinteticamente processos de influência dos recursos hídricos na ocupação do solo, abordar sua gestão e a participação de atores sociais, procura dessa forma contextualizar o momento que vivemos. Trata-se de uma ausência de concretude de processos efetivos de superação dos obstáculos clássicos que vêm sendo encontrados ante o crescimento das cidades e seus problemas, identificados assim como tensões de territorialidades, rotuladas ainda em expressões como *desenvolvimento sustentável*, que parecem no discurso querer explicar, mas no fundo vêm mascarando o problema.

Mirando na nova legislação de recursos hídricos, abre-se um leque para o surgimento de uma nova territorialidade não só na essência do espaço, mas em suas relações subjetivas e movimento dos grupos sociais que a integram. Como identificá-los e administrar seus conflitos em busca da tomada de decisão compartilhada é a dimensão que se mostra oportuna para novos regimes de poder por meio de novas territorialidades.

7. Referências Bibliográficas

ALMEIDA, F. G. *O Ordenamento Territorial e a Geografia Física no Processo de Gestão Ambiental*, Território Territórios, PPGE/UFF, Niterói, RJ, 2002.

ALMEIDA, D. S.; DUARTE, A. J. e ARAÚJO, R. P. Projeto de Recuperação de Matas Ciliares e Nascentes da Bacia do Rio dos Mangues — Porto Seguro, Bahia. In: *Anais do 6º Congresso de Exposição Internacional sobre Florestas* — Forest. Porto Seguro, 2000, p. 575.

ALMEIDA, F. G.; BORGES, P.; CHAGAS, D.; QUEIROZ, M. S.; SANTOS, C. E. S. e SILVA, C. M. M. R. Importância Estratégica da Água para o Terceiro Milênio. *In: Geografia*, Revista do Programa de Pós-Graduação da UFF, Niterói: UFF/EGG, 2002, ano IV, nº 8.

ALMEIDA, F. G. A.; LOPES, F. S; LIMA, V. B.; ROMERO, G.; SANTOS, W. A e SUSSUMO, V. P. A Dinâmica Ambiental. *Revista do Mestrado,* nº 11, Niterói, UFF, 2004.

BANCO MUNDIAL. *Capim vetiver: a barreira vegetal contra a erosão.* Washington, DC: Banco Mundial, 1990, p. 78.

BARBANTI Jr., Olympio. *Conflitos socioambientais*: Teorias e Práticas, 2001.

BECKER, Bertha K. Brasil Tordesilhas, ano 2000. *Revista Território*, Rio de Janeiro, jul./dez, 1999.

BUARQUE, Sergio C. *Construindo o Desenvolvimento Local Sustentável.* Rio de Janeiro: Ed. Garamond, 2002.

DEAN, Warren. *A Ferro e a Fogo*: A História e a Devastação da Mata Atlântica Brasileira. São Paulo: Companhia das Letras, 1996.

DIEGUES, Antonio Carlos Santana. *O Mito Moderno da Natureza Intocada.* São Paulo: Hucitec, 1996.

_____. *Planejamento e Gerenciamento Costeiro, Alguns Aspectos Metodológicos.* São Paulo: USP, 1988.

DUBOIS J. C. L. Uma alternativa silvipastoril para a região serrana no Estado do Rio de Janeiro. *Informativo Agroflorestal,* 6(4), Rio de Janeiro: REBRAF, 1994, p. 6-7.

ELETRONORTE — Água, energia e desenvolvimento, usinas hidrelétricas na Amazônia e o desenvolvimento regional — Palestra proferida na ESG, 2002.

ESTADO DO RIO DE JANEIRO. Recursos Hídricos do Estado do Rio de Janeiro. Legislação Básica, 2002.

GONÇALVES, Carlos Walter Porto. Água não se nega a ninguém (a necessidade de ouvir outras vozes), 2003.

_____. *Da Geografia às Geo-grafias*: Um Mundo em Busca de Novas Territorialidades, CLACSO, 2001.

GONÇALVES, Carlos Walter Porto *et al. Más Allá del Desarrollo Sostenible*: La Construcción de una Racionalidad Ambiental para la Sustentabilidad: Una visión desde América Latina, 2001.

GUERRA, A. J. T. e CUNHA, S. B. Avaliação e Perícia Ambiental. *In*: Sandra Batista da CUNHA, Antonio José Teixeira GUERRA (orgs.). Rio de Janeiro: Bertrand Brasil, 1999, 266p.

HELENA, S. Módulo de Avaliação de Impacto Ambiental do Curso de Gestão Ambiental Empresarial. UFF/CT/LATEC, 2000.

IBGE. Manual Técnico de Vegetação Brasileira. Rio de Janeiro, 1992.

_____.Pesquisa de informações básicas, disponível em www.ibge.gov.br/.

ICLEI/PNUMA. Manual de Planificacíon para la Agenda 21 Local. Toronto, ICLEI, 1996.

LA BLACHE, Paul Vidal. Geografia Geral. *Geographia*, Revista de Pós-Graduação em Geografia da UFF, 2002.

LEFF, Enrique. *Epistemologia ambiental.* São Paulo: Cortez, 2001.

MAAS, H. *et al. Design of Water-Resource Systems*, Cambridge, Mass.: Harvard University Press, 1962.

MANIFESTO por la vida, por una ética para la sustentabilidad, 2002.

PEREIRA, Luiz Firmino Martins. *Licenciamento Ambiental, Repensando a Ferramenta* (dissertação de mestrado), PGCA, UFF, 2004.

PEREIRA, Paulo Afonso Soares. *Rios, Redes e Regiões.* A sustentabilidade a partir de um enfoque integrado dos recursos terrestres. Porto Alegre: AGE, 2000, p. 348.

REBOUÇAS, Aldo da C. Palestra proferida na ESG, Rio de Janeiro, em maio de 2002 (mimeo).

RELATÓRIO MUNDIAL sobre o Desenvolvimento dos Recursos Hídricos. Water for People, Water for Life, UNESCO, Departamento de Assuntos Econômicos e Sociais das Nações Unidas, março de 2003.

RELATÓRIO WWF — Brasil Programa Água para Vida, Água para Todos, Brasil, 2003.

RIBEIRO, Darcy. *O Povo Brasileiro*: evolução e o sentido do Brasil. São Paulo: Companhia das Letras, 1995.

RIBEIRO & VARGAS. Novos Instrumentos de Gestão Ambiental Urbana. *In*: Ribeiro, Helena e Vargas, Heliana Comin (orgs.). São Paulo: Editora da Universidade de São Paulo, 2001.

ROSS, J. L. S. *Geografia do Brasil.* São Paulo. Edusp, 1998.

SANTOS, M. *A Natureza do Espaço.* São Paulo: Hucitec, 1996.

_____. Milton. *Território e Sociedade.* São Paulo: Fundação Perseu Abramo, 2000.

SANTOS, M. & SILVEIRA, M. L. *Brasil*: território e sociedade no início do século XXI. Rio de Janeiro: Record, 2001.

SÉGUIN, Elida. *Lei dos Crimes Ambientais.* Rio de Janeiro: Ed. Esplanada, 1999, 236 p.

SRH, Secretaria Nacional de Recursos Hídricos, Série Águas do Brasil, MMA, 2002.

SOJA, Edward W. *Geografias Pós-Modernas,* 1989.

SORRE, MAX. A Geografia Humana (Introdução). *Geographia,* Revista de Pós-Graduação em Geografia da UFF, Niterói, 2003.

STARZYNSKI, R.; SOARES, P. V. e CARVALHO, J. L. Relação entre os componentes ambientais e suas implicações na utilização de recursos naturais. *In:* Curso de Recursos Hídricos: Produção, Conservação.

VIEIRA, Liszt. *Cidadania e globalização.* 4ª ed. Rio de Janeiro: Record, 2000.

WORSTER, Donald. *La Democracia de Cuencas. Recuperando la vision perdida de John Wesley Powell,* 2001.

CAPÍTULO 4

A Diversidade Biológica e o Ordenamento Territorial Brasileiro

Cláudio Belmonte de Athayde Bohrer
Luiz Eduardo Duque Dutra

1. Ordenamento Territorial e Biodiversidade

Entende-se por Ordenamento Territorial o processo de planejamento envolvendo estratégias para resolver distorções, divergências ou mesmo conflitos nas relações entre os atributos ecológicos ou naturais e os aspectos socioeconômicos, tendo por objetivo o desenvolvimento sustentável (Sanchez & Silva, 1995). Busca-se a integração, num mesmo processo, de diferentes tipos e níveis de análises das principais características ou atributos do ambiente natural, das inúmeras relações desses atributos entre si e também com os diferentes tipos e intensidades de intervenções antrópicas, com o intuito de determinar um uso ótimo que possibilite o aproveitamento dos recursos ambientais para o aumento e melhoria do bem-estar humano, preservando a capacidade do ambiente de suportar os diferentes processos ambientais ou ecológicos. O processo enfatiza principalmente a distribuição espacial dos diferentes atributos, ou seja, a variação de suas características através do território em questão.

É crescente na sociedade atual a preocupação com a conservação da biodiversidade. No entanto, fora dos meios acadêmicos e dos círculos ambientalistas é grande ainda o desconhecimento do significado real e das implicações do uso do termo *biodiversidade*, proveniente da expressão *diversidade biológica*. Certamente a maioria o associa de algum modo à natureza, implicando o conjunto de espécies animais e vegetais existentes. O papel da biodiversidade no ordenamento territorial deve ser enfocado de modo amplo, abrangendo as diferentes definições ou níveis de biodiversidade. O termo tem sido usado mais comumente significando *riqueza de espécies*, ou seja, o número total de espécies que ocorre numa dada área ou região. No entanto, as populações dessas espécies podem apresentar maior ou menor variabilidade genética, ou seja, cada população pode conter maior ou menor porcentagem do total de genes relacionados a cada espécie em particular. Nesse caso, o conceito de biodiversidade aplica-se a um nível menor ou mais detalhado, ou seja, inclui não apenas o número de espécies, mas também o total de genes, ou a *diversidade genética*, que caracteriza as populações dessas espécies na área em questão (Brown & Lomolino, 1998; Wilson & Peter, 1988).

O conceito de biodiversidade pode ser aplicado também em níveis mais amplos de organização, o de *hábitat* ou o de *ecossistema*. Nesse caso, parte-se da premissa de que uma área que apresenta diversos tipos de hábitat oferece recursos para um número maior de espécies do que uma área relativamente homogênea. Já a relação entre biodiversidade e o funcionamento dos ecossistemas ainda é pouco conhecida. A premissa de que um maior número de espécies aumenta a eficiência dos processos ecológicos no nível do ecossistema não é aplicável de modo geral, precisando de mais estudos e análises para a sua confirmação (Johnson *et al.*, 1996; ver item 3.2).

Um modo alternativo para analisar os diferentes níveis de diversidade refere-se às escalas espaciais em que ela ocorre. A chamada diversidade alfa (a) é aquela que ocorre dentro de um mesmo hábitat, como uma comunidade florestal. Por sua vez, a diversidade beta (b) refere-se à diversidade entre diferentes hábitats ou tipos de florestas. Finalmente, a diversidade gama (g) refere-se à diversidade encontrada em escalas geográficas mais amplas, no nível da paisagem ou mesmo do bioma, incluindo, nesse exemplo, diferentes tipos de florestas, bem como ecossistemas não-florestais (Brown & Lomolino, 1998; Hunter Jr., 1999).

Na prática, certos níveis de diversidade podem ser difíceis de mensurar ou estimar. Como exemplo, temos a *diversidade genética* de uma dada área na Floresta Amazônica ou mesmo na mata atlântica, onde podem ocorrer diversas espécies ainda não descritas pela ciência, o que dificulta a obtenção de uma estimativa de riqueza mesmo no nível de espécie. Nesse mesmo nível, a classificação de diversos grupos taxonômicos, incluindo grande parte das plantas superiores, ainda não se encontra totalmente estabelecida, o que faz com que as estimativas existentes devam ser consideradas provisórias, estando sujeitas a reavaliações, à medida que surjam novos reagrupamentos ou divisões ocorrentes.

A explicitação dos diferentes níveis ou escalas espaciais da biodiversidade a serem considerados é de grande importância na definição de prioridades para conservação e manejo (Blockhus *et al.,* 1992; Hunter Jr., 1999; Trouber *et al.,* 1989; Wilcox, 1995). O conhecimento sobre os diferentes níveis de biodiversidade deve estar ligado às diferentes formas de manejo, fazendo com que a intervenção do homem no ecossistema seja feita de forma mais harmoniosa e racional possível, ou seja, contribuindo para que o conhecimento da biodiversidade seja um instrumento significativo nas políticas de ordenamento territorial.

2. BIODIVERSIDADE NO BRASIL

O Brasil é considerado um dos países com *megadiversidade*, ou seja, possui em seu território proporção relativamente grande da biodiversidade global (Mittermeier *et al.*, 1997; Olson & Dinerstein, 1998; ver Tabela 1). Tal fato advém não só da grande extensão territorial do país, como de sua localização na zona tropical, com grandes áreas de floresta tropical úmida, bioma que abriga proporção extremamente grande do total de espécies que ocorrem no planeta. Além disso, a *Zona Neotropical*, região biogeográfica que se estende do Norte da Argentina ao Sul do México, possui um número relativamente maior de espécies, em relação à Zona Paleotropical (África, Ásia), fato salientado pela inclusão de Colômbia, Peru e Equador entre os países de megadiversidade (Cabrera & Willink, 1973). A principal explicação para esse fato encontra-se na história geológica do continente sul-americano, que ficou isolado por milhões de anos durante o período Terciário até o estabelecimento da ponte terrestre com a América do Norte através do Istmo do Panamá, há

Tabela 1 — Ranking de países (número de espécies entre parêntesis) em alguns grupos taxonômicos

Ranking	Angiospermas	Mamíferos	Aves	Répteis	Anfíbios	Peixes de água doce
1	Brasil (55.000)	Brasil (524)	Colômbia (1.815)	Austrália (755)	Colômbia (583)	Brasil (> 3.000)
2	Colômbia (45.000)	Indonésia (515)	Peru (1.703)	México (717)	Brasil (517)	Colômbia (> 1.500)
3	Indonésia (37.000)	China (499)	Brasil (1.622)	Colômbia (520)	Equador (402)	Indonésia (1.400)
4	China (27.000)	Colômbia (456)	Equador (1.559)	Indonésia (511)	México (284)	Venezuela (1.250)
5	México (25.000)	México (450)	Indonésia (1.531)	Brasil (468)	China (274)	China (1.010)

Fonte: Mittermeier *et al.*, 1997.

cerca de 2,5 milhões de anos, o que desencadeou intensos fluxos migratórios nos dois sentidos (Prance, 1989; Webb & Ranzi, 1996; Whitmore & Prance, 1987). O soerguimento da Cordilheira dos Andes, com a evolução de um grande número de ambientes variados e diferentes níveis de isolamento, é apontado como outro fator que desencadeou um processo intenso de especiação e o conseqüente surgimento de um grande número de novas espécies na porção noroeste do continente sul-americano (Churchil *et al.*, 1995).

2.1. Refúgios e Centros de Endemismos

A questão da influência dos processos paleoambientais sobre a riqueza de espécies na América tropical vem sendo objeto de grande debate a partir do surgimento da chamada *Teoria dos Refúgios* (Haffer, 1969; Whitmore & Prance, 1987), que contrapôs a noção até então predominante de que o clima da América tropical se teria mantido relativamente estável durante o período Quaternário, quando ocorreram diversas glaciações nas regiões de alta latitude, com conseqüências expressivas na distribuição e riqueza atual de espécies. A associação de padrões geológicos com a distribuição de espécies de aves na Amazônia fez com que Haffer propusesse uma nova teoria, a de que o clima nas áreas tropicais baixas da América se tenha tornado mais árido durante os eventos glaciais, com a conseqüente retração das florestas úmidas para áreas mais altas, com maior pluviosidade. A coincidência dessas áreas com possíveis *centros de endemismos* de espécies de aves fez com que o autor as indicasse como refúgios florestais relativamente isolados uns dos outros. Com a volta do clima mais úmido, essas espécies teriam repovoado as áreas novamente cobertas por florestas.

A coincidência das áreas propostas por Haffer com possíveis centros de endemismos de outros grupos taxonômicos, tais como borboletas, angiospermas e répteis, de dados palinológicos e de certas feições geomorfológicas, bem como de evidências obtidas no continente africano de ocorrência simultânea de um clima mais seco, levou diversos cientistas a apoiarem e ampliarem a proposta inicial, propondo novas áreas de possíveis refúgios, e o estabelecimento da Teoria dos Refúgios como a principal explicação para a distribuição atual de espécies vegetais e animais, e também para a alta diversidade da região (Ab'Sáber, 1992; Brown & Ab'Sáber, 1979; Whitmore & Prance, 1987). Esses possíveis *centros de endemismo*, onde teria ocorrido intensa especiação durante a regressão das florestas, passaram a ser considerados a partir de então áreas de maior prioridade para o estabelecimento de unidades de conservação, pois além de abrigarem um número proporcionalmente alto de espécies poderiam cumprir novamente o papel de fornecer organismos para repovoar as áreas desmatadas pelo homem, além de garantir a permanência do processos evolutivos.

A Teoria dos Refúgios vem sendo objeto de amplos debates e forte contestação desde então. A principal crítica refere-se à escassez de dados paleoecológicos, principalmente palinológicos, que corroborem a substituição da floresta por formações abertas (campos ou cerrados) durante os eventos glaciais. Os poucos dados existentes estão localizados principalmente na periferia da região, e, embora comprovem em parte a tese, estão longe de constituir uma forte evidência do acerto da teoria. Colinvaux (1996) enfatiza, a partir de dados obtidos no sopé dos Andes (Colinvaux *et al.*, 1996) e em outros locais do continente, a ocorrência de um decréscimo de até seis graus na temperatura média no continente, o que teria provocado a migração de espécies de alta altitude ou latitude para as áreas mais baixas, ou seja, as florestas não teriam sido totalmente substituídas, apenas a sua composição florística teria se alterado, com uma mistura de climas tropicais e subtropicais, não necessariamente mais secos. Dados obtidos na Região Sudeste sugerem uma expansão das florestas de araucária em áreas hoje cobertas por cerrado (Behling, 1998). Dados sobre a megafauna do Pleistoceno, provenientes da Amazônia Ocidental, confirmam em parte a ocorrência de um clima mais seco, mas, por outro lado, contestam a localização de alguns dos refúgios florestais propostos (Ranzi, 2000). A visão atualmente mais aceita é a de que ocorreram ambas as coisas, ou seja, o clima como um todo tornou-se mais frio e mais seco. No entanto, é impossível ainda determinar com exatidão a distribuição espacial de espécies e dos diferentes tipos de vegetação durante os eventos glaciais em grande parte da América tropical (Jackson *et al.*, 1996).

2.2. Dinâmica Florestal, Ambientes e Diversidade

A influência desses eventos paleoclimáticos sobre a diversidade atual é outro ponto de controvérsia. Embora as causas dos padrões de diversidade nos ecossistemas florestais tropicais ainda não tenham sido explicadas de modo satisfatório, existem diversas hipóteses que podem explicar, pelo menos parcialmente, por que algumas áreas são mais ricas em espécies do que outras (Gentry, 1982, 1992; Hubbel & Foster, 1983; Kikkawa, 1990; Runkle, 1989).

Uma das hipóteses propõe outros aspectos, tais como a grande diversidade de *nichos ecológicos*, expressão que se relaciona com as funções de cada espécie no ecossistema, e as interações entre espécies vegetais e animais, como explicação para a alta diversidade das florestas tropicais úmidas (Gentry, 1989; Grubb, 1977; Terborgh, 1992a). A ocorrência de um hábitat de maior complexidade estrutural, guildas adicionais, maior diversidade de plantas, disponibilidade de insetos de maior porte e o agrupamento de diversas guildas podem explicar a maior diversidade de pássaros nas florestas tropicais em relação às florestas temperadas (Terborgh,

1992a). No entanto, a diversidade vegetal é mais difícil de ser explicada com base exclusivamente na competição por recursos, pois a maioria das plantas compete basicamente pelos mesmos fatores, água, luz e nutrientes. A riqueza de espécies pode ser relacionada com a fertilidade dos solos, com os sítios de média fertilidade apresentando maior diversidade, o que pode ser explicado pela competição por luz e nutrientes, e a conseqüente especialização para diferentes condições de solo. Em áreas com solos muito pobres ou ricos, algumas espécies bem adaptadas e mais competitivas podem dominar a comunidade florestal (Ashton, 1989; 1992). Na região neotropical existe também uma correlação direta consistente entre riqueza de espécies e os padrões pluviométricos (Gentry, 1989).

Outra teoria enfatiza o papel de perturbações ambientais em grande escala, tais como fogo, furacões e avalanchas, ou de menor escala, como a queda de grandes árvores ou mesmo de galhos, sob o peso de epífitas, tais como bromélias (Strong, 1977). Tais perturbações dificultariam a dominância de umas poucas espécies, favorecendo a coexistência de um grande número de espécies numa mesma área, compartilhando os mesmos nichos. A hipótese da *perturbação intermediária* considera que a maioria das florestas tropicais é mantida num estado de desequilíbrio perpétuo, prevenindo a ocorrência de uma ou poucas espécies dominantes (Connel, 1978; Terborgh, 1992b). O fator tempo, relacionado tanto à variabilidade estacional como anual, afeta a germinação de sementes nas diferentes espécies arbóreas. A fisiologia das sementes e a resposta das diferentes espécies às perturbações e à disponibilidade de luz possuem um papel importante no processo de sucessão em florestas tropicais (Attiwill, 1994; Denslow, 1987; Hartshorn, 1989; Lieberman *et al.*, 1995). Eventos extremos também podem afetar o padrão de distribuição espacial das espécies arbóreas. Eventos passados, tais como fogo, furacões, deslizamentos, enchentes, pestes ou secas, podem ter uma forte influência na estrutura atual das comunidades florestais (Goldammer, 1992; Pickett & White, 1985). Essa teoria, atualmente conhecida por Connel-Jansen, tem grandes implicações para o manejo de ecossistemas florestais tropicais, indicando que um certo grau de perturbação antrópica poderia ser compatível com a manutenção da biodiversidade (Attiwill, 1994; Givrish, 1998; Hunter, 1999; Oldeman, 1990; Terborgh, 1992b).

A hipótese do *equilíbrio* considera que as espécies evitam a competição através de estratégias dependentes da densidade, com flutuações populacionais mais ou menos regulares dentro de um tamanho populacional constante a longo prazo. Essa estratégia também pode auxiliar a evitar a predação de sementes (Terborgh, 1992a). A heterogeneidade espacial nas florestas tropicais pode ser explicada pela variação nos padrões de recrutamento entre clareiras de diferentes tamanhos e a localização dentro das clareiras, entre elas e locais sombreados, entre as zonas da raízes, tronco e copa das árvores tombadas ou entre sítios próximos ou distantes de um adulto da mesma espécie (Hartshorn, 1989). A estrutura vertical da floresta pode levar ao surgimento de adaptações a diferentes níveis de disponibilidade de luz, o que também pode contribuir para a diversidade, especialmente no estrato intermediário, que responde pela maior parte da alta diversidade arbórea das florestas tropicais (Terborgh, 1992a).

Aspectos ligados a características de forma, tamanho, conectividade e borda de *fragmentos* florestais também podem ser importantes. De acordo com a teoria da *Biogeografia de Ilhas* e do equilíbrio dinâmico, fragmentos florestais com diferentes tamanhos devem apresentar diferentes níveis de diversidade (Harris, 1984). Embora os fragmentos florestais não possam ser estritamente considerados como equivalentes a ilhas terrestres localizadas num "mar" de campos agrícolas e pastagens, diferentes espécies possuem diferentes exigências, história de vida, estratégias de dispersão, *i.e.*, algumas espécies são mais facilmente dispersas do que outras. Diferentes tipos e intensidades de uso da terra também podem afetar a estrutura dos fragmentos de diferentes maneiras. A distância entre fragmentos ou de uma possível fonte de sementes ou os diferentes graus de conectividade entre fragmentos podem ter um papel importante na estrutura da comunidade florestal (Botkin, 1993). É importante também enfatizar o papel das espécies animais na polinização e dispersão das espécies arbóreas. As complexas interações entre todos esses fatores torna muito difícil identificar qual o principal fator causal em cada situação específica (Burrows, 1990; Terborgh, 1992a). Embora sendo reconhecidos como importantes para a compreensão dos padrões e processos que ocorrem nas áreas florestais, só recentemente os diversos fatores espaciais vêm recebendo a devida atenção nas áreas tropicais (Harris & Silva-Lopez, 1992; Laurance &

Bierregard Jr., 1997; Ranta *et al.*, 1998; Rey-Benayas & Pope, 1995; Viana & Tabanez, 1996; Viana *et al.*, 1997; Waldhoff & Viana, 1993).

As interações dos processos físicos e biogeoquímicos podem resultar em formas de relevo relativamente estáveis, onde a vegetação é capaz de acumular uma biomassa considerável, mesmo crescendo sobre solos relativamente pobres em nutrientes, através do desenvolvimento de adaptações para reciclar os nutrientes de modo mais eficiente (Grubb, 1977; 1995). Deslizamentos, quedas de árvores, competição e a degeneração natural modificam continuamente a floresta, o que pode resultar num aumento da dominância de umas poucas espécies e indivíduos. A distribuição espacial das condições ambientais e a freqüência de perturbações associadas com a variação dos solos ao longo da *catena* têm um papel importante no desenvolvimento da estrutura florestal (Poorter *et al.*, 1994). O teor de nutrientes dos solos pode ser relacionado a perturbações. As mesmas condições de drenagem e movimentos de massa nas encostas que se relacionam aos processos de formação dos solos através da paisagem também influenciam na distribuição de deslizamentos, tombamento de árvores e a idade, estrutura e composição da floresta. Se considerarmos longos períodos de tempo e a escala da catena ou de uma bacia hidrográfica, tanto a distribuição da vegetação como a dos solos podem ser correlacionadas com as formas de relevo (Scatena & Lugo, 1995).

2.3. Centros de Diversidade

Houve um considerável avanço no conhecimento dos recursos biológicos do país nos últimos anos, o que levou a uma melhor definição dos chamados *centros de endemismos*, ampliando-se o conceito para outras regiões, como o cerrado e a mata atlântica. Alguns desses locais são considerados também *centros de diversidade*, locais que combinam altos níveis de endemismo com uma diversidade relativamente alta (Brown & Lomolino, 1998). Um trabalho recente, englobando os centros de diversidade vegetal para a América tropical, inclui pelo menos 13 centros para o Brasil (Davis *et al.*, 1997). Pelo menos mais dois centros limitam-se com o país, o que pode elevar esse número para 15. Um trabalho semelhante também vem sendo feito para espécies animais, principalmente aves e mamíferos. A correta definição e localização desses centros, hoje conhecidos como "pontos quentes" (*hot spots*), é fundamental para uma utilização adequada da biodiversidade como uma variável importante no ordenamento territorial.

A diversidade de espécies no nível de comunidade biológica (diversidade a) é variável de região para região. Inventários florísticos apontam para a Amazônia Ocidental como concentrando maior diversidade de espécies arbóreas, em relação à porção oriental. No entanto, dados recentes apontam para as florestas do sul da Bahia como detentoras da maior diversidade de espécies arbóreas, no total de 454 espécies em um hectare (Thomas & Carvalho, 1993). Estudo feito no Espírito Santo aponta para riqueza ainda maior (476 espécies). Apesar de outras áreas de mata atlântica apresentarem diversidade menor (Giulietti, 1992; Leitão Filho, 1994; Mantovani, 1996), a riqueza de espécies é igual ou superior a muitas áreas da Amazônia, em aparente contradição com o modelo tradicional de redução de diversidade com o aumento de latitude (Brown & Lomolino, 1998; Gaston, 1996). As estimativas de diversidade total, englobando todas as espécies vegetais ou animais, mesmo em pequenas áreas, ainda são relativamente poucas em relação à área do país e estão sujeitas a constantes reavaliações (Bicudo & Menezes, 1996).

3. O ECOSSISTEMA

O *ecossistema* é um dos termos mais conhecidos da ciência ecológica. O conceito de serviços prestados pelo ecossistema vem unindo a ecologia e a economia, e criando uma nova mentalidade para a valoração da biodiversidade. Em diversos países, o manejo de ecossistemas vem sendo adotado cada vez mais como um novo enfoque para a política de recursos naturais em nível nacional (Boyce & Haney, 1997; Hunter, 1999; Waring & Running, 1998). O campo da ciência do ecossistema engloba sistemas limitados, como bacias hidrográficas, bem como paisagens espacialmente complexas, ou mesmo a própria terra, e atravessa escalas temporais que variam de segundos a milênios. O foco da ciência do ecossistema é caracterizado cada vez mais por temas que se cruzam através de escalas espaciais e temporais, bem como dos limites das disciplinas tradicionais da ecologia.

A definição original de ecossistema de Tansley o reconhece como "unidade básica da natureza na face da Terra", sendo mantida na moderna definição do ecossistema como "uma unidade espacialmente explícita da terra que inclui todos os organismos, ao lado de todos os componentes abióticos do ambiente dentro de seus limites" (Colinvaux, 1993; Likens & Bormann, 1995). Entre as principais linhas de pensamento na ciência do ecossistema incluem-se o conceito de dinâmica trófica de Lindeman, estabelecendo o fluxo de energia orgânica como um arcabouço adequado para a ecologia de ecossistemas, trabalhos sobre *ciclagem de nutrientes*, impulsionados pelos estudos de isótopos radioativos e contaminantes químicos persistentes no ecossistema, o desenvolvimento de modelos simulatórios, estimulando uma nova apreciação da dinâmica do ecossistema, e, mais recentemente, o uso de novas ferramentas espaciais proporcionou uma capacidade inédita de compreender a heterogeneidade espacial, com a *Ecologia da Paisagem* florescendo como um ramo próprio da ciência do ecossistema (Naveh & Lieberman, 1984).

Os avanços obtidos por meio dos estudos permitiu a compreensão de aspectos ligados aos fluxos de água, elementos químicos e compostos por meio de ecossistemas, tais como bacias hidrográficas, rios, lagos, estuários e oceanos; à análise dos "feedbacks" entre plantas e animais e o seu ambiente biofísico; à compreensão das causas da eutrofização, contribuindo para ações corretivas; à análise do transporte e transformação de contaminantes, tais como metais pesados e compostos organoclorados; à compreensão das bases biofísicas da produção e a expansão para escalas espaciais adequadas para entender as relações entre produção e clima; à avaliação da importância dos processos subterrâneos nos ecossistemas terrestres; ao reconhecimento da dependência de escala na maioria dos processos nos ecossistemas e à busca de regras para escalonamento que possibilitem a transferência de resultados através das escalas espaciais e temporais (Waring & Running, 1998).

3.1. BIOGEOQUÍMICA E O MANEJO DOS ECOSSISTEMAS FLORESTAIS

Os sistemas ecológicos possuem um complexo balanço de entrada e saída de energia e nutrientes. Tradicionalmente, o manejo dos recursos naturais enfatiza estratégias que maximizam a produção de bens ou serviços, dando pouca ou nenhuma atenção aos efeitos secundários, o que mostra a necessidade de um novo enfoque conceitual aplicado ao manejo. Uma alternativa é considerar todo o sistema ecológico como uma única unidade, em vez da realização de estudos limitados a apenas alguns componentes do sistema (Likens & Bormann, 1995; Waring & Schlesinger, 1985).

Um grande número de variáveis, incluindo a estrutura e diversidade biológica, geologia e clima, controla o fluxo de água e de elementos químicos através do ecossistema. Ecossistemas trocam continuamente matéria e energia com outros ecossistemas e com a biosfera. Comparando-se dados biogeoquímicos obtidos em sistemas naturais com sistemas manejados ou perturbados, obtêm-se informações importantes sobre a eficiência funcional ou "saúde" do ecossistema (Boyce & Haney, 1997).

A análise de dados coletados extensivamente numa bacia hidrográfica experimental possibilita identificar, isolar e quantificar alguns dos complexos processos biogeoquímicos que ocorrem num ecossistema florestal. Os dados podem ser avaliados através de uso de um modelo conceitual dos fluxos de entrada e saída e da ciclagem de água e nutrientes. Num fluxo contínuo, a energia, a água, os nutrientes e outros materiais são transportados por vetores meteorológicos, geológicos e biológicos. Dentro do ecossistema, os nutrientes podem ser considerados componentes de um dos quatro compartimentos básicos: atmosfera, matéria orgânica, nutrientes disponíveis no solo e minerais primários e secundários. A ciclagem biogeoquímica de elementos envolve trocas entre esses compartimentos (Likens & Bormann, 1995).

A produtividade pode ser considerada um índice que integra os efeitos cumulativos de diversos processos e interações que ocorrem simultaneamente no ecossistema, sendo afetada por diversos fatores físicos e biológicos. Em áreas tropicais úmidas, a alta temperatura média afeta a distribuição ao longo do ano, com uma estação de crescimento contínua, alta taxa de produtividade (absorção de nutrientes pelas plantas), alta taxa anual de movimentação de nutrientes através das cadeias alimentares (e retorno ao solo) e a atividade de decomposição. A interação entre temperatura e umidade tem efeito mais intenso durante a estação seca, afetando, entre outras, a produção de matéria orgânica e a susceptibilidade a queimadas (Jordan, 1985).

A regeneração de nutrientes em ambientes terrestres ocorre no solo, cujas características refletem as influências da rocha matriz, do clima e da vegetação. Nos solos predominantemente ácidos da zona tropical, altamente intemperizados, as partículas de argila se rompem, reduzindo a fertilidade do solo. A taxa de intemperização da rocha matriz e a conseqüente liberação de novos nutrientes se dão lentamente, comparando-se à assimilação de nutrientes do solo pelas plantas. A produtividade da vegetação depende pois da regeneração de nutrientes da serapilheira, através da lixiviação de substâncias solúveis, pelo consumo por detritívoros, ataque por fungos quebrando a celulose e a eventual mineralização por bactérias (Grubb, 1995). Nesses ambientes tropicais, a regeneração e a assimilação de nutrientes são rápidas, e a maior parte dos nutrientes se concentra na vegetação. Com o desmatamento para uso agrícola, esses solos perdem logo a sua fertilidade, em conseqüência da remoção de nutrientes juntamente com a vegetação natural. A reposição pela chuva ou pelo intemperismo das rochas, combinada com a regeneração natural da floresta, pode levar algumas décadas, até o retorno do nível anterior de nutrientes (Grubb, 1995; Jordan, 1985).

O uso e manejo dos ecossistemas florestais tropicais devem levar todos esses aspectos em conta. Devem ser enfatizados sistemas agropecuários, agroflorestais ou de *manejo florestal* que reduzam ao máximo perdas dos nutrientes por erosão, lixiviação ou exportação (colheita de produtos) através da manutenção da camada orgânica dos solos e de pelo menos parte da cobertura vegetal arbórea (Lamprecht, 1990; Oldeman, 1990), ou seja, que minimizem a perda da biodiversidade e de sua influência nos processos ao nível do ecossistema.

3.2. Ecossistema e Biodiversidade

Os fluxos de energia são processos que ocorrem no ecossistema através de redes alimentares compostas por organismos detritívoros, herbívoros e carnívoros. O fluxo de partículas é transportado principalmente pela água, drenando eventualmente para a água subterrânea. Ambos os fluxos conectam os compartimentos do sistema, em adição ao transporte pela serapilheira ou organismos. Apesar das diferenças nas constantes temporais dos processos de transferência e nas mudanças, os ecossistemas demonstram possuir um balanço nesses ciclos, de acordo com a demanda e oferta desses recursos. Caso ocorra um ciclo não-balanceado, os recursos podem ser perdidos ou acumulados no sistema, o que pode iniciar uma mudança na composição de espécies (Schulze & Mooney, 1994).

Ecossistemas geram e circulam substâncias em processos regulados de acordo com a sua estrutura e a função de seus componentes. As espécies se estabelecem num dado ambiente caso ocorram condições favoráveis ao seu crescimento e podem mudar essas condições após o seu estabelecimento. Limitações na disponibilidade de recursos ocasionam *feedbacks*, que possuem efeito estabilizante em todo o sistema. A disponibilidade é, em boa parte, determinada pela atividade de microorganismos decompositores, que retornam os recursos capturados na biomassa morta aos organismos superiores, afetando desse modo a cobertura vegetal. Mudanças na atividade desses microorganismos podem alterar o balanço nos ciclos de nutrientes, ocasionando um acúmulo de recursos, o que pode ser induzido tanto por propriedades da cobertura vegetal como por fatores abióticos. Devido ao acúmulo de recursos, a capacidade competitiva de uma espécie animal ou vegetal pode alterar-se com o novo nível ou teor de recursos, alterando a diversidade local (Johnson *et al.*, 1996).

Nas comunidades ecológicas é comum a ocorrência de fortes ligações funcionais entre espécies (interações hospedeiro-parasita, planta-micorriza e planta-herbívoro). Após a transferência de recursos de uma planta a um herbívoro específico, pode seguir-se a ação de diversos parasitas alimentando-se do herbívoro. A perda de uma espécie pode resultar na perda de toda uma cadeia alimentar e ter efeitos secundários inesperados nas redes alimentares. O consumo de recursos ao longo de uma cadeia pode ser limitado por diversos organismos, podendo ocorrer compensações caso um organismo falhe. Os ecossistemas possuem uma capacidade tamponante considerável para compensar a perda de espécies. No entanto, existe um ponto crítico de mudança que irá sobrepor-se a essa capacidade da biodiversidade, associado a uma alteração significativa no funcionamento do ecossistema para níveis distintos (Orians *et al.*, 1996; Schulze & Mooney, 1994).

Do conhecimento atual sobre a relação entre biodiversidade e ecossistemas pode-se concluir que o funcionamento de ecossistemas inteiros pode ser mantido por um número reduzido de espécies na maioria dos ecossistemas, mas a diversidade de espécies pode ser importante para a sobrevivência de comunidades em ambientes instáveis. Desse modo, uma espécie pode não ser considerada redundante a longo prazo. A diversidade de espécies pode ser mais importante que a diversidade estrutural para a imunidade contra o ataque de patógenos de plantas. A estabilidade pode diminuir ou aumentar, com a redução no número de espécies num dado sistema, e o efeito pode ser diferente em vários tipos de ambiente (Johnson *et al.*, 1996; Schulze & Mooney, 1994).

A ciclagem de elementos possui um efeito dominante no conjunto total de espécies que coexiste por exclusão competitiva em um dado ecossistema por causa das limitações de recursos. O ciclo de elementos nos ecossistemas é mantido pela função dos microorganismos, ainda pouco estudados com relação aos processos e à diversidade, e a sua função depende da composição de espécies vegetais e do ambiente abiótico. A função de uma espécie individual, e não o número total de espécies, é importante para a manutenção da ciclagem de nutrientes e matéria num ecossistema, mas a compensação das espécies sucessoras irá tamponar o efeito da perda de espécies. Existem fortes *feedbacks* entre nutrição, fatores climáticos e o funcionamento dos ecossistemas. A nutrição afeta a estrutura do ecossistema, enquanto a história e o uso da terra afetam a estrutura e composição de espécies. Os efeitos da biodiversidade no funcionamento do ecossistema são geralmente pequenos, exceto no caso de remoção de espécies-chave (Orians *et al.*, 1996).

Existem evidências de que a diversidade biótica, em níveis que variam da diversidade genética entre populações à diversidade de paisagem, é crítica na manutenção de ecossistemas naturais e agrícolas. Porém, pouco se sabe sobre os níveis críticos de diversidade e as condições ou escalas temporais nas quais a diversidade é particularmente importante. A falta de importância para os tomadores de decisões e o público em geral pode estar relacionada com a dificuldade da ciência ecológica em efetuar previsões sobre mudanças regionais na biodiversidade e dos seus efeitos no funcionamento dos ecossistemas (Hunter, 1999; Schulze & Mooney, 1994).

4. RECURSOS BIOLÓGICOS E ORDENAMENTO TERRITORIAL NO BRASIL

Os recursos biológicos vêm influenciando o ordenamento territorial desde os primórdios da humanidade, pois o homem sempre dependeu deles para a sua sobrevivência. Após milhares de anos como caçador e coletor, a domesticação de animais e de variedades de plantas permitiu ao homem estabelecer-se em áreas férteis, o que levou ao surgimento de aldeias, cidades e civilizações. Mesmo com o crescente "domínio" sobre a natureza, o homem manteve-se dependente de recursos naturais, principalmente madeira e pastagens nativas, para a obtenção de alimentos, materiais, energia e produtos medicinais. O esgotamento desses recursos, por degradação ou mudanças climáticas, está associado à decadência de diversas civilizações.

No Brasil, o primeiro *recurso natural* a ser explorado foi o pau-brasil (*Caesalpinea echinata*), o que influenciou o estabelecimento de entrepostos comerciais no litoral para o embarque da madeira. Os portugueses estabeleceram também um grande intercâmbio de plantas tropicais de valor comercial introduzindo espécies, tais como o coqueiro, a mangueira, a cana-de-açúcar e diversas gramíneas, além do gado, e ao mesmo tempo levando espécies nativas, como o cajueiro, a goiabeira, o abacaxi, o amendoim e a mandioca, para outras regiões tropicais. A aptidão das terras para culturas como a de cana-de-açúcar e o café, as áreas com pastagens nativas e plantadas, bem como a incorporação de cultivos nativos à dieta alimentar dos imigrantes, influenciaram sobremaneira os padrões de ocupação de nossas terras. A partir do final do século XIX, a descoberta do processo de vulcanização e a expansão da indústria automobilística encadearam um grande processo de migração de nordestinos para a região amazônica, visando à exploração da seringueira (*Hevea brasiliensis*). Outra planta nativa, o cacau (*Theobroma cacao*), transplantada para a região sul da Bahia, deu origem a um padrão regional de ocupação que se estende até hoje. Outros recursos nativos de importância econômica em nível regional incluem o babaçu, a carnaúba, a castanha-do-pará e a erva-mate, entre outros (Brasil, 1998; Brown & Brown, 1992; Dean, 1995).

A exploração dos recursos madeireiros vem ocorrendo de modo contínuo e crescente, desde o período colonial, para fins de obtenção de material de construção, energia e exportação. Inicialmente concentrada em espécies da alto valor, tais como jacarandá, cedro, vinhático, peroba, etc. ("madeiras de lei"), originárias principalmente da *mata atlântica* litorânea, estendeu-se posteriormente aos pinheirais do Sul, intensamente explorados, e mais recentemente à *região amazônica*, a qual abastece em grande parte a demanda nacional de madeiras nobres. Feita de modo essencialmente extrativo e predatório, a exploração tem se caracterizado por um padrão itinerante, com as serrarias mudando para novas áreas à medida que as reservas são esgotadas. A maior parte das áreas florestais das regiões Sul, Sudeste e Nordeste foi convertida para a agricultura e a pecuária extensiva, restando poucas florestas com algum potencial de exploração além das áreas incluídas em unidades de conservação (Brown & Brown, 1992; Fonseca, 1985; Hueck, 1972; IBGE, 1993a).

4.1. Políticas de Conservação da Biodiversidade

Apesar de a preocupação com a *conservação* da biodiversidade ser relativamente recente no país, na prática os esforços governamentais para regular a exploração dos recursos naturais renováveis datam do período colonial, com a publicação de normas que procuravam evitar a extinção das chamadas madeiras de lei. No Império, José Bonifácio já demonstrava preocupação com a excessiva derrubada das florestas, os efeitos na erosão dos solos e a escassez de espécies valiosas. Essa preocupação culminou com a experiência do reflorestamento executado na Floresta da Tijuca, visando preservar os mananciais da cidade do Rio de Janeiro.

O período republicano presenciou a expansão dos desmatamentos para o cultivo do café, com a exaustão dos solos nas áreas pioneiras de cultivo no Vale do Paraíba, bem como a explosão da exploração da borracha na Amazônia. No entanto, a primeira legislação abrangente data de 1934, com o *Código Florestal* (Decreto 23.793). No mesmo período foi criado o primeiro parque nacional do país, em Itatiaia (RJ), nos moldes dos parques norte-americanos. Outros parques vêm sendo criados desde então, em primeiro lugar para proteger monumentos naturais notáveis (Iguaçu, Serra dos Órgãos) e posteriormente incluindo explicitamente o objetivo de conservar elementos da nossa flora e fauna (Ibama, 1989; IEF, 1994).

Ainda nesse período foram criados o Serviço Florestal Brasileiro, vinculado ao Ministério da Agricultura, e os Institutos Nacionais do Pinho e do Mate, para regulamentar a exploração do pinheiro-do-paraná (*Araucaria angustifolia*) e da erva-mate (*Ilex paraguayensis*). Esses órgãos foram absorvidos em 1967 pelo Instituto Brasileiro de Desenvolvimento Florestal (IBDF), criado após a edição do novo *Código Florestal* (Lei 4.771/65). O novo órgão ficou encarregado de executar a política florestal nacional, na qual os incentivos fiscais para reflorestamentos, principalmente com espécies exóticas dos gêneros *Pinus* e *Eucalyptus* no Centro-Sul, contribuíram para uma rápida expansão das indústria siderúrgica, de papel e celulose, e madeireira. Mesmo com o fim dos incentivos, essas atividades continuaram apresentando crescimento contínuo, combinando a expansão para novas áreas com o desenvolvimento tecnológico, o que resultou em ganhos de produtividade.

O novo código previu também o estabelecimento de áreas de preservação permanente nas propriedades rurais (margens de rios e lagoas, topos de morros e encostas, áreas acima de 1.800m) e as chamadas reservas legais (50% na Amazônia Legal, ampliada para 80% em 1996, e 20% no resto do país) e atribuiu ao IBDF a execução da política nacional de conservação, a qual tomou maior impulso com a expansão da colonização da Amazônia na década de 1970. Em 1982, o órgão publicou o primeiro Plano de Sistema de Unidades de Conservação, o que, combinado com a criação de novas unidades de conservação, principalmente na Amazônia, deu um novo impulso à conservação da natureza. Outro marco importante foi a chamada Lei da Caça (Lei 5.197/67), a qual passou a considerar a fauna silvestre propriedade do Estado, proibindo a sua utilização, perseguição, destruição, caça ou apanha, sendo responsabilidade do IBDF zelar pelo seu cumprimento.

A criação da Secretaria Especial do Meio Ambiente (SEMA), resultado direto da Conferência de Estocolmo em 1972, deu uma nova dimensão à conservação da natureza com a criação de diversas reservas e estações ecológicas, com o objetivo explícito de proteger amostras representativas dos ecossistemas brasileiros, associada à realização de pesquisas ecológicas. A Lei 6.938/81, criando a Política Nacional do Meio Ambiente e o Sistema Nacional do Meio Ambiente, inseriu a política de conservação dentro de uma política ambiental mais ampla, estendida pela primeira vez a Estados e municípios.

A Constituição Federal de 1988 inovou ao incluir um capítulo (Cap. VII, artigo 225) dedicado ao meio ambiente, o qual declara a *Floresta Amazônica*, a *Mata Atlântica*, a *Zona Costeira* e o *Pantanal* parte do patrimônio nacional a ser conservado. O artigo impõe ao Poder Público o dever de preservar e restaurar os processos ecológicos essenciais e prover o manejo ecológico das espécies, preservar a diversidade e a integridade do patrimônio genético do país e definir espaços territoriais e seus componentes a serem especialmente protegidos.

A crescente preocupação com o meio ambiente, expressa pela nova Constituição, levou também à criação do Ministério do Meio Ambiente e do Instituto Brasileiro do Meio Ambiente e dos Recursos Naturais Renováveis (Ibama), o qual incorporou, além da SEMA e do IBDF, a Sudhevea (Superintendência da Borracha) e a Sudepe (Superintendência do Desenvolvimento da Pesca). O novo órgão passou a centralizar a execução da Política Nacional do Meio Ambiente, o que, se por um lado diminuiu os casos de conflitos de responsabilidade, por outro criou uma certa inércia devido ao grande acúmulo de atribuições num só órgão, cuja maior parte do corpo técnico está localizada em Brasília, relativamente distante dos locais onde os problemas ambientais ocorrem.

Entretanto, a nova Constituição também deu mais poderes aos órgãos estaduais e municipais, tanto na fiscalização e licenciamento de atividades potencialmente agressivas ao meio ambiente e na publicação de normas específicas para o uso sustentado dos seus recursos naturais quanto na criação de unidades de conservação. Embora ainda ocorram conflitos de atuação entre os órgãos dos diferentes níveis, é crescente a tendência à maior descentralização e ao aumento da responsabilidade do poder local na execução da política ambiental (IEF, 1994; SOS Mata Atlântica, 1990). O estímulo à criação de Reservas Privadas (RPPN), geridas por proprietários rurais e ONGs, também aponta para essa tendência de descentralização e maior envolvimento e participação da sociedade na gestão dos nossos recursos biológicos.

4.2. BIODIVERSIDADE, BIOTECNOLOGIA E PROPRIEDADE INTELECTUAL

Outra questão que vem sendo discutida refere-se à regulamentação da exploração dos recursos biológicos, mais especificamente aos direitos sobre os lucros auferidos da utilização de produtos com origem em organismos biológicos. Por um lado é grande o temor de que o conhecimento sobre a utilização de plantas para diversos fins, adquiridos ao longo dos séculos por populações tradicionais, venha a ser apossado por empresas nacionais ou multinacionais, dando origem a produtos com grande potencial de lucros, sem qualquer participação dessas comunidades na sua divisão. Associado a isso, existe temor do desenvolvimento de novos produtos originados de recursos biológicos brasileiros, através, principalmente, da chamada biotecnologia, sem qualquer retorno para o país. É um assunto que envolve desde princípios éticos a questões sobre legislação em níveis nacional e internacional acerca da propriedade intelectual (Brasil, 1998).

Apesar da aprovação da Convenção Internacional sobre a Biodiversidade na Conferência do Rio em 1992, a qual prevê os direitos das comunidades tradicionais e dos países, a sua adoção e aplicação pelos países desenvolvidos são ainda questões polêmicas. O direito dos laboratórios às patentes resultantes de processos desenvolvidos por eles geralmente se sobrepõe aos direitos dos detentores originais do conhecimento ou do germoplasma que deu origem ao produto. A necessidade de diferenciar atividades de pesquisa, feitas em colaboração entre universidades e institutos nacionais e estrangeiros, cujos resultados são geralmente de domínio público ou divididos eqüitativamente entre as partes, das atividades para fins comerciais, geralmente realizadas por laboratórios privados ligados a grandes empresas multinacionais químicas e farmacêuticas, torna a questão ainda mais complexa.

A nova Lei de Propriedade Industrial (Lei 9.279/96) proíbe o patenteamento de todo ou parte de seres vivos naturais e materiais biológicos encontrados ou isolados da natureza, com exceção dos microorganismos transgênicos e dos processos biotecnológicos utilizados no seu desenvolvimento. Novos cultivos agrícolas, considerados como aqueles claramente distintos dos já existentes, homogêneos e estáveis, foram contemplados pela Lei 9.456/97, que protege os direitos do responsável pelo seu desenvolvimento, mas garante a sua utilização para fins de pesquisa e reprodução por pequenos produtores (Brasil, 1998).

4.3. *Manejo e Conservação da Biodiversidade*

O enfoque tradicional largamente empregado até recentemente na *conservação* da biodiversidade baseia-se no estabelecimentos de *unidades de conservação*, geralmente áreas de tamanho considerável, de propriedade do Estado, com um grau variável de restrição ao acesso ou uso por parte do público (Dobson, 1996; Ibama, 1989; IUCN, 1994; Mackinnon *et al.*, 1986). Na maior parte das vezes, desde a seleção ao estabelecimento e efetivação dos planos de manejos dessas unidades, pouca ou nenhuma consideração é dada ao entorno das unidades ou, numa escala mais ampla, à relação dessas entre si ou com os ambientes "naturais" ou culturais existentes. Esse enfoque conduziu à caracterização das *unidades de conservação* como "ilhas" continentais, isoladas de outras ilhas por um mar de ambientes antropizados, considerados inapelavelmente perdidos como hábitats para a maior parte da fauna e flora nativas, ou seja, áreas onde a conservação da biodiversidade não possui relevância ou, se possui, é infinitamente menor do que as áreas "pristinas" conservadas (Harris, 1984).

Esse enfoque vem sendo questionado tanto por conservacionistas como por grupos ligados ao desenvolvimento econômico e social. A falta de sintonia da política conservacionista com as aspirações legítimas de melhoria do bem-estar geralmente tem ocasionado conflitos entre as autoridades preocupadas em conversar com as comunidades locais, fazendeiros, economistas, etc., que têm interesse em explorar a biodiversidade ou os ambientes necessários à conservação desta para a obtenção de sustento ou ganho econômico.

As dificuldades ocasionadas pelos conflitos combinaram-se com o avanço da *Biologia da Conservação*, ciência dedicada a estudar os aspectos ecológicos, políticos e socioeconômicos relacionados à conservação da natureza (Fiedler & Jain, 1992). Novos enfoques e conceitos, como *metapopulação*, *fragmentação* e *conectividade*, desenvolvimento sustentável, bem como dados empíricos sugerindo maior resistência ou resiliência de populações e comunidades a perturbações naturais ou antrópicas, têm alimentado debates nos quais se coloca a questão de maior integração em nível teórico e operacional (Blockhus *et al.*, 1992; Brown & Brown, 1992; Dobson, 1996; Meffe & Carrol, 1997; Picket *et al.*, 1992). Existe consenso de que se deve buscar maior participação dos grupos interessados e da sociedade em geral no estabelecimento de prioridades. O estudo de áreas perturbadas vem redirecionando as políticas, com maior incentivo ao estabelecimento de áreas protegidas em propriedades privadas, ao estabelecimento de áreas de uso restrito, possibilitando atividades de baixo potencial de degradação e a restauração de ecossistemas em áreas onde a capacidade de recuperação natural foi severamente afetada. Incluem-se nesse caso ecossistemas de pequena expressão em termos de área, mas com grande importância para a preservação de espécies raras, endemismos locais ou mesmo para amenização do grau de urbanismo ou artificialização da paisagem, tais como lagoas, pântanos, estuários, matas ciliares, restingas, campos naturais, etc. (Brasil, 1998; Ibama, 1991).

4.4. Estratégias de Conservação

4.4.1. Conservação in Situ

Trata-se da conservação das espécies nos seus hábitats, ou seja, incorpora a proteção de espécies, hábitats e ecossistemas naturais, seja através da implantação de unidades de uso direto ou indireto, seja pela regulamentação e controle da exploração dos recursos naturais por meio de normas para o estabelecimento de planos de manejo (Ibama, 1989; IUCN, 1994).

Unidades de *uso indireto* (Parques Nacionais e Marinhos, Reservas Biológicas e Ecológicas, Reservas Privadas do Patrimônio Natural) são áreas onde a exploração dos recursos naturais está proibida, sendo no entanto permitido o uso para fins de pesquisas e educação ambiental (reservas), lazer e ecoturismo (parques), conciliando ainda objetivos, como a proteção de bacias hidrográficas e monumentos naturais e/ou arqueológicos. Com exceção das RPPNs, essas áreas devem estar sob domínio público, o que em muitos casos vem dificultando a sua implantação efetiva, devido à necessidade de retirada dos antigos moradores e proprietários, e de indenizações sobre a posse da terra e eventuais benfeitorias.

Unidades de *uso direto* (Áreas de Proteção Ambiental, Florestas Nacionais, Reservas Extrativistas) são áreas onde o uso dos recursos naturais é admitido, desde que seja compatível com a conservação da biodiversidade e dos processos ecológicos. Podem incluir tanto áreas de domínio privado (APA) como áreas públicas. O conceito de *Reserva Extrativista* foi criado no país em resposta à demanda de populações tradicionais (seringueiros, coletores, pescadores) para a manutenção do seu estilo de vida e padrão de uso da terra, caracterizado por atividades com baixo potencial de degradação dos recursos biológicos. As áreas permanecem sob domínio público, sob responsabilidade do Ibama ou do órgão estadual. Já as florestas nacionais são áreas públicas dedicadas à exploração sob regime de manejo sustentado, ou seja, em níveis que permitam a conciliação da produção com a conservação da biodiversidade e dos processos ecológicos. É um conceito tradicionalmente adotado em países que possuem amplas áreas florestais.

Exploração e manejo florestal

O Poder Público vem aumentando a interferência na exploração dos recursos naturais em áreas privadas através da regulamentação e imposição de normas a serem observadas, sob pena de punição. A ação governamental se estende desde a regulamentação de itens do Código Florestal, como as áreas de preservação permanente e reserva legal, as quais devem ser recuperadas sob responsabilidade do proprietário, a recuperação de áreas exploradas pela mineração, a proibição de exploração de espécies ameaçadas e a implantação de regimes de manejo sustentado na exploração das florestas naturais através de planos de manejo. O objetivo principal é minimizar os efeitos das atividades de exploração na diversidade da fauna e flora locais, com a adoção do conceito de sustentabilidade ambiental, e não restrita apenas à produção sustentada de madeira (Hunter, 1999; Lugo & Lowe, 1995; Poore & Sayer, 1991; Wilcox, 1995).

Uma ação recente se refere a iniciativas relacionadas à *certificação florestal*, ou seja, à implantação do chamado selo verde, realizada por entidades independentes internacionais, garantindo que a produção nas áreas certificadas obedece a princípios padronizados de exploração sustentada, com observância de cuidados com a biodiversidade e a integridade dos ecossistemas. A certificação se estende às áreas de plantios florestais homogêneos e inclui ainda aspectos sociais e legais. Diversas áreas no país vêm sendo certificadas, visando principalmente à exportação de produtos florestais para países da Europa e América do Norte.

4.4.2. CONSERVAÇÃO EX SITU

Trata-se da *conservação* de espécies vegetais ou animais fora de seus hábitats, em locais destinados especialmente para esse fim. Essa estratégia vem tendo uma importância crescente com a aumento da destruição dos hábitats e da exploração excessiva de determinadas espécies (Fiedler & Jain, 1992). Atualmente, diversas espécies e mesmo raças ou variedades domesticadas estão preservadas somente através da conservação de espécimes ou material genético, no próprio país ou mesmo em outros continentes. A importância dessa estratégia pode ser ilustrada por diversos programas de reintrodução de espécies praticamente extintas ou com população remanescente seriamente ameaçada em seus hábitats (ex.: mico-leão-dourado), bem como pela conservação de cultivares agrícolas ou raças de animais domésticos utilizados por populações tradicionais, com alto grau de adaptação aos seus ambientes originais, os quais podem ser reintroduzidos ou utilizados em programas de melhoramento genético.

Os locais onde são conservados e reproduzidos esses espécimes e material reprodutivo incluem bancos de germoplasma, como o mantido pelo Cenargen-Embrapa, arboretos, jardins botânicos e jardins zoológicos, os quais vêm cada vez mais conciliando as funções de lazer e educação ambiental com a de participantes em programas de conservação de recursos genéticos através do intercâmbio entre instituições de todo o mundo.

5. Avaliação da Biodiversidade, Ecologia da Paisagem e Conservação

Nos levantamentos de recursos naturais e estudos de avaliação do potencial das terras para atividades produtivas, os recursos biológicos geralmente são enfocados de modo secundário (Carpenter, 1981; FAO, 1984; Peters *et al.*, 1989; Poore & Sayer, 1991; Spelleberg, 1992; Trouber *et al.*, 1989). Quando contemplados, geralmente os estudos concentram-se no potencial de produção de madeira para fins industriais ou energéticos. O Projeto Radam (depois Radambrasil) foi pioneiro ao enfocar a vegetação como um atributo de igual importância com relação aos atributos do ambiente físico. Embora igualmente se concentrando no potencial produtivo dos diversos tipos de vegetação, sobretudo as florestas, o Radambrasil inovou ao indicar áreas para fins de conservação biológica, geralmente áreas com potencial muito baixo para outros tipos de uso ou de alta relevância paisagística ou singularidade ambiental. O potencial de recursos extrativistas, tais como fibras e óleos vegetais, também foi enfocado, embora com menos ênfase.

5.1. Ecologia da Paisagem

A Ecologia da Paisagem, que surgiu na Europa Central como uma tentativa de resgate de uma visão holística e integrada da natureza (Zonneveld, 1995), estuda as relações entre fenômenos e processos na paisagem ou geosfera, incluindo comunidades de plantas, animais e o homem, através da análise da estrutura, funções e mudanças, da compreensão das relações espaciais numa área heterogênea de terra composta pela combinação de ecossistemas, do fluxo de espécies, energia e matéria e da dinâmica ecológica do mosaico da paisagem, por meio do estudo de padrões espaciais e dos processos relacionados (Forman & Godron, 1986; Jongman *et al.*, 1995; Vink, 1983).

A Ecologia da Paisagem se concentra em três características principais: estrutura (distribuição de energia, materiais e espécies, relações espaciais); funções (fluxo de energia, materiais e espécies, interações entre elementos espaciais) e dinâmica (alterações na estrutura e funções ao longo do tempo). Os principais componentes ou elementos estruturais da paisagem considerados são as manchas ou fragmentos (*patches*), corredores e a matriz. Manchas ou fragmentos são áreas não-lineares que diferem em aparência do seu entorno, podendo originar-se de perturbações, da heterogeneidade ambiental ou da ação humana. Corredores são faixas estreitas de terra que diferem da matriz de ambos os lados. Podem estar conectados a uma mancha com vegetação similar e ser utilizados para fins de transporte, proteção, recursos ou estética. A matriz é o tipo de paisagem com maior extensão e conectividade, com um papel predominante no funcionamento da paisagem, englobando outros elementos da paisagem e exercendo uma grande influência na dinâmica da paisagem como um todo. Diferentes paisagens possuem proporção e configuração espacial de manchas, corredores e matrizes altamente diversas.

Os principais conceitos e métodos analíticos baseiam-se na noção de que a paisagem contemporânea é um sistema geográfico complexo formado por fatores naturais e socioeconômicos (Forman, 1993). Os conceitos podem ser utilizados para enfatizar as inter-relações entre os aspectos físicos, biológicos e culturais de sistemas ecológicos através do mapeamento e descrição dos padrões da paisagem, ou para enfocar os fatores que controlam a localização e ações dos organismos no espaço-tempo, e as influências dos organismos nos padrões da paisagem. A análise da paisagem tem como base o conhecimento das interações entre a biota, os solos e o relevo, e a classificação de ecossistemas com base nas comunidades de plantas/animais.

A Ecologia da Paisagem vem sendo adotada de modo crescente como uma nova forma de abordagem que enfoca explicitamente a variável espacial no estudo dos padrões e processos ecológicos relacionados (Ranta *et al.*, 1998; Schelhas & Greenberg, 1996; Skole & Tucker, 1993). O chamado modelo matriz-fragmento-corredor vem sendo adotado no estudo das influências da estrutura da paisagem sobre processos, tais como dispersão e extinção de espécies, fluxos de nutrientes. Incorporando conceitos da *Biogeografia de Ilhas* (Harris, 1984), esse enfoque tem permitido uma reavaliação das propostas de manejo e conservação da natureza, com maior atenção para fatores como o tamanho e a forma das unidades de conservação, a percolação e a conectividade entre ecossistemas (Forman, 1993).

A distribuição de reservas e espécies é afetada pela estrutura fragmentada de paisagem, resultando em diferentes escalas de conectividade entre manchas, de acordo com as espécies. Aspectos importantes a serem considerados incluem forma (perturbação ou estresse originados de fora, efeito de borda), corredores (forma, tamanho, conectividade, probabilidade de migração entre fragmentos), dinâmica de borda (diminuição da área da mancha, aumento do isolamento, insularidade), seu perímetro e manejo de ecossistema (processos, incluindo regimes naturais de perturbação, tais como o fogo).

Reservas podem ser consideradas como manchas discretas de hábitats favoráveis dentro de uma matriz de tipos de uso da terra menos favoráveis, o que ressalta a importância de caracterizar e entender as ligações entre a reserva e os ecossistemas do entorno ou entre diferentes reservas. Os aspectos espaciais são considerados importantes para maximizar o número de espécies ou minimizar a taxa de extinção. A heterogeneidade espacial e a distribuição de ecossistemas através da paisagem são consideradas entre os fatores críticos que determinam a extensão e direção do movimento de energia, material e espécies.

A adoção do conceito de *metapopulação* (série de subpopulações discretas, conectadas numa escala espacial mais ampla pela dispersão, com padrões locais de extinção e recolonização), segundo o qual o desequilíbrio dinâmico em nível de mancha é compensado pelo equilíbrio dinâmico em nível da paisagem (ou seja, as subpopulações separadas espacialmente interagem entre si, possibilitando migrações e o repovoamento de áreas, mantendo o fluxo gênico na espécie), associada a preocupações sobre tamanho, forma e conectividade entre fragmentos, encontra-se cada vez mais difundida. O fluxo de genes ou migração entre subpopulações localizadas em diferentes hábitats ou fragmentos pode evitar a extinção de toda a população (Meffe & Carrol, 1997; Schelhas & Greenberg, 1996).

Esses conceitos baseados na *biogeografia de ilhas*, dinâmica de populações e processos de extinção vêm sendo cada vez mais adotados nos estudos e avaliações feitos por órgãos encarregados de proteção ao meio ambiente e entidades internacionais (WWF, IUCN, Conservation International) que se dedicam à conservação da natureza, no estabelecimento de propostas de novas unidades de conservação, de manejo das unidades existentes e de alterações na legislação, incentivando maior integração do manejo da UC com o seu entorno, bem como o estabelecimento de áreas privadas (RPPN), que contribuem não só para um aumento da área total protegida, como possibilitam a formação de corredores entre as áreas existentes (SOS Mata Atlântica, 1990).

5.2. AVALIAÇÃO DA BIODIVERSIDADE

Em simpósio realizado recentemente (Bicudo & Menezes, 1996), foram apresentados e discutidos diferentes enfoques e metodologias para a avaliação da diversidade de diversos grupos animais e vegetais, em diferentes níveis ou escalas, aplicáveis às condições ambientais do país. Entre as recomendações surgidas, ressalta a necessidade de treinamentos de especialistas, principalmente os taxonomistas e as equipes de campo, capazes de produzir em pouco tempo listas de biodiversidade. A produção de manuais e guias de campo é urgente para a grande maioria dos grupos taxonômicos. Deve-se buscar maior padronização de métodos, especialmente quantitativos, uso de novas técnicas de análise (ex.: taxonomia molecular), análises em conjunto com um maior número de variáveis geográficas ou ambientais, organização e divulgação de dados através de bancos de dados e redes digitais.

Riqueza de espécies

Conforme já mencionado, a medição da diversidade total numa dada área ou região é difícil, principalmente para organismos menores. As dificuldades incluem a relativa escassez de biólogos treinados tanto nos levantamentos de campo quanto na identificação taxonômica, aspectos logísticos relacionados com as dificuldades de acesso e coleta dos diferentes tipos de organismo, o intervalo de tempo entre a coleta dos dados e a sua efetiva divulgação, bem como as dificuldades de comparação entre levantamentos efetuados com diferentes métodos e intensidades de amostragem ou em áreas geográficas de diferente características e tamanho.

Tradicionalmente são utilizados por ecólogos diversos índices relacionados com a riqueza de espécies (número de espécies presentes, S), equabilidade (abundância relativa de espécies, E) e diversidade (índice de informação de Shannon-Wiener, H'; índice de Simpson, l), o que permite, ainda que de modo não totalmente preciso, comparar a diversidade de diferentes áreas (Brown & Lomolini, 1998; Colinvaux, 1993; Gaston, 1994).

Diversidade funcional

Indica a diversidade de grupos funcionais num dado ecossistema. Diferentes espécies podem ser agrupadas em um mesmo grupo, de acordo com a sua função no funcionamento do ecossistema. Maior diversidade funcional estaria relacionada a maior complexidade do ecossistema, podendo resultar, por sua vez, em maior estabilidade e resistência a perturbações (Forman & Godron, 1986; Gaston, 1994).

Diversidade da paisagem

A diversidade no nível da paisagem se relaciona à sua heterogeneidade, ou seja, à quantidade de diferentes tipos de ecossistemas (por exemplo, lagos, campos, florestas, etc.) numa dada paisagem. Em tese, uma paisagem heterogênea pode proporcionar quantidade maior de hábitats, resultando em maior diversidade b (Brown & Lomolini, 1998).

6. AVALIAÇÃO ECONÔMICA E BIODIVERSIDADE

O valor da biodiversidade pode estar relacionado tanto aos aspectos econômicos quanto aos aspectos espiritual, científico e educacional, ecológico, estratégico, realizado *versus* potencial, todos de difícil mensuração. A avaliação econômica, na acepção mais precisa do termo, diz respeito aos métodos de análise que auxiliem a tomada de decisão nos grandes projetos de investimento. Trata-se, portanto, de uma área essencialmente aplicada entre as demais técnicas nas ciências econômicas. É preciso, no entanto, entender as dificuldades práticas que existem na aferição do valor de mercadorias, como o "ar puro", a biodiversidade de um ecossistema ou uma bela paisagem, e também como a busca dessas respostas tem sido decisiva para a evolução da teoria econômica. A questão da biodiversidade sublinha as dificuldades para o mercado em apreciar, na sua justa medida, o valor de um "bem natural". Exige, assim, por um lado, a introdução e o desenvolvimento de novos métodos de avaliação e instrumentos de controle e, por outro, em paralelo, o permanente questionamento das bases teóricas da ciência econômica.

Sob um ponto de vista antropocêntrico, recursos biológicos são aqueles componentes da biodiversidade que possuem um valor corrente ou potencial para o uso humano. A Convenção sobre a Diversidade Biológica, aprovada na Rio-92, tem como objetivo principal a proteção contra a perda de recursos biológicos da terra. A demonstração de que o uso sustentável da biodiversidade possui um valor econômico positivo e de que este valor pode ser superior ao valor de usos alternativos dos recursos que ameaçam essa biodiversidade pode ajudar na mudança da percepção popular e institucional (Pearce & Moran, 1994). Decisões sobre alternativas de desenvolvimento que conduzam à conservação ou destruição podem ser tomadas com base no reconhecimento do valor total dos recursos biológicos. Uma das razões para a perda de diversidade é a disparidade entre custos e benefícios sociais e privados, especialmente em economias de mercado. O mercado tende a ignorar os custos sociais, o governo pode intervir de modo falho (incentivos fiscais para ocupação da Amazônia) e existem os benefícios globais (estabilidade climática), difíceis de serem computados ou pagos aos países que os proporcionem.

Atualmente, a principal causa da perda da biodiversidade é a conversão de um tipo de uso para outros, principalmente de áreas naturais para agricultura. A questão principal é a valoração dos custos e benefícios para cada alternativa de uso, pois os possíveis benefícios da conservação da biodiversidade geralmente são de difícil contabilização, ou, na maioria das vezes, simplesmente ignorados. Considera-se que o valor econômico total (VET) de um recurso ambiental consiste do seu valor de uso (VU), como o de uma floresta para a extração de madeira ou recreação, e de não-uso (VNU). O valor de uso pode ser subdividido em valor de uso direto (VUD), tal como pesca, madeira, etc., valor de uso indireto (VUI), que se refere aos benefícios provenientes do funcionamento dos ecossistemas, tal como a proteção de bacias hidrográficas, e valor opcional (VO), que é o valor aproximado que um indivíduo está disposto a pagar para garantir a opção de uso futuro de um bem. O valor de não-uso (VNU) pode ser subdividido em valor presumido (VP), que mede o benefício do conhecimento de que outros possam vir a beneficiar-se de um recurso, e um valor de uso "passivo" ou de existência (VE), dissociado de qualquer valor atual de uso ou opcional, derivando simplesmente da existência de um bem em particular (gene, espécie, hábitat). Desse modo, teríamos a equação (Pearce & Moran, 1994):

$$VET = VU + VNU = (VUD + VUI + VO) + (VP + VE)$$

Deve-se considerar que alguns valores podem sobrepor-se ou ser mutuamente excludentes (conversão x proteção). Além disso, outros valores ligados ao funcionamento dos ecossistemas podem não estar incluídos, por serem ainda desconhecidos ou de difícil mensuração. O aumento de recursos destinados à proteção e uso sustentável de florestas tropicais indica o reconhecimento por parte da sociedade dos benefícios ligados ao uso indireto ou mesmo ao não-uso, ou seja, ao simples valor de existência da biodiversidade existente nessas florestas. A ciência econômica tem avançado bastante nos últimos anos na busca de enfoques e metodologias para uma valoração mais acurada e precisa dos recursos ambientais em geral e da biodiversidade em particular (Motta, 1998; Peters *et al.*, 1989). Entretanto, ainda existe um longo caminho a percorrer para que esses valores sejam incorporados de fato nas contas nacionais (PIB) e considerados na análise de custo-benefício de alternativas de desenvolvimento.

7. Conclusão: Novos Rumos e Tendências

Assistimos ao crescimento da conscientização por parte da sociedade para a importância de conhecermos e conservarmos a nossa diversidade biológica, simultaneamente com o aumento da freqüência e intensidade de desastres ambientais e da destruição acelerada em diversos tipos de ecossistemas terrestres, aquáticos ou marinhos. Isso só aumenta o desafio para pesquisadores, técnicos e tomadores de decisão, tanto para elevar o grau de conhecimento sobre a importância e o valor dessa biodiversidade como para encontrar meios de divulgação dos resultados de estudos de modo que influenciem o estabelecimento de estratégias e políticas de curto, médio e longo prazos, que conciliem o desenvolvimento com a conservação desse recurso natural.

Tem sido dito e repetido que a ciência da informação e as biotecnologias serão as chaves para o crescimento econômico neste século que se inicia. O país só poderá beneficiar-se de ambas se investir em políticas que aumentem de modo significativo a capacidade da população de produzir e consumir informação, através da educação. A valoração da biodiversidade passa necessariamente pelo conhecimento sobre a importância atual e potencial, ecológica ou econômica de toda a nossa diversidade de plantas, animais, hábitats, ecossistemas e paisagens, incluindo também o chamado conhecimento tradicional ou folclórico sobre a nossa natureza.

A incorporação da biodiversidade no ordenamento territorial, se por um lado traz à luz o reconhecimento da importância dos nossos recursos biológicos para o desenvolvimento econômico sob bases sustentáveis, por outro surge como um desafio na busca de enfoques e métodos inovadores, que permitam analisar a questão sob vários ângulos distintos, desde a análise dos padrões biogeográficos às complexas interações entre os componentes físicos e biológicos dos ecossistemas, e os efeitos dos diversos tipos de intervenção antrópica nos padrões e processos ecológicos, entre outros. A necessidade de análise de um grande número de dados, obtidos em diversos estudos realizados através de diferentes intensidades e tipos de abordagem, apenas enfatiza o nosso pequeno conhecimento sobre questões relacionadas às escalas temporais e espaciais dos fenômenos ecológicos.

O estado atual de conhecimento e as tendências observadas nos estudos mais recentes indicam a necessidade cada vez maior de enfoques verdadeiramente holísticos e interdisciplinares com a integração de diversas áreas do conhecimento, na busca de soluções de problemas reais relacionados à conservação e ao uso sustentado dos nossos recursos naturais, dentre os quais se destaca a nossa imensa riqueza em recursos biológicos. A perda dessa oportunidade para o desenvolvimento e fortalecimento de uma ciência nacional de alto nível e competência para encontrar soluções que venham beneficiar a maioria da nossa população, sem comprometer a saúde dos nossos ecossistemas, somente servirá para reafirmar aqueles que apontam para a nossa eterna dependência e desperdício de oportunidades surgidas que possam finalmente elevar os nossos índices de desenvolvimento econômico e social ao nível das nações mais desenvolvidas. Cabe aos pesquisadores e tomadores de decisões, bem como à sociedade brasileira de modo geral, optar pelo rumo mais adequado a ser tomado.

8. REFERÊNCIAS BIBLIOGRÁFICAS

AB'SÁBER, A.N. A teoria dos refúgios: origem e significado. *Rev. Inst. Flo. São Paulo*, 1992, Vol. 4: 29-34.

ASHTON, P.S. Species richness in tropical forests. *In*: Holm-Nielsen, L.B., Nielsen, I.C. & Balslev, H. (eds.) *Tropical Forests*. Londres: Academic Press, 1989, 239-251.

_____. Species richness in plant communities. *In*: Fiedler, P. L. & Jain, S. K. (eds.). *Conservation Biology*. Londres Chapman & Hall, 1992, p. 3-22.

ATTIWILL, P.M. The disturbance of forest ecosystems: the ecological basis for conservative management. *For. Ecol. Manage.* Nova York, 1994; 63: p. 247-300.

BEHLING, H. Late Quaternary vegetational and climatic changes Brazil. *Review of Paleobotany and Palynology*, Londres, 1998, 99, p. 143-156.

BICUDO, C.E de M. & MENEZES, N.A. *Biodiversity in Brazil* — A first approach. São Paulo. CNPq, 1996.

BLOCKHUS, J.M., DILLENBECK, M., SAYER, J. & WEGGE, P. *Conserving Biological Diversity in Managed Tropical Forests*. Cambridge: IUCN-ITTO, 1992.

BOTKIN, D.B. *Forest Dynamics*: An Ecological Model Oxford: Oxford Univ. Press, 1993.

BOYCE, M.S. & HANEY, A. *Ecosystem Management* — applications for sustainable forest and wildlife resources. New Haven: Yale Univ. Press, 1997.

BRASIL. *Primeiro Relatório para a Convenção sobre Diversidade Biológica*. Brasília, MMA, 1998.

BROWN, J.H. & LOMOLINO, M.V. 8. *Biogeography*, 2ªed. Sunderland: Sinauer, 1998.

BROWN Jr. K.S. & AB'SÁBER, A.N. Ice-age forest refuges and evolution in the Neotropics: correlation of paleoclimatological, geomorphological and pedological data with modern biological endemism. *Paleoclimas* 5. São Paulo: Instituto de Geografia, USP, 1979.

BROWN Jr. K.S. & BROWN, G.G. Habitat alteration and species loss in Brazilian forests. *In*: Whitmore T.C. & Sayer J.A. (eds.) *Tropical Deforestation and Species Extinction*. IUCN-Chapman & Hall. Cambridge, 1992, p. 119-142.

BURROWS, C.J. *Processes of Vegetation Change.* Londres: Unwin Hyman, 1990.
CABRERA, A.L. & WILLINK, A. *Biogeografia de America Latina.* Washington: OEA, 1973.
CARPENTER, P.A. *Assessing Tropical Forest Lands*: their suitability for sustainable uses. Dublin: Tycool International, 1981.
CHURCHIL, S.P., BALSLEV, H., FORERO, E. & LUTEYN, J.L. *Biodiversity and Conservation of Neotropical Montane Forests.* Nova York: NYBG, 1995.
COLINVAUX, P. A. *Ecology 2.* Nova York. John Wiley & Sons, 1993.
_____. Quaternary Environmental History and Forest Diversity in the Neotropics. *In*: J.B.C. Jackson, A.F. Budd & Coates A.G. (eds.). *Evolution and Environment in Tropical America.*, Chicago: The University of Chicago Press, 1996, p. 359-405.
COLINVAUX, P.A., DE OLIVEIRA, O.E., MORENO, J.E., MILLER, M.C. & BUSH, M.B. A long pollen record from lowland Amazonia: forest and cooling in glacial times. *Science:* 1996, 274, p. 85-88.
CONNEL, J.H. Diversity in tropical forests and coral reefs. *Science:* 1978, 199, p. 1.302-1.310.
DAVIS, S.D., HEYWOOD, V.H., HERRERA-MACBRIDE, O., VILLA-LOBOS, J. & HAMILTON, A.C. *Centres of Plant Diversity* — a guide and strategy for their conservation. Vol. 3: The Americas. Cambridge: WWF-IUCN, 1997.
DEAN, W. *With Broadax and Firebrand* — The Destruction of the Brazilian Atlantic Forest. Berkeley: Berkeley University Press, 1995.
DENSLOW, J.S. Tropical rainforest gaps and tree species diversity. *Ann. Rev. Ecol. Syst.*, 1987: 18, p. 421-451.
DOBSON, A.P. *Conservation and Diversity.* Nova York: New York Scientific American Library, 1996.
FAO. *Land Evaluation for Forestry.* FAO Forestry Paper 48. Roma, 1984.
FIEDLER, P.L. & JAIN, S.K. *Conservation Biology.* Nova York: Chapman & Hall, 1992.
FONSECA, G.A.B. The vanishing Brazilian Atlantic forest. *Biol. Conserv.*, 1985: 34, p. 17-34.
FORMAN, R.T.T. *Land Mosaics*: the ecology of landscapes and regions. Cambridge: Cambridge Univ. Press, 1993.

FORMAN, R.T.T. & GODRON, M. *Landscape Ecology.* Nova York: John Wiley, 1986.

GASTON, K.L. Biodiversity — measurement. *Progress in Physical Geography,* 1994, 18, p. 565-574.

──────. Biodiversity — latitudinal gradientes. *Progress in Physical Geography,* 1996: 20, p. 466-476.

GENTRY, A.H. Patterns of neotropical plant species diversity. *Evol. Biol.*, 1982, 5, p. 1-84.

──────. Speciation in tropical forests. *In*: Holm-Nielsen, L.B., Nielsen, I.C. & Balslev, H. (eds.) *Tropical Forests*: botanical dynamics, speciation and diversity. Londres: London Academic Press, 1989, p. 113-134.

──────. Tropical forest diversity: distributional patterns and their conservational significance. *Oikos,* 1992: 63, p. 19-28.

GIULIETTI, A.M. Biodiversidade da Região Sudeste. *Rev. Inst. Flor. São Paulo,* Vol. 4, 1992, p. 125-130.

GIVRISH, T.J. On the causes of gradients in tropical tree diversity: making the Janzen'Connel hypothesis context'specific. *Amer. J. Botany London,* 1998, 86, p. 34.

GOLDAMMER, J.C. *Tropical Forests in Transition*: ecology of natural and anthropogenic disturbance processes. Birkhäusen Verlag, 1992.

GRUBB, P.J. The maintenance of species richness in plant communities: the importance of the regeneration niche. *Biol. Rev,* 1977, 52, p. 107-145.

──────. Mineral nutrition and soil fertility in tropical rain forests. *In*: Lugo, A.E. & Lowe, C. (eds.) *Tropical Forests*: Management and Ecology. Nova York: Springer-Verlag, 1995, p. 308-330.

HAFFER, J. Speciation in Amazonian forest birds. *Science,* 1969, 165, p. 131-137.

HARRIS, L.D. *The Fragmented Forest*: island biogeography theory and the preservation of biotic diversity. Chicago: Univ. of Chicago Press, 1984.

HARRIS, L.D. & SILVA-LOPEZ, G. Forest fragmentation and the conservation of biological diversity. *In*: Fiedler, P.L. & Jain, S.K. (eds.) *Conservation Biology.* Nova York: Chapman & Hall, 1992, p.197-237.

HARTSHORN, G.S. Gap-phase dynamics and tropical forest richness. *In:* Holm-Nielsen, L.B., Nielsen, I.C. & Balslev, H. (eds.) *Tropical Forests*: botanical dynamics, speciation and diversity. Londres: Academic Press, 1989, p. 65-73.

HUBBEL, S.P. & FOSTER, R.B. Diversity of canopy trees in a neotropical forest and implications for conservation. *In*: Sutton, S.L., Whitmore, T.C. & Chadwick, A.C. (eds.) *Tropical Rain Forest: Ecology and Management.* Oxford: Blackwell, 1983, p. 25-42.

HUECK, K. *As Florestas da América do Sul* — ecologia, composição e importância econômica. Brasília/São Paulo: Ed. UnB/Ed. Polígono, 1972.

HUNTER Jr. M.L. *Maintaining Biodiversity in Forest Ecosystems.* Cambridge: Cambridge Univ. Press, 1999.

IBAMA — *Unidades de Conservação do Brasil.* Vol. I — Parques Nacionais e Reservas Biológicas. Brasília, 1989.

IBAMA/Conservation International/INPA *Workshop 90* — Prioridades Biológicas para Conservação de Amazônia. Conservation International. Washington, 1991.

IBGE. *Mapa de Vegetação do Brasil* — escala 1:5.000.000. Rio de Janeiro, 1993a.

IEF. *Mapa da Reserva da Biosfera da Mata Atlântica no Estado do Rio de Janeiro* — escala 1:400.000. Rio de Janeiro, 1994.

IUCN. *Guidelines for Protected Area Management Categories.* Cambridge, 1994.

JACKSON, J.B.C, BUDD, A.F. & COATES, A.G. *Evolution and Environment in Tropical America.* Chicago: The University of Press. Chicago, 1996.

JOHNSON, K.H., VOGT, K.A., CLARK, H.J., SCHMITZ, O.J. & VOGT, D.J. Biodiversity and the productivity and stability of ecosystems. *TREE,* 1996; 11: p. 372-377.

JONGMAN, R.H.G.; TER BRAAK, C.J.F. & VAN TONGEREN, O.F.R. *Data Analysis in Comunity and Landscape Ecology.* Cambridge: Cambridge Univ. Press, 1995.

JORDAN, C.F. Nutrient Cycling in Tropical Forest Ecosystems. Cambridge: John Wiley & Sons. Chichester, 1985.

JORGE, L.A.B. & GARCIA, G.J. A study of habitat fragmentation in Southeastern Brazil using remote sensing and geographic information systems (GIS). *For. Ecol. and Management,* 1997: 98, p. 35-47.

KIKKAWA, J. Biological diversity of tropical forest ecosystems. Montreal: B Report, 29th IUFRO World Congress, 1990, p. 173-183.

LAMPRECHT, H. *Silvicultura nos Trópicos:* ecossistemas florestais e respectivas espécies arbóreas — Possibilidade e métodos de aproveitamento sustentado. GTZ, Eschborn, 1990.

LAURANCE, W.F. & BIERREGARD Jr, R.O. *Tropical Forest Remnants*: ecology, management and conservation of fragmented communities. Chicago: The Univ. of Chicago Press, 1997.

LEITAO FILHO, H.F. Diversity of arboreal species in Atlantic rain forest. *An. acad. bras. Ci. London,* 1994; 66: p. 91-96.

LIEBERMAN, M.; LIEBERMAN, D. & PERALTA, R. Canopy closure and the distribution of tropical forest tree species at La Selva, Costa Rica. *J. Trop. Ecol.,* San José, 1995: 11, p. 161-178.

LIKENS, G.E. & BORMANN, F.H. *Biogeochemistry of a Forested Ecosystem.* 2ª ed. Nova York: Springer-Verlag, 1995.

LUGO, A.E. & LOWE, C. *Tropical Forests*: management and ecology.Nova York: Springer-Verlag, 1995.

MACKINNON, J., MACKINNON, K., CHILD, G. & THORSELL, J. *Managing Protected Areas in the Tropics.* Gland: IUCN/UNEP, 1986.

MANTOVANI, W. Methods for assessment of terrestrial phanerogams biodiversity. *In*: Bicudo, C.E. de M. & Menezes, N. A. *Biodiversity in Brazil* — A first approach. São Paulo: CNPq, 1996, p. 119-144.

MEFFE, G.K. & CARROL, C.R. *Principles of Conservation Biology.* Sunderland: Sinauer, 1997.

MITTERMEIER, R.A., Gil, P.R. & MITTERMEIER, C.G. *Megadiversity*: Earths's Biologically Wealthiest Nations. CEMEX. Cidade do México: Agrupación Sierra Madre, 1997.

MOTTA, R. S. da. Brasília: *Manual para Valoração dos Recursos Ambientais.* IPEA/MMA/ PNUD/CNPq, 1998.

NAVEH, Z. & LIEBERMAN, A.S. *Landscape Ecology*: Theory and Application. Nova York: Springer Verlag, 1984.

OLDEMAN, R.A.A. *Forests: Elements of Silvology.* Berlim: Springer-Verlag, 1990.

OLSON, D.M. & DINERSTEIN, E. The Global 200: a representation approach to conserving the earth's most biologically valuable ecorregions. *Conservation Biology,* 1998: 12, p. 503-515.

ORIANS, G.H., DIRZO, R. & CUSHMAN, J.H. *Biodiversity and Ecosystem Processes in Tropical Forests.* Berlim: Springer Verlog, 1996.

PEARCE, D. & MORAN, D. *The Economic Value of Biodiversity.* Londres: Earthscan / IUCN, 1994.

PETERS, C.M.; GENTRY, A.H. & MENDELSOHN, R.O. Valuation of an Amazonian rainforest. *Nature,* 1989: 339, p. 655-656.

PICKETT, S.T.A. & WHITE, P.S. *The Ecology of Natural Disturbance and Patch Dynamics.* Londres: Academic Press, 1985.

PICKET, S.T.A.; PARKER, V.T. & FIEDLER, P.L. The new paradigm in Ecology: Implications for Conservation Biology above the species level. *In*: Fiedler P.L. & Jain, S.K. (eds.) *Conservation Biology.* Nova York: Chapman & Hall, 1992, pp. 65-88.

POORE, D. & SAYER, J. *The Management of Tropical Moist Forest Lands* — ecological guidelines. 2ª ed. Cambridge: IUCN, 1991.

POORTER, L., JANS, L., BONGERS, F. & VAN ROMPAEY, S.A.R. Spatial distribution of gaps along three catenas in the moist forest of Tai National Park, Ivory Coast. *J. Trop. Ecol.,* 1994: 10, p. 385-398.

PRANCE, G.T. American tropical forests. *In*: LIETH, H. & WERGER, M.J.A. (eds.) *Tropical Rain Forest Ecosystems* — Biogeographical and Ecological Studies. Ecosystems of the World 14B. Amsterdã: Elsevier, 1989, p. 99-132.

RANTA, P., BLOM, T., NIEMELA, J., JOENSU, E. & SIITONEN, M. The fragmented Atlantic rain forest of Brazil: size, shape and distribution of forest fragments. *Biodiversity and Conservation,* 1998: 7, p. 385-403.

RANZI, A. *Paleoecologia da Amazônia* — Megafauna do Pleistoceno. Florianópolis: Ed. da UFSC, 2000.

REY-BENAYAS, J.M. & POPE, K.O. Landscape ecology and diversity patterns in the seasonal tropics from Landsat TM imagery. *Ecol. Appl.,* 1995: 5, p. 386-394.

RUNKLE, J.R. Synchrony of regeneration, gaps, and latitudinal differences in tree species diversity. *Ecology,* 1989: 70, p. 546-547.

SANCHEZ, R.O. & SILVA, T.C. da. Zoneamento ambiental: uma estratégia de ordenamento da paisagem. *Cad. Geog.,* 1995: 14, p. 47-53.

SCATENA, F.N. & LUGO, A.E. Geomorphology, disturbance, and the soil and vegetation of two subtropical wet steepland watersheds of Puerto Rico. *Geomorphology,* 1995: 13, p. 199-213.

SCHELHAS, J. & GREENBERG, R. *Forest Patches in Tropical Landscapes.* Washington: Island Press, 1996.

SCHULZE, E.-D. & MOONEY, H.A. *Biodiversity and Ecosystem Function.* Berlim: Springer Verlag, 1994.

SKOLE, D. & TUCKER, C. Tropical deforestation and habitat fragmentation in the Amazon: satellite data from 1978 to 1988. *Science,* 1993: 260, p. 1905-1910.

SOS Mata Atlântica. *Workshop Mata Atlântica* — Problemas, Diretrizes e Estratégias de Conservação. São Paulo: Fund. S.O.S. Mata Atlântica, 1990.

SPELLEBERG, I.F. *Evaluation and Assessment for Conservation.* Chapman & Hall, 1992.

STRONG, D.R. Jr. Epiphyte loads, tree falls and perennial disruption: A mechanism for maintaining higher tree species richness in the tropics whithout animals. *J. Biogeogr.,* 1977: 14, p. 215-218.

TERBORGH, J. *Diversity and the Tropical Rain Forest.* Nova York: Scientific American Library, 1992a.

_____. Maintenance of diversity in tropical forests. *Biotropica,* 1992b: 24, p. 283-292.

THOMAS, W.W. & CARVALHO, A.M. *Projeto Mata Atlântica Nordeste.* Estudo fitossociológico de Serra Grande, Uruçuca, Bahia, Brasil. 44º Congr. Bras. Bot. Resumos. Vol. 1. Salvador, 1993, 224 p.

TROUBER, L.; SMALING, E.M.A.; ANDRIESSE, W. & HAKKELING, R.T.A. *Inventory and Evaluation of Tropical Forest Land.* Tropenbos Tech. Series, 4ª Periódico, 1989.

VIANA, V.M. & TABANEZ, A.A.J. Biology and conservation of forest fragments in the Brazilian Atlantic moist forest. *In*: Schellas, J. & Greenberg, R., (eds.) *Forest Patches in Tropical Landscapes.* Washington Island Press, 1996, pp. 151-167.

VIANA, V.M.; TABANEZ, A.A.J. & BATISTA, J.L.F. Dynamics and restoration of forest fragments in the Brazilian Atlantic moist forest. *In*: Laurance, W.F. & Bierregard-Jr, R.O. (eds.) *Tropical Forest Remnants*: ecology, management, and conservation of fragmented communities. Chicago: The Univ. of Chicago Press, 1997, pp. 351-365.

VINK, A.P.A. *Landscape Ecology and Land Use.* Londres: Longman, 1983.

WALDHOFF, P. & VIANA, V.M. Efeito de borda em um fragmento de Mata Atlântica em Linhares. *In: 7º. Anais do Congr. Florestal Brasileiro/1º Congr. Florestal Panamericano.* Curitiba, 1993, p. 41-44.

WARING, R.H. & RUNNING, S.W. *Forest Ecosystems* — Analysis at multiple scales. San Diego: Academic Press. 1998.

WARING, R.H. & SCHLESINGER, W.H. *Forest Ecosystems:* concepts and management. San Diego: Academic Press, 1985.

WCMC. *Global Biodiversity*. Status of the Earth's living resources. Londres: Chapman & Hall, 1992.

WEBB, S.D. & RANZI, A. Late Cenozoic Evolution of the Neotropical Mammal Fauna. *In:* J.B.C. Jackson, A.F. Budd & A.G. Coates (eds.) *Evolution and Environment in Tropical America.* Chicago: The University of Chicago Press, 1996, pp. 303-358.

WHITMORE, T.C. & PRANCE, G.T. *Biogeography and Quaternary History in Tropical America.* Oxford: Clarendon Press, 1987.

WILCOX, B.A. Tropical forest resources and biodiversity: the risks of forest loss and degradation. *Unasylva,* 1995: 181(46), p. 43-49.

WILSON, E.O. & PETER, F.M. *Biodiversity.* Washington: National Academy Press, 1988.

CAPÍTULO 5

Os Parques e Reservas como Instrumentos do Ordenamento Territorial

Luiz Renato Vallejo

A criação de Unidades de Conservação, incluindo os parques e reservas florestais, é considerada uma das principais ações de governo e também da iniciativa privada, visando à preservação e conservação da biodiversidade, além de outros objetivos, como o turismo e o lazer das populações. O processo de delimitação de "áreas especiais" é uma prática bastante antiga, já observada nas sociedades mais tradicionais, fato associado à conservação de recursos naturais e garantia da sobrevivência das tribos. Os parques públicos começaram a surgir no século XIX, nos Estados Unidos, enquanto proposta de preservação das belezas cênicas e proteção dos bens naturais contra a ação deletéria, particularmente da sociedade urbano-industrial. Desde então, foram implantados, até o ano 2000, mais de 28.000 Unidades de Conservação pelo mundo inteiro, destinadas a garantir a perpetuação dos recursos naturais para as gerações futuras e a manutenção de serviços ambientais essenciais para as sociedades. Entretanto, a criação de Unidades de Conservação tem sido acompanhada por críticas severas decorrentes da falta de iniciativas mais eficazes de consolidação territorial pelos governos. Os conflitos de uso com as populações tradicionais e os moradores do entorno são indicativos de que essa forma de intervenção precisa ser conduzida de maneira mais participativa e menos centralizadora. Trata-se, portanto, de um tema relevante para reflexão e exercício sobre o ordenamento territorial, dentro de uma perspectiva de sustentabilidade socioambiental.

1. Origens e Globalização das Políticas de Conservação

A delimitação de áreas visando à preservação de seus atributos naturais evoluiu ao longo da história a partir de suas raízes em atos e práticas das primeiras sociedades humanas. As necessidades de uso imediato e futuro dos recursos envolvendo animais, água pura, plantas medicinais e outras matérias-primas justificavam a manutenção desses sítios, além de se constituírem em espaços de preservação de mitos e ocorrências históricas (Miller, 1997). Tabus, éditos reais e mecanismos sociais comunitários funcionavam — e ainda funcionam em muitos casos — como reguladores do acesso e uso dessas áreas especiais. Mesmo na atualidade, há casos como o dos índios caiapó, perto do Rio Xingu, na Amazônia, que mantêm zonas-tampão entre os lotes agrícolas e a floresta ao redor para resguardar plantas medicinais e animais predadores, que controlam naturalmente as populações daninhas. Também são preservados corredores naturais de matas antigas entre glebas que servem como reservas biológicas e facilitam o reflorestamento de campos antigos (Posey, 1988, *apud* Miller, *op. cit.*).

Existem registros da ocorrência de reservas de caça e de leis de proteção de áreas surgidas no Irã em torno de 5.000 a.C. (Oliveira, 1999). As primeiras evidências sobre o conceito de parque foram encontradas na Mesopotâmia, regiões da Assíria e Babilônia, possivelmente em decorrência da situação de escassez das populações animais (Bennett, 1983).

No Ocidente essa prática é bem mais recente, remontando à Idade Média, quando as classes dominantes da antiga Roma e da Europa medieval destinavam áreas para seu uso exclusivo e alguns reis separavam pequenas áreas para proteção de determinadas espécies (Rocha, 2002).

A preservação da maioria dessas áreas relacionava-se com os interesses da realeza e da aristocracia rural. O objetivo principal era a manutenção dos recursos faunísticos e de seus respectivos hábitats, visando ao exercício da caça e/ou à proteção de recursos florestais com fins de uso imediato ou futuro.

Com a Revolução Industrial vieram transformações políticas, culturais, econômicas, sociais e ambientais. A acumulação capitalista e a expansão dos mercados foram fundamentais para essas mudanças. A agricultura tornou-se mais especializada para suprir as demandas da indústria européia. No século XIX, as premissas capitalistas centradas nos significados da produção (terra, trabalho e capital) foram se consolidando, e a economia clássica, ao tratar os recursos da Terra como mercadoria, considerava irrelevante a degradação ambiental. Tais idéias aliadas ao incremento industrial promoveram grande avanço da degradação dos recursos naturais e, concomitantemente, redução dos espaços nativos. Os problemas ambientais, além de atingirem as colônias por conta da intensa exploração de recursos, manifestavam-se também nas sedes dos próprios países industrializados (Oliveira, *op. cit.*).

Avanços da História Natural e, sobretudo, os problemas gerados pelo crescimento desordenado das cidades acabaram contribuindo para a valorização da vida no campo e no mundo rural. A aristocracia fugia dos centros urbanos poluídos, a literatura e a pintura começaram a valorizar lugares de enlevo e fonte de renovação espiritual. Mas somente após a Revolução Industrial começaram a surgir movimentos mais abrangentes de proteção de áreas naturais com a finalidade de uso público. Esse fato deveu-se, possivelmente, ao crescente número de pessoas em rotinas de trabalho fabris que demandavam espaços para recreação ao ar livre (Milano, 2000).

Foi nos Estados Unidos, no final do século XIX, que se empregou efetivamente o conceito de parque nacional como área natural e selvagem, logo após o extermínio quase total das comunidades indígenas e a expansão das fronteiras para o Oeste. Com a consolidação do capitalismo americano e a urbanização acelerada, propunha-se reservar grandes áreas naturais à disposição das populações urbanas para fins de recreação. Em 1872, após a realização de vários estudos, foi delimitada a primeira área com status de parque nacional do mundo, o de Yellowstone, passando a ser uma região reservada e proibida de ser colonizada, ocupada ou vendida segundo as leis americanas (Miller, 1980, *apud* Diegues, 1993).

Segundo Quintão (1983), o modelo americano difundiu-se pelo mundo e surgiram parques no Canadá (1885), na Nova Zelândia (1894), na Austrália e na África do Sul (ambos em 1898). Com a virada do século XX, a criação dos novos parques agregou outras motivações além da proteção de belezas cênicas, como a preservação da biodiversidade florística e faunística e dos bancos genéticos. Por isso, as áreas naturais protegidas passaram a servir também como laboratórios para a pesquisa básica em ciências biológicas.

Entretanto, a expansão do modelo americano de preservação trouxe problemas para a permanência das chamadas *populações tradicionais* que ocupavam áreas naturais em diversos países. Foi o caso dos Maasai, no Quênia, dos Ik em Uganda e dos pescadores artesanais no Canadá (West & Brechin, 1991, *apud* Brito, 2000).

Com a diversificação dos objetivos nos diferentes países e conseqüente aumento da complexidade do tema, foi necessário estabelecer conceitos e diretrizes mais gerais em nível mundial. Diversos encontros em escala mundial e continental ocorreram desde então, destacando-se:

- a Convenção para Preservação da Fauna e Flora em Estado Natural (Londres, 1933);
- a Convenção Pan-americana de Proteção da Natureza e Preservação da Vida Selvagem do Hemisfério Ocidental (Washington, 1940);
- o congresso organizado pelo governo francês e pela Organização das Nações Unidas para a Educação, Ciência e Cultura (Unesco) em 1948, quando foi fundada a União Internacional para a Proteção da Natureza (UIPN), posteriormente denominada União Internacional para a Conservação da Natureza (UICN), englobando agências governamentais e não-governamentais, e que passou a coordenar e iniciar trabalhos de cooperação internacional no campo da conservação da natureza;
- as assembléias anuais da UICN, realizadas a partir de 1960, e
- os Congressos Internacionais de Parques Nacionais, realizados a cada 10 anos, desde 1962.

A realização desses encontros resultou em várias mudanças conceituais e nas perspectivas de criação e gestão das unidades de conservação pelo mundo, além de desempenharem um papel organizador e coordenador de políticas de conservação. Além dos parques, surgiram novas categorias de manejo, como as Reservas Naturais, Monumentos Naturais, Reservas Silvestres, Reservas da Biosfera, entre outras.[43] As perspectivas de criação também se diversificaram. A partir do III Congresso Mundial de Parques Nacionais, em 1982, firmou-se uma nova estratégia em que os parques nacionais e outras unidades de conservação só teriam sentido com a elevação da qualidade de vida da população dos países em vias de desenvolvimento. Reafirmaram-se os direitos das sociedades tradicionais e sua determinação social, econômica, cultural e espiritual, recomendando-se aos responsáveis pelo planejamento e manejo das áreas protegidas que respeitassem a diversidade dos grupos étnicos e utilizassem suas habilidades. As decisões de manejo deveriam ser conjuntas com as autoridades, considerando-se a variedade de circunstâncias locais. Dessa forma, questionou-se definitivamente a visão romântica das áreas de preservação como paraísos protegidos, um dos ideais norteadores da criação do Parque Nacional de Yellowstone.

Os propósitos atuais da política mundial de criação de unidades de conservação no âmbito nas diferentes categorias de manejo são:

1. pesquisa científica;
2. proteção da vida selvagem;
3. preservação de espécies e da diversidade genética;
4. manutenção dos serviços de meio ambiente;
5. proteção de aspectos naturais e culturais específicos;
6. recreação e turismo;
7. educação;
8. uso sustentável de recursos de ecossistemas naturais e
9. manutenção de atributos culturais tradicionais.

---

[43] Desde os anos 50 houve uma grande expansão no estabelecimento de áreas naturais protegidas. Até 1949 havia apenas 407 áreas protegidas em todo o mundo, e dados recentes do World Resources Institute (2000-01) informam a existência de 28.442 unidades de conservação terrestres (categorias I a V da UICN, 1994), perfazendo mais de 850 milhões de hectares dentro dos Sistemas Nacionais de Proteção.

No Brasil, a principal referência é a Lei 9.985, de 18 de julho de 2000,[44] que estabeleceu o Sistema Nacional de Unidades de Conservação (SNUC), em que foram definidos critérios e normas para a implantação e gestão das unidades de conservação. Os objetivos do SNUC, explicitados em seu art. 4º, praticamente são os mesmos que foram listados pela UICN.

2. OS GRANDES ARGUMENTOS PARA A CONSERVAÇÃO DA BIODIVERSIDADE E A CRIAÇÃO DE UNIDADES DE CONSERVAÇÃO

É importante, neste momento, discorrer sobre uma questão fundamental: qual a importância de se criarem unidades de conservação e que motivos justificam o fortalecimento de suas territorialidades?

Ao longo da história, inúmeros registros de atitudes humanas expressam o reconhecimento da necessidade de estabelecer o controle do homem sobre ele próprio, protegendo a natureza, seja por questões práticas de exploração de recursos naturais, seja por crenças religiosas abstratas. Independentemente dos debates políticos e acadêmicos que se processam, esse controle continua ocorrendo (Milano, *op. cit.*). Para dar suporte a essa discussão, acredita-se que um dos temas fundamentais de debate esteja na agregação de "valor" ao espaço e, por conseguinte, aos recursos espaciais, incluindo a questão da conservação da biodiversidade.

Em qualquer época e em qualquer lugar, a sociedade valoriza o espaço. As sociedades humanas para reproduzirem as condições de sua existência estabeleceram relações vitais com o seu espaço. Segundo a perspectiva marxista (*apud* Moraes & Da Costa, 1987), o trabalho é o mediador universal dessa relação e fonte do valor e da valorização. Cada modo de produção terá sua forma particular de valorização. A relação sociedade-espaço é uma relação valor-espaço, pois é substantivada pelo trabalho humano. Por isso, a apropriação de recursos do próprio espaço, a construção de

---

[44] Regulamentada parcialmente pelo Decreto Federal 4.340, de 22/8/2002.

formas humanizadas sobre o espaço e a conservação de seus atributos naturais e culturais representam criação de valor.

Sob certos aspectos, as áreas "virgens" representam para a sociedade, em geral, e para o capitalismo, em particular, reservas territoriais (com todos os recursos ali contidos) estratégicas para valorização futura ou reservas naturais sob a tutela do Estado, que procura preservar-lhes o aspecto natural primitivo.

Seguindo esse critério, as Unidades de Conservação são componentes dessa categoria. A criação de um parque pelo Poder Público significa a produção de um território cujos objetivos estão voltados para a proteção de atributos naturais valorizados pela sociedade no presente e para as gerações futuras.

O desenvolvimento recente de novas disciplinas associadas à conservação da natureza, entre elas a Biologia da Conservação[45] e a Economia Ecológica,[46] ajudou na conformação de novos argumentos relacionados à valorização dos bens naturais e sua conservação. No âmbito da Economia Ecológica associada com a biodiversidade das espécies, foram desenvolvidas várias abordagens para atribuir valores econômicos à variabilidade genética, às espécies, às comunidades e aos ecossistemas. Numa delas, desenvolvida por McNeely & McNeely *et al.* (*apud* Primack & Rodrigues, 2001), são relacionados valores econômicos diretos e indiretos, conforme apresentado resumidamente no Quadro 1.

---

[45] A *Biologia da Conservação* evoluiu, principalmente, ao longo dos anos 90, sendo uma espécie de fusão entre teoria, pesquisa, experiências de projetos aplicados e de políticas públicas. As preocupações com a perda da biodiversidade em todo o mundo e a busca de alternativas de sustentabilidade estão entre seus principais objetivos (Primack & Rodrigues, 2001).

[46] A expressão *Economia Ecológica* refere-se a esforços colaborativos para estender e integrar o estudo e o gerenciamento do *lar da natureza* (ecologia) e do *lar da humanidade* (economia) (Constanza, 1989, *apud* May, 1995). A economia ecológica tem como parâmetros gerais de trabalho os limites dos ecossistemas e a valoração dos custos ambientais, assim como os benefícios de caminhos alternativos de desenvolvimento (May, *op. cit.*).

Quadro 1 — Valores econômicos diretos e indiretos associados à preservação da biodiversidade das espécies e dos ecossistemas (baseado em McNeely e McNeely *et al.*, *apud* Primack & Rodrigues, 2001; adaptado pelo autor)

Valores Econômicos Diretos	
Produtos que são diretamente colhidos e usados pelas pessoas	
Valor de consumo	• Mercadorias, como lenha, plantas medicinais e animais de caça, consumidos internamente, mas que não aparecem nos mercados nacionais e internacionais. Usados na subsistência, sem ser contabilizados nos cálculos dos PIBs nacionais porque não são comprados nem vendidos. Particularmente importantes para as comunidades rurais e sociedades tradicionais em países em desenvolvimento.
Valor produtivo	• Produtos extraídos do ambiente e vendidos no comércio nacional ou internacional. São extraídos do ambiente e depois vendidos no mercado, e, entre os de maiores vendas, estão lenha, madeira para construção, peixes e mariscos, plantas medicinais, frutas e vegetais, carne e pele de animais silvestres, fibras, mel, cera de abelha, tinturas naturais, algas marinhas, forragem animal, perfumes naturais, cola e resina de plantas. Podem ser produzidos em plantações e fazendas, e outros podem ser cultivados em laboratório. Essas colônias, em geral, provêm de áreas silvestres e são fonte de material para melhoramento genético de populações domesticadas.
Valores Econômicos Indiretos	
Estão associados aos processos ambientais e serviços proporcionados por ecossistemas, que geram benefícios econômicos sem que haja qualquer forma de exploração econômica direta	
Valor não-consumista	*1. Produtividade dos ecossistemas* — a captação de energia solar armazena biomassa, que é aproveitada de forma direta ou indireta pela humanidade através das cadeias alimentares. A captação de CO_2 e a liberação de O_2 fazem parte do processo.

	2. *Proteção da água e dos recursos do solo* — proteção de bacias hidrográficas, controle de enchentes ou secas e manutenção da qualidade da água. 3. *Controle climático* — moderação do clima local, regional e até global. Manutenção de processos climáticos essenciais, como o ritmo das chuvas. Manutenção da qualidade do ar atmosférico. 4. *Controle de dejetos* — degradação e imobilização de poluentes, como metais pesados, pesticidas e esgotos jogados pelo homem. 5. *Relacionamento entre espécies* — muitas espécies aproveitadas e apreciadas pelo homem dependem de outras espécies silvestres para continuação de sua existência. Logo, o declínio de uma espécie nativa pode acarretar o declínio de uma espécie utilizada economicamente. 6. *Recreação e turismo* — o enfoque central do lazer é o prazer não-consumista advindo da natureza através de atividades diversas. Esse valor é, às vezes, chamado de *valor de amenidade* e está associado com a conservação dos espaços nativos. Esse valor pode ser estimado pela movimentação de pessoas que participam de atividades e pelos recursos financeiros auferidos com viagens, hospedagens, restaurantes, bilheterias, equipamentos, etc. 7. *Valores educacional e científico* — um número considerável de pesquisadores e amadores engaja-se em observações ecológicas que têm valor de uso não-consumista na forma de emprego e dinheiro gasto com produtos e serviços. Atividades científicas fornecem benefícios econômicos para as áreas próximas de reservas protegidas, e seu valor real está na possibilidade de aumentar o conhecimento humano, melhorar a educação e enriquecer a experiência humana. 8. *Indicadores ambientais* — espécies particularmente sensíveis às toxinas químicas podem servir como *sistema de alerta* para monitoramento da saúde do ambiente, servindo até como substitutos de equipamentos caros de detecção (liquens, moluscos, algas, etc.).
Valor de opção	• Potencial que uma espécie tem para fornecer um benefício econômico para a sociedade em algum momento no futuro. Assim como mudam as necessidades da sociedade, a solução de alguns problemas pode vir com animais ou plantas ainda não estudados e considerados previamente.

A dimensão ética	• Uma abordagem complementar para a proteção da diversidade biológica é a mudança de valores de nossa sociedade materialista. Além dos argumentos econômicos, não se pode prescindir de aspectos éticos. Muitas religiões, filosofias e culturas se utilizam de fortes argumentos éticos e que, em geral, são facilmente entendidos pelo grande público.

Em resumo, todos os níveis de diversidade biológica participam, direta ou indiretamente, na sobrevivência das espécies e das comunidades naturais, tendo sua importância para os grupamentos humanos por múltiplas razões. A biodiversidade gera recursos e alternativas, atuais e futuras, de recursos às sociedades. Por exemplo, a diversidade genética é necessária na manutenção da vitalidade reprodutiva das espécies, na resistência às doenças e na habilidade de se adaptar às mudanças. Os serviços ambientais proporcionados pelos ecossistemas (controle de enchentes, oferta de água, manutenção dos microclimas, proteção contra a erosão, etc.) dependem do equilíbrio das relações no interior das comunidades biológicas. Além da importância de se compreender tecnicamente o papel dessas relações, faz-se necessária a incorporação cultural (agregação de valor) dessa dimensão às práticas sociais da humanidade.

3. Diretrizes Metodológicas de Planejamento de Unidades de Conservação

3.1. Aspectos Introdutórios

A proposta de desenvolvimento deste item tem por finalidade apresentar as bases metodológicas para a elaboração de planos de ordenamento territorial nas Unidades de Conservação. Desse modo, pretende-se dar um sentido mais prático e objetivo à apresentação, sem esquecer os aspectos subjetivos (políticos) inerentes à própria discussão do tema. Mas, antes de iniciar a apresentação propriamente dita, consideramos importante e necessário tecer comentários sobre questões conceituais acerca das Unidades de Conservação, tendo como base o texto da Lei Federal 9.985, de 18/7/2000, que dispõe sobre o Sistema Nacional de Unidades de Conservação (SNUC).

No Brasil, as Unidades de Conservação são divididas em duas grandes categorias com características específicas: as *Unidades de Proteção Integral* e as *Unidades de Uso Sustentável*. No primeiro grupo, o objetivo básico é a preservação da natureza, sendo admitido apenas o uso indireto dos seus recursos naturais, com exceção dos casos previstos na lei. No segundo grupo, tem-se como meta principal compatibilizar a preservação da natureza com o uso sustentável de parcela dos recursos naturais da área. No Quadro 2 são apresentadas as diversas classes de Unidades de Conservação e suas respectivas finalidades:

Quadro 2 — Classes de Unidades de Conservação no Brasil com base na Lei Federal 9.985 (Capítulo III, art. 7º)[47]

Unidades de Proteção Integral	
Estações Ecológicas	Preservação da natureza e realização de pesquisas científicas. É proibida a visitação pública, exceto quando com objetivo educacional, de acordo com o que dispuser o Plano de Manejo da unidade ou regulamento específico. São de posse e domínio públicos.
Reservas Biológicas	Preservação integral da biota e demais atributos naturais existentes em seus limites, sem interferência humana direta ou modificações ambientais, excetuando-se as medidas de recuperação de seus ecossistemas alterados e as ações de manejo necessárias para recuperar e preservar o equilíbrio natural, a diversidade biológica e os processos ecológicos naturais. São de posse e domínio públicos.
Parques Nacionais	Preservação de ecossistemas naturais de grande relevância ecológica e beleza cênica, possibilitando a realização de pesquisas científicas e o desenvolvimento de atividades de educação e

---
[47] Adaptado pelo autor com base na Lei Federal 9.985.

	interpretação ambiental, de recreação em contato com a natureza e de turismo ecológico. São de posse e domínio públicos.
Monumentos Naturais	Preservação de sítios naturais raros, singulares ou de grande beleza cênica. Podem ser constituídos por áreas particulares.
Refúgios de Vida Silvestre	Proteção de ambientes naturais onde se asseguram condições para a existência ou reprodução de espécies ou comunidades da flora local e da fauna residente ou migratória. Podem ser constituídos por áreas particulares.
Unidades de Uso Sustentável	
Áreas de Proteção Ambiental (APAs)	Áreas em geral extensas, com certo grau de ocupação humana, dotadas de atributos abióticos, bióticos, estéticos ou culturais especialmente importantes para a qualidade de vida e o bem-estar das populações humanas, tendo como objetivos básicos proteger a diversidade biológica, disciplinar o processo de ocupação e assegurar a sustentabilidade do uso dos recursos naturais. São constituídas por terras públicas e/ou privadas.
Áreas de Relevante Interesse Ecológico	Áreas em geral de pequena extensão, com pouca ou nenhuma ocupação humana, com características naturais extraordinárias ou que abrigam exemplares raros da biota regional, tendo como objetivo manter os ecossistemas naturais de importância regional ou local e regular seu uso admissível, de modo a compatibilizá-lo com os objetivos de conservação da natureza. São constituídas por terras públicas e/ou privadas.
Florestas Nacionais	Áreas com cobertura florestal de espécies predominantemente nativas, tendo como objetivo básico o uso múltiplo sustentável dos recursos florestais e a pesquisa científica, com ênfase em métodos para exploração sustentável de florestas nativas. São de posse e domínio públicos.
Reservas Extrativistas	Áreas utilizadas por populações extrativistas tradicionais, cuja subsistência baseia-se no extrativismo e, complementarmente, na agricultura de subsistência e na criação de animais de pequeno porte, tendo como objetivos básicos proteger os meios de vida e a cultura dessas populações e assegurar o uso sustentável dos recursos naturais da unidade. São de domínio público, com uso concedido às populações extrativistas tradicionais.

Reservas de Fauna	Áreas naturais com populações animais de espécies nativas, terrestres ou aquáticas, residentes ou migratórias, adequadas para estudos técnico-científicos sobre o manejo econômico sustentável de recursos faunísticos. São de posse e domínio públicos.
Reservas de Desenvolvimento Sustentável	Áreas naturais que abrigam populações tradicionais, cuja existência baseia-se em sistemas sustentáveis de exploração dos recursos naturais, desenvolvidos ao longo de gerações e adaptados às condições ecológicas locais e que desempenham um papel fundamental na proteção da natureza e na manutenção da diversidade biológica. Têm como objetivo básico preservar a natureza e, ao mesmo tempo, assegurar as condições e os meios necessários para a reprodução, a melhoria dos modos e da qualidade de vida e exploração dos recursos naturais das populações tradicionais, bem como valorizar, conservar e aperfeiçoar o conhecimento e as técnicas de manejo do ambiente, desenvolvidos por essas populações. São de domínio público.
Reserva Particular do Patrimônio Natural (RPPN)	Área privada, gravada com perpetuidade, com o objetivo de conservar a diversidade biológica. Só poderão ser permitidas, na Reserva Particular do Patrimônio Natural, conforme se dispuser em regulamento, a pesquisa científica e a visitação com objetivos turísticos, recreativos e educacionais. É de domínio privado.

Como observado, as Unidades de Conservação do primeiro grupo são mais restritivas ao uso e situam-se, principalmente, como áreas de domínio público e controle estatal. Esse controle, incluindo as práticas de gestão, pode ocorrer nas esferas dos governos federal, estadual ou municipal. O que vai definir essa participação é a própria extensão da área, sua importância quanto aos recursos ambientais para o país e, portanto, o exercício do controle político territorial. No presente capítulo, iremos nos concentrar nas diretrizes de planejamento relativas aos parques e reservas biológicas.

3.2. MECANISMOS E CRITÉRIOS PARA O ESTABELECIMENTO DE ÁREAS PROTEGIDAS

Até os anos 70 não existia um conjunto sistematizado de princípios científicos para a seleção e estabelecimento de áreas protegidas. Atualmente são apresentados e debatidos diversos critérios de formulação das políticas públicas específicas voltadas para sua criação e consolidação. Em primeiro lugar, temos a seleção de áreas, que pode ser orientada pelos seguintes critérios: *econômicos, político-institucionais* e/ou *ecológicos*.

O critério econômico pode ser orientado por três abordagens: eficiência econômica, análise custo-benefício e os padrões mínimos de segurança. No primeiro o objetivo é a maximização do retorno biológico de conservação pelo menor custo possível. A análise custo-benefício baseia-se na valoração monetária ou energética a partir de valores comerciais ou estimados. Os padrões mínimos de segurança têm por objetivo assegurar a proteção de porções mínimas necessárias à conservação das espécies (ver Morsello, 1999, p. 341).

O critério político-institucional varia muito conforme a situação regional. Um dos mais importantes é a presença ou não de população e sua participação na criação das áreas protegidas. O modelo mais usado, na maioria dos casos, é o das áreas remanescentes e das terras desprovidas de habitantes (Morsello, *op. cit.*, p. 342). No Brasil, esse critério tem norteado o estabelecimento da maioria das áreas protegidas, particularmente no caso da ação governamental. Ele costuma estabelecer as terras que serão convertidas em áreas protegidas, promulgando as leis que irão possibilitar e limitar o uso dos recursos. Além disso, a aquisição de terras por pessoas físicas e organizações de conservação também tem contribuído para as metas de proteção de determinadas áreas.[48] O envolvimento popular através de ONG vem se tornando cada vez mais comum ao longo das últimas décadas, principalmente no caso de remanescentes florestais localizados próximo ou no interior das áreas urbanizadas. Exemplifica-se o caso do

---

[48] Muitas organizações privadas têm atuado na proteção de áreas, como no caso da Fundação O Boticário, a Fundação Biodiversitas e a Nature Conservancy (Primack & Rodrigues, *op. cit.*).

Parque Estadual da Serra da Tiririca, localizado entre os municípios de Niterói e Maricá (RJ), criado em 1991. As parcerias entre governos de países ricos e organizações internacionais (bancos multinacionais) também vêm ocorrendo com freqüência. As organizações entram com recursos financeiros, treinamento, assistência científica e administrativa para ajudar o governo a estabelecer uma nova área de proteção.

Existe ainda o processo de delimitação de áreas para proteção de grupamentos tradicionais que desejam manter o seu modo de vida. No caso brasileiro, isso pode ocorrer na criação de unidades do tipo *Uso Sustentável*, particularmente nas Reservas Extrativistas e Reservas de Desenvolvimento Sustentável (ver Quadro 2). Considerando que no Brasil os parques e reservas são enquadrados como em unidades de *Proteção Integral*, essa possibilidade deixa de existir.

Em relação aos critérios *ecológicos,* devem ser definidas prioridades para a proteção das áreas. Segundo Johnson (1995), três questões precisam ser respondidas em relação à conservação da biodiversidade: *o que* precisa ser protegido, *onde* e *como* deve ser protegido. Na tentativa de fornecer as respostas para essas questões, três referências podem ser utilizadas:

1. *Diferenciação* — A prioridade recai sobre as comunidades biológicas quando elas se compõem de espécies endêmicas raras, mais do que aquelas formadas por espécies comuns e amplamente disseminadas.
2. *Perigo* — Espécies ou comunidades ameaçadas e em perigo de extinção merecem uma atenção prioritária no processo de preservação de áreas.
3. *Utilidade* — As espécies de valor atual ou potencial têm mais importância para a conservação do que as espécies sem uso evidente para as pessoas. Nesse caso, destacam-se as espécies selvagens parentes de espécies utilizadas pela sociedade, como o arroz, potencialmente úteis no melhoramento genético das variedades cultivadas.[49]

---

[49] Esse critério de utilidade é polêmico, posto que uma espécie sem valor aparente na atualidade poderá tornar-se importante quando novas pesquisas científicas demonstrarem o contrário.

Primack & Rodrigues (*op. cit.*) exemplificam o caso do monocarvoeiro (*Brachyteles arachnoides*) como espécie de alta prioridade para conservação, usando-se os três critérios citados: é a única espécie do seu gênero, maior primata do continente americano e maior mamífero endêmico do território brasileiro (*diferenciação*), encontrado apenas na mata atlântica, onde se concentra a maior parte da população brasileira (*perigo*), e tem importante potencial como atração turística (*utilidade*). Devemos assinalar que o destaque de uma determinada espécie para aplicação dos critérios citados é apenas um referencial para garantir a proteção de inúmeras outras formas de vida que integram os hábitats e respectivos ecossistemas. Quando se elege um elemento da *fauna carismática*,[50] que cativa o público, para proteção de determinada área, comunidades inteiras com milhares de espécies são protegidas concomitantemente. Não se trata, portanto, de um processo de fragmentação do conhecimento, mas de uma estratégia da política de conservação.

Considera-se que os mesmos critérios adotados em relação à conservação da biodiversidade aplicam-se perfeitamente às outras características ambientais, como recursos hídricos (superficiais e subterrâneos), características geológicas e geomorfológicas, solos, além dos próprios ecossistemas e seus processos ecológicos básicos, como os fluxos de energia e ciclos minerais. Aliás, muitos pesquisadores têm argumentado que os ecossistemas e suas comunidades devem ser o foco das políticas e esforços de conservação, enquanto o resgate de uma única espécie pode ser caro e ineficaz num país grande como o nosso (Primack & Rodrigues, *op. cit.*, p. 209). A definição de novas unidades de conservação deve tentar assegurar a proteção de representantes do maior número possível de tipos de comunidades biológicas. Com esse objetivo, têm se utilizado alguns métodos para determinação e implantação de programas de conservação de comunidades e espécies, tais como:

---

[50] Expressão utilizada em relação às espécies, como a baleia, o mico-leão-dourado, o boto-cor-de-rosa, urso-panda e outros, que causam empatia nas pessoas (Primack & Rodrigues, *op. cit.*, p. 60).

- *Análise de lacunas* (*Gap Analysis*) — Visa identificar lacunas na preservação da biodiversidade, comparando-se as áreas de proteção já existentes com aquelas propostas (Scott & Davis, 1991). Destacamos, como exemplo, o caso da mata atlântica, cuja história de degradação levou ao processo de fragmentação florestal. A análise das Unidades de Conservação existentes na atualidade tem demonstrado que são insuficientes e mal distribuídas (Silva & Dinnoutti, 2001), e, através da utilização desse método, pode-se indicar a criação de novas áreas que irão viabilizar a proteção das comunidades de forma mais eficiente. A tecnologia dos Sistemas de Informações Geográficas (SIGs) tem sido empregada na análise de lacunas, integrando os dados do ambiente natural com as informações sobre a distribuição dos ecossistemas (Scott & Davis, *op. cit.*), o que possibilita identificar as áreas críticas que necessitam ser incluídas nos parques e reservas e também as áreas que devem ser poupadas nos projetos de desenvolvimento.
- *Centros de biodiversidade* — Através desse método são identificadas áreas-chave (*host spots*) no mundo, ou em outras escalas geográficas menores, que se caracterizam pela grande biodiversidade, altos níveis de endemismo e sob perigo imediato de extinção das espécies. Esse método é utilizado pela UICN, pelo Centro de Monitoramento de Conservação Mundial, além de outros na definição de estratégias mundiais de conservação. Segundo Mittermeier *et al.* (1999, *apud* Primack & Rodrigues, *op. cit.*, p. 217), o cerrado e a floresta atlântica no Brasil se enquadram entre as 25 *host spots* tropicais mais importantes para a preservação. No cerrado, os remanescentes ocupam 20% da área original e somente 1,2% está protegido. Na floresta atlântica, os remanescentes ocupam apenas 7,5%, enquanto as áreas protegidas perfazem 2,7%.
- *Áreas silvestres* — Consistem na indicação de grandes áreas pouco perturbadas pela ação humana com baixa densidade populacional e sem probabilidade de desenvolvimento em futuro próximo. Essas áreas podem atuar como testemunhas das características de comunidades naturais e dos respectivos processos evolutivos sem a interferência humana. Na América do Sul foram indicadas áreas silvestres

de floresta tropical, savanas e montanhas passando pelo Sul das Guianas, sul da Venezuela, norte do Brasil, Colômbia, Peru e Equador (Mittermeier *et al.*, 1999, *apud* Primack & Rodrigues, *op. cit.*, p. 220).

3.3. PLANEJAMENTO DE ÁREAS PROTEGIDAS

O planejamento das unidades de conservação envolve a consideração de diversas questões-chave abrangendo temas como o tamanho, o número, a forma, o grau do isolamento das áreas, entre outros. Shafer (1997), baseando-se em teorias biogeográficas, estabelece uma comparação entre as piores e melhores formas para delimitação de áreas protegidas, conforme apresentado na Figura 3.

Um dos temas mais importantes no processo de criação de áreas protegidas envolve o tamanho. Em geral, considera-se que quanto maior a extensão, melhor. As grandes reservas podem abrigar um número suficiente de indivíduos de espécies de grande porte (os grandes carnívoros, por exemplo), possibilitando manter as populações por um longo prazo. Além disso, nas grandes áreas o efeito de borda é minimizado, além de abrigar mais espécies e apresentar maior diversidade de hábitats que uma área pequena. Por conta disso, existem aqueles que argumentam que as áreas muito pequenas não deveriam ser mantidas, pois são ineficientes para a conservação da biodiversidade. Existem pontos de vista contrários, que defendem as pequenas e bem localizadas reservas como elementos importantes para a manutenção de variedades de hábitats e populações de espécies raras, mais do que seria possível numa grande extensão de área preservada (Simberloff & Gotelli, 1984, *apud* Primack & Rodrigues, *op. cit.*, p. 227). Outros argumentos têm sido considerados, como o fato de que áreas pequenas e próximas a locais densamente habitados servem como centros de estudo e educação ambiental. As áreas menores e bem distribuídas também estariam mais bem protegidas de acidentes, como os grandes incêndios, que podem dizimar uma população inteira em uma única grande reserva. Esses argumentos não se devem contrapor à criação de grandes áreas, mas complementar a discussão do tema e subsidiar as ações de planejamento.

Outro tema-chave para a discussão do planejamento é a forma das áreas. O formato circular minimiza a relação borda/área, e o centro dessas áreas encontra-se mais distante das bordas do que qualquer outra forma. No caso de áreas alongadas, o efeito de borda tende a criar impactos mais facilmente sobre o interior de parques e reservas. Como a criação de áreas protegidas ocorre, em geral, sobre remanescentes de áreas silvestres, esse critério raramente é considerado.

A fragmentação interna dos parques e reservas, ocasionada pela construção de estradas, cercas, produção agrícola, extrativismo de madeira e qualquer outra atividade humana, precisa ser considerada no planejamento. Essas ações podem comprometer as populações (atropelamentos em estradas, contaminação por agrotóxicos utilizados em cultivos, etc.) e facilitar o efeito de borda. Os fluxos migratórios e de genes entre áreas fragmentadas são muito mais improváveis, o que leva ao confinamento, fome e deterioração genética das populações. Uma das formas compensatórias de manejo de parques e reservas em relação a esse problema envolve a formação de *corredores de hábitat,* permitindo que as plantas e animais se dispersem entre as áreas. Essa iniciativa pode trazer alguns inconvenientes, como o trânsito de espécies daninhas e invasoras, além de doenças que poderiam espalhar-se entre as diversas áreas conectadas. Mesmo assim, os corredores não deixam de ser alternativas interessantes para o planejamento das áreas, mas seus efeitos negativos precisam ser previstos e avaliados.

A diversidade de hábitats dentro dos parques e reservas deve ser considerada no planejamento (Figura 3), pois muitas espécies não ficam confinadas em um único local, movendo-se constante ou periodicamente. Os hábitats também devem ser contemplados em sua totalidade, evitando-se a exclusão de porções importantes na dinâmica dos ecossistemas. O critério de delimitação através da bacia hidrográfica é uma das formas de se manter a diversidade de ambientes necessária à manutenção dos processos migratórios mais localizados.

Pior	Melhor
A) Proteção parcial do ecossistema	Proteção total do ecossistema
B) Área protegida menor	Área protegida maior
C) Área fragmentada	Área não fragmentada
D) Menor número de áreas protegidas	Maior número de áreas protegidas
E) Áreas isoladas	Áreas com corredores
F) Hábitat uniforme	Hábitats diversificados (morros, lagos, florestas)
G) Forma irregular	Forma próxima à circular
H) Somente grandes áreas	Mistura de áreas grandes e pequenas
I) Áreas manejadas individualmente	Áreas manejadas regionalmente
J) Exclusão social	Integração social: zonas-tampão

Figura 3 — Princípios de planejamento de áreas protegidas com base em teorias de biogeografia de ilhas, segundo Shafer, 1997 (adaptada pelo autor).

Para finalizar, vale destacar outra questão bem polêmica, mas da maior importância, em relação à participação popular no estabelecimento das áreas protegidas. Como já mencionado, o modelo de criação dos primeiros parques públicos no mundo excluía a possibilidade de permanência das populações tradicionais ou mesmo de outros grupamentos humanos. As experiências adquiridas na gestão de parques e reservas ao longo do tempo demonstraram que o tema precisa ser gerenciado com cuidado para que as áreas protegidas não se tornem foco de conflitos entre governos e populações. A União Internacional de Conservação da Natureza (UICN), em 1994, quando estabeleceu seis categorias de áreas protegidas,[51] orientou sobre a manutenção dos grupamentos humanos tradicionais em quase todas elas, inclusive nos parques e reservas, onde não era admitida essa possibilidade. No Brasil, o SNUC não evoluiu nesse sentido, garantindo a permanência dos povos apenas nas unidades de uso sustentável, particularmente nas reservas extrativistas e nas de desenvolvimento sustentável (Quadro 3).

Independentemente dessa discussão, há uma grande necessidade de articulação entre os responsáveis pela gestão das áreas protegidas e as populações residentes e/ou do entorno de parques e reservas. Existem instrumentos legais que dão suporte a esse processo como no art. 5º do Cap. I do Decreto 4.340, que regulamentou a Lei do SNUC. Consta a *consulta pública para a criação de unidade de conservação com a finalidade de subsidiar a definição da localização, da dimensão e dos limites mais adequados para a unidade.* No art. 17, Cap. V, fica esclarecido que as Unidades de Conservação poderão ter Conselhos Consultivos (Unidades de Proteção Integral) presididos pelo chefe da unidade, que designará os demais conselheiros indicados pelos setores a serem representados (comunidade científica, área de educação, defesa nacional, cultura, turismo, paisagem, arquitetura, arqueologia e povos indígenas e assentamentos agrícolas). Desse modo, já estão configurados os elementos legais para a gestão das questões que possam envolver conflitos com os diversos grupos sociais. Isso significa, entretanto, que os órgãos gestores precisam estar instrumentalizados adequadamente para exercer as funções que lhes cabem.

---

[51] Reserva Natural Estrita, Parque Nacional, Monumento Natural, Área de Manejo de Hábitat ou de Espécies, Paisagem Protegida, Marinha ou Terrestre, e Área Protegida com Recursos Manejados.

3.3.1. Planos de Manejo

A partir do momento em que as áreas de proteção são legalmente estabelecidas por lei ou decreto, há a necessidade de elaboração do Plano de Manejo. Segundo Galante *et alii* (2002),[52] Plano de Manejo é o "documento técnico mediante o qual, com fundamento nos objetivos gerais de uma unidade de conservação, se estabelecem o seu zoneamento e as normas que devem presidir o uso da área e o manejo dos recursos naturais, inclusive a implantação das estruturas físicas necessárias à gestão da unidade". Todo Plano de Manejo deve contemplar três abordagens assim discriminadas:

1. Enquadramento da unidade nos cenários internacional, federal e estadual,[53] destacando-se a relevância e as oportunidades da UC nesses casos.
2. Diagnóstico da situação socioambiental do entorno, a caracterização ambiental e institucional da Unidade de Conservação.
3. Proposições voltadas para a Unidade de Conservação e sua região com a finalidade de minimizar/reverter situações de conflito e otimizar situações favoráveis à Unidade de Conservação, traduzidas em planejamento.

A implementação dessas abordagens se reflete na montagem do próprio documento, que pode apresentar uma estrutura em encartes, conforme ilustrado na Figura 4.

É importante destacar que o planejamento e os respectivos planos não devem ser considerados camisas-de-força, isentos de continuidade, possibilidade de evolução, flexibilidade e participação. A continuidade e a evolução do planejamento envolvem a busca constante de novos conhecimen-

---

[52] Com base no Capítulo I, art. 2º — XVII da Lei 9.985, de 18/7/2000 — do SNUC.

[53] Pertinentes às Unidades de Conservação específicas que contemplem áreas localizadas na fronteira do Brasil com outros países, quando dispuserem de certificação de proteção internacional (Reservas da Biosfera, por exemplo), ou quando englobarem recursos e/ou situações-objeto de convenções, acordos e programas compartilhados pelo Brasil (Galante, M. L. V. *et alii, op. cit.*, p. 18).

tos sobre a área preservada e seu entorno, fornecendo subsídios à atualização das propostas iniciais. Dessa maneira evita-se o distanciamento entre as ações pretendidas e as realidades locais e regionais. Sugere-se o horizonte temporal de até cinco anos para proceder às revisões dos planos de manejo (Galante *et alii, op. cit.*, p. 22).

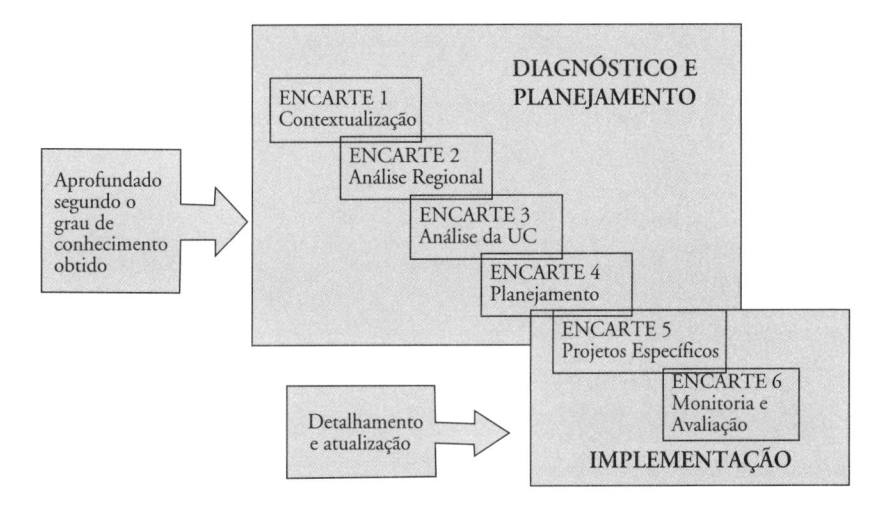

Figura 4 — Estrutura de um plano de manejo, segundo Galante *et alii* (2002).

A flexibilidade é a possibilidade de serem inseridas ou revisadas informações de um plano de manejo sempre que se dispuserem de novos dados, sem perder o enfoque da proteção e dos objetivos específicos do manejo. Isso pode conduzir à necessidade de revisão de todo o documento, corrigindo distorções e dando mais consistência às estratégias de ação.

A participação envolve o compromisso da instituição com a promoção de mudanças na situação existente na Unidade de Conservação e mesmo em suas imediações. Pode haver comprometimento do processo de proteção da área se não houver conscientização ambiental dentro e fora dela. A participação requer a identificação e o envolvimento dos diversos atores (instituições oficiais, ONGs e cidadãos). A Figura 5 apresenta um modelo de planejamento participativo para as Unidades de Conservação de proteção integral sob controle federal, tendo o Ibama como órgão gestor do processo. A participação de instituições de segurança nacional está prevista apenas nos casos em que a área se localiza em faixa de fronteira.

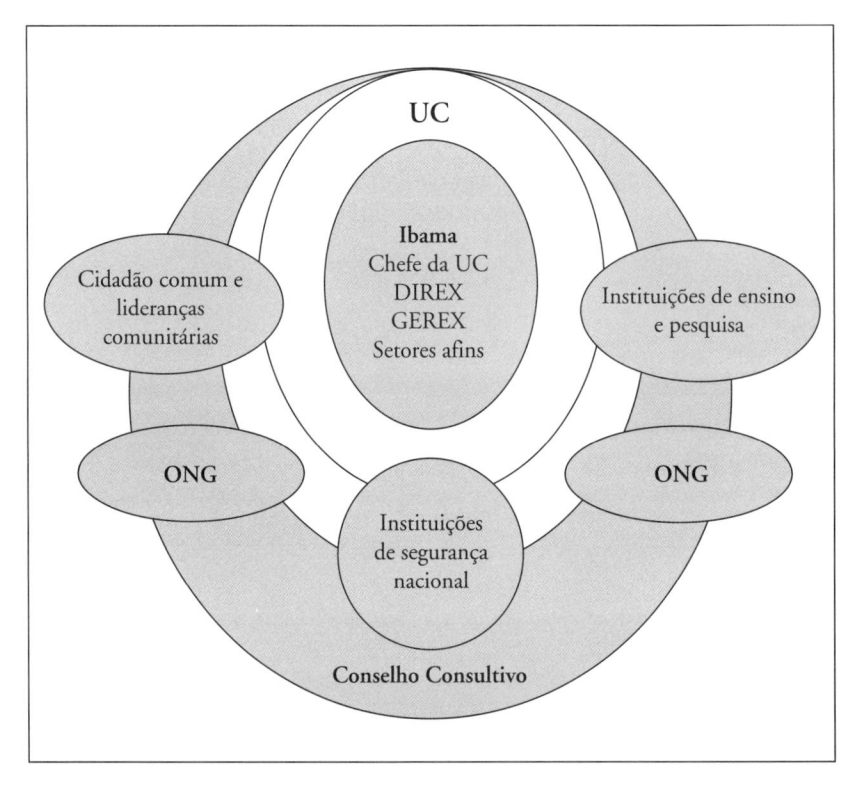

Figura 5 — Modelo de planejamento participativo para Unidades de Conservação de proteção integral, segundo Galante *et alii* (2002).[54]

Haas (2002), ao expor sobre a experiência norte-americana de uso público em áreas protegidas, destaca a participação do setor privado no processo de gestão, particularmente em parques nacionais. Enquanto o governo (agências locais, estaduais e federais) atua basicamente na implan-

---

[54] DIREC/Ibama — Diretoria de Ecossistemas; GEREX/Ibama — Gerência Executiva.

tação e manutenção da infra-estrutura, o setor privado explora os serviços de apoio logístico e turismo nos parques. Os setores não-governamentais (associações, cooperativas, grupos voluntários e "amigos") atuam na condução dos programas educativos, nos projetos especiais, nas pesquisas e em outras atividades, como mostrado no Quadro 3.

Quadro 3 — Serviços públicos mantidos pelos setores governamentais, privados e não-governamentais nos EUA, segundo Haas (2002)

Governo Agências locais, estaduais e federais	Setor Privado Concessionárias e negócios privados	Não-governamental Associações, cooperativas, grupos voluntários, "amigos"
Infra-estrutura • Estradas • Acampamentos rústicos • Estacionamentos • Pontos de apreciação da paisagem • Ancoradouros • Segurança • Sinalização • Atendimento aos visitantes • Pesquisa • Administração de recursos • Serviços de interpretação • Estações de observação da vida selvagem • Centros de visitantes	Serviços • Restaurantes • Lojas de produtos comestíveis • Acampamentos mais sofisticados • Postos de gasolina • Aluguel de carros e barcos • Transportes coletivos • Serviços de guia • Marketing turístico • Coleta de lixo • Manutenção de marinas • Mão-de-obra especializada	Programas • Atividades educativas • Projetos especiais de manutenção • Projetos especiais de construção • Pesquisas especiais/monitoramento • Busca e salvamento • Hospedagem voluntária

Deve-se destacar que os parques nacionais norte-americanos situam-se entre os mais bem administrados da atualidade. O Parque Nacional de Yellowstone, por exemplo, teve orçamento superior a 31 milhões de dólares somente em 2001,[55] valor bem maior do que se tem alocado ao conjunto de diversos parques pelo Brasil. No Rio de Janeiro, por exemplo, estima-se que foram destinados pouco mais de 16 milhões de dólares a todas as Unidades de Conservação estaduais entre 1975 e 2002.[56] Por outro lado, os parques norte-americanos vêm enfrentando ultimamente sérios problemas de gestão devido ao número excessivo de visitantes que se deslocam em busca de lazer, havendo necessidade de estabelecer limites de acesso às pessoas e veículos em geral, o que certamente é uma das questões mais complexas do processo de gestão em parques, ou seja, como torná-los economicamente eficientes sem comprometer as diretrizes de preservação da biodiversidade estabelecidas em seus planos de manejo.

3.3.2. Caracterização de Unidades de Conservação

O adequado conhecimento das realidades regionais (contextualização) das vizinhanças e das áreas internas das Unidades de Conservação representa a base para a produção dos planos de manejo, como mostrado na Figura 2. A caracterização regional objetiva fornecer uma visão global da região onde se localiza a Unidade de Conservação. O grau de detalhamento tem que ser suficiente para promover uma visão de conjunto necessária à interpretação das inter-relações entre a unidade e sua região. Alguns aspectos poderão merecer maior atenção conforme exerçam ou venham a exercer grande influência sobre as áreas preservadas. Magnanini & Nehab (1978) destacam os seguintes temas para levantamento nas escalas regional, de vizinhança e interna, conforme o Quadro 4:

---

[55] http://www.nps.gov/yell/press/archive/2001/0119.htm.
[56] Dados relativos aos orçamentos governamentais obtidos por meio de tese de doutoramento em andamento.

Quadro 4 — Temas para caracterização geográfica de Unidades de Conservação (Magnanini & Nehab, 1978; adaptado por Vallejo)

Regional	Vizinhanças	Área interna da Unidade de Conservação
Aspectos Físicos		
Situação geográfica da região em relação ao país	Definição das áreas circunvizinhas	Localização e delimitação
Clima geral	Dados meteorológicos locais	Dados meteorológicos peculiares
Dados hidrológicos	Dados hidrológicos	Dados hidrológicos peculiares
Geomorfologia regional	Geomorfologia	Dados geomorfológicos peculiares; belezas naturais
Grandes grupos de solos	Principais tipos de solos	Solos dominantes peculiares
Região fitogeográfica	Fitogeografia e formações vegetais; situação da vegetação existente; tendências para alteração da vegetação	Flora; situação da vegetação; espécies dominantes, raras ou a destacar
Região zoogeográfica	Características gerais da fauna	Fauna; situação da fauna encontrada; espécies dominantes, raras ou a destacar
Aspectos Socioeconômicos		
Ocupação humana (demografia, distribuição espacial, principais cidades)	Ocupação humana; colonização e ocupação das terras, cidades e vilas; dados históricos notáveis; padrões culturais e nível	Aspectos quantitativos e qualitativos da ocupação humana; situação fundiária; dados históricos

	de vida; receptividade da população quanto à implantação da Unidade de Conservação	
Atividades econômicas regionais	Atividades florestais, agropastoris, industriais e comerciais	Tipos de atividades; benfeitorias existentes e estado de conservação; sítios de interesse histórico ou folclórico; tendências estimativas sobre visitação (totais, médias, oscilações e piques de visitação); tipos de visitantes
Meios de transporte e vias de acesso principais	Vias de acesso; meios de transporte disponíveis; serviços de infra-estrutura; aspectos sanitários, serviços de abastecimento; potencial de mão-de-obra disponível; assistência técnica disponível; potencial recreativo	Serviços de infra-estrutura; sistema viário interno; meios de transporte disponíveis; aspectos sanitários; serviços de abastecimento; potencial recreativo

Como pode ser observado, o grau de detalhamento dos estudos aumenta proporcionalmente à escala. Os estudos sobre a área interna da unidade precisam ser mais minuciosos do que os levantamentos em escala regional, que entretanto não deve ser considerada uma "ilha de recursos" isolada do contexto regional. A contextualização possibilita a compreensão das relações entre a área e suas vizinhanças, criando as bases de planificação do uso futuro. Faz-se necessária a sua inserção em programas e projetos de desenvolvimento regionais envolvendo temas como a pesquisa científica (Zoologia, Botânica, Ecologia, Hidrologia, Biotecnologia, etc.), o lazer e o turismo, a geração de empregos, etc.

3.3.3. O Zoneamento em Unidades de Conservação

O zoneamento é um instrumento de ordenamento territorial utilizado para se conseguirem determinados resultados no manejo da unidade, estabelecendo usos diferenciados para cada zona, de acordo com seus objetivos.

O Decreto 84.017/1979 estabeleceu o Regulamento dos Parques Nacionais Brasileiros definindo as zonas que precisavam ser delimitadas através dos respectivos planos. Com o advento da Lei 9.985/2000, novas categorias foram incluídas, como discriminado no Quadro 5:

Quadro 5 — Zoneamento para Unidades de Conservação de uso indireto, de acordo com o Decreto 84.017/1979 (Zonas I a VII) e Lei 9.985/2000 (Zonas VIII a XII)

Zonas	Descrição/Objetivos
I. Zona Intangível	Área onde as condições mais primitivas da natureza permanecem sem qualquer alteração humana, representando o mais alto grau de preservação e proteção dos ecossistemas. Atua como matriz de repovoamento para outras zonas onde já são permitidas atividades humanas regulamentadas.
II. Zona Primitiva	Aquela onde tenha ocorrido pequena ou mínima intervenção humana, contendo espécies da flora e fauna e outros recursos naturais de grande valor científico. É uma zona de transição entre a Zona Intangível e a Zona de Uso Extensivo. Além da preservação, objetivam-se a pesquisa científica e a de educação ambiental, permitindo-se exercer formas primitivas de recreação.
III. Zona de Uso Extensivo	Constituída, em sua maior parte, por áreas nativas com algumas alterações humanas, oferece acesso ao público para fins educativos e recreativos, sendo transição entre a Zona Primitiva e a de Uso Intensivo.
IV. Zona de Uso Intensivo	Constituída por áreas naturais ou alteradas pelo homem, deve dispor de centro de visitantes, museus, serviços e demais facilidades; deve facilitar a recreação intensiva e a educação ambiental.

V. Zona Histórico-Cultural	Apresenta amostras do patrimônio histórico/cultural ou arqueopaleontológico que serão estudadas, preservadas, restauradas e interpretadas para o público.
VI. Zona de Recuperação	Áreas consideravelmente alteradas pela ação humana que poderão ser restauradas e incorporadas a uma das Zonas Permanentes. Espécies exóticas deverão ser removidas e a restauração poderá ocorrer naturalmente ou de forma induzida. O uso público está restrito às atividades educativas.
VII. Zona de Uso Especial	Áreas necessárias às atividades administrativas, manutenção e aos serviços da Unidade de Conservação, contemplando habitações, oficinas, etc. A escolha dos espaços para esse fim não pode conflitar com os elementos naturais, devendo localizar-se na periferia da unidade de conservação, sempre que possível.
VIII. Zona de Uso Conflitante	Espaços no interior da UC cujos usos e finalidades, estabelecidos antes da sua criação, conflitam com os objetivos de conservação. Podem ser empreendimentos como gasodutos, oleodutos, linhas de transmissão, antenas, captação de água, barragens, estradas, etc. Devem-se buscar alternativas para a minimização dos impactos sobre a unidade de conservação.
IX. Zona de Ocupação Temporária	Áreas onde ocorrem concentrações de populações humanas residentes e respectivas áreas de uso. Uma vez realocada a população, será incorporada a uma das zonas permanentes.
X. Zona de Superposição Indígena	Contém áreas ocupadas por uma ou mais etnias indígenas, superpondo partes da unidade de conservação. São subordinadas a um regime especial de regulamentação, sujeitas à negociação com as partes envolvidas (etnias e órgãos de governo). Uma vez regularizada a situação, será incorporada a uma das zonas permanentes.
XI. Zona de Interferência Experimental	Específica para áreas de estações ecológicas. Áreas naturais ou alteradas pelo homem. Podem sofrer alterações por conta do desenvolvimento de pesquisas, não podendo exceder a 3% da área total e limitada a 1.500ha, conforme previsto em lei. O objetivo é o desenvolvimento de pesquisas comparativas em áreas preservadas.
XII. Zona de Amortecimento	Localizada no entorno da unidade de conservação, onde as atividades humanas estão sujeitas a restrições, com o objetivo de minimizar os impactos negativos sobre a unidade.

A demarcação e a extensão das zonas devem estar vinculadas às características preexistentes das áreas e aos objetivos de criação das Unidades de Conservação. Por exemplo, no caso das reservas biológicas, onde prevalece o interesse da proteção integral dos recursos naturais e desenvolvimento de pesquisas científicas, as zonas de uso intensivo seriam bem menores, ou mesmo ausentes, em comparação aos parques, onde é possível haver maior movimentação de visitantes e a prática do turismo. As zonas de interferência experimental são restritas às Estações Ecológicas.

Alguns critérios são utilizados para demarcação das zonas dentro das Unidades de Conservação, como a representatividade dos recursos naturais, especialmente nas zonas de maior proteção (intangível e primitiva). A presença de espécies em extinção, raras, endêmicas e os sítios de reprodução e alimentação devem estar contidos nessas zonas de maior proteção. Esse critério aplica-se também, na medida do possível, à definição das zonas de uso público (extensivo, intensivo e histórico-cultural), de modo que os visitantes possam conhecer e apreciar tais características. Outros critérios, como a diversidade de espécies, as áreas de transição, áreas de alta sensibilidade ambiental e a presença de sítios arqueológicos e paleontológicos, se somam à representatividade na definição de valores norteadores do zoneamento.

Ainda em relação ao uso público, deve-se destacar que os atrativos de cada unidade precisam ser condicionados aos usos permitidos. Atividades onde haja o contato direto com a natureza, tais como canoagem, caminhadas, escaladas, etc., só serão permitidas quando não apresentarem o caráter de competição. As áreas selecionadas para tais fins não podem sofrer modificações intensas que comprometam os objetivos para que foram criadas e demarcadas. Isso é particularmente importante nos parques e deve ser acompanhado de um criterioso planejamento de uso das áreas (demarcação e sinalização de trilhas, estabelecimento do número máximo de usuários por atividade, palestras educativas, fiscalização, etc.).

Quanto à infra-estrutura, chamamos a atenção para as edificações destinadas à fiscalização, moradia de funcionários, centro de visitantes, laboratórios, etc. A zona circundante aos prédios será de uso especial quando utilizados para serviços, e de uso intensivo se destinados ao público em geral. É importante pensar nas estradas e caminhos já existentes, racionalizando-se seu uso ou promovendo sua desativação, se for necessário (Galante *et alii, op. cit.*, p. 95).

Na identificação da zona de amortecimento é recomendado o limite de 10km (Resolução Conama 13/1990) ao redor da unidade como ponto de partida para sua definição. O uso de referenciais de campo, como linhas férreas, acidentes geográficos, etc., além do georreferenciamento dos limites, facilita a sua identificação. A partir desses limites são aplicados critérios que possibilitam (inclusão) ou restringem (exclusão) os usos conforme a aproximação da área em questão. Entre as possibilidades de inclusão, destacamos situações como:

- Microbacias drenantes para a Unidade de Conservação
- Áreas de recarga de aqüíferos
- Locais de nidificação de aves migratórias ou não
- Sítios de alimentação, repouso e reprodução de espécies que ocorrem na Unidade de Conservação
- Unidades de Conservação em áreas contíguas, etc.

As restrições (exclusão) podem ocorrer nos seguintes casos:

- Áreas urbanas já estabelecidas
- Áreas estabelecidas como expansões urbanas pelos planos diretores municipais ou equivalentes

4. *Considerações Finais*

O processo de criação e gestão de Unidades de Conservação, enquanto uma particularidade do processo de ordenamento territorial, evoluiu ao longo da história das sociedades agregando diferentes motivações e responsabilidades. Inicialmente, o objetivo era garantir a sobrevivência das tribos, tendo os simbolismos religiosos e as regras de comportamento como principais instrumentos da garantia das territorialidades dos espaços preservados.

A modernidade, acompanhada de suas contradições, trouxe novas motivações, como a tentativa de evitar a expansão irracional dos processos produtivos sobre os remanescentes dos ecossistemas silvestres, garantindo, ao mesmo tempo, a conservação da biodiversidade para as sociedades no presente e no futuro. As pesquisas e a evolução do conhecimento, especialmente nos campos da Biologia da Conservação e da Economia Ecológica, têm contribuído decisivamente para consolidar antigos e novos argumentos de manutenção e ampliação das áreas silvestres.

O Estado, por sua vez, teve que assumir a maior parte da responsabilidade pela criação e gestão das áreas. Entretanto, as origens do processo acabaram criando uma cultura de isolamento das áreas preservadas, fornecendo algumas oportunidades aos moradores de áreas urbanas e segregando os antigos habitantes do interior e das vizinhanças.

O mesmo Estado, em países como o Brasil, que incorporou a criação das Unidades de Conservação como uma das principais ações políticas na área ambiental, não fortaleceu as instituições executivas das políticas e, por isso, muitas delas continuam sendo consideradas "ficções jurídicas" (Pádua, 1986). A sociedade civil, por sua vez, ainda carece de informações básicas sobre o valor e a importância dos espaços preservados. Na sociedade moderna, em geral, os valores estão muito mais correlacionados aos benefícios imediatos (curto prazo) e mensuráveis (concretos) do que às questões "invisíveis" ao olhar e que envolvem o futuro; logo, de difícil quantificação. Somente nos casos em que nos defrontamos com situações emergenciais, tais como a escassez de recursos hídricos e a intensificação de processos erosivos, as preocupações com a conservação afloram como algo premente e de relativa visibilidade.

E a biodiversidade das áreas nativas tem ou não o seu valor? Calcula-se que o Brasil abriga cerca de 23% de todas as espécies do planeta, o que faz de nós a maior potência do mundo no setor. Estima-se que 40% de todos os medicamentos produzidos no mundo têm seus princípios ativos retirados de bichos ou plantas, movimentando um mercado de 315 bilhões de dólares/ano. Sem esquecer os mercados de cosméticos e de agroquímicos, que também dependem de proteínas animais e de vegetais, movimentando 150 bilhões de dólares/ano.[57] Mesmo com os projetos que

---

[57] Vomero, M. F. Piratas da Floresta (Revista *Superinteressante*, novembro de 2001.)

estão mapeando o código genético das espécies brasileiras, a maior parte dos lucros acaba ficando nos países que detêm a biotecnologia, mesmo sem dispor de grande biodiversidade vegetal e animal em seus espaços geográficos. Será que esse é um argumento palpável?

> *Desde a Convenção da Diversidade Biológica (CDB), assinada na Rio-92 por 144 países — exceto os Estados Unidos —, houve o reconhecimento da soberania de cada nação sobre a riqueza biológica em seu território. Os países signatários receberam a missão de criar uma legislação que regulasse o acesso à sua biodiversidade e que estabelecesse a repartição justa dos benefícios advindos da sua exploração. Desse modo, a criação e gestão das Unidades de Conservação passam a ter um forte aliado para execução de pesquisas científicas e de programas de desenvolvimento local e regional nos campos da biodiversidade e biotecnologia.*

Tudo o que foi exposto ao longo do capítulo sobre planejamento de áreas protegidas, enquanto diretrizes gerais de trabalho, representa apenas um pequeno subsídio à prática do ordenamento territorial, desde que o processo se contextualize regional e nacionalmente. O estabelecimento e o manejo das Unidades de Conservação devem contribuir para a criação de oportunidades, sem se constituir em foco de conflitos, como já ocorreu em muitos casos. Daí a importância de que o planejamento tenha caráter participativo e seja flexível, evoluindo com as mudanças, mas sem comprometer as grandes diretrizes da conservação.

Trata-se, portanto, de um processo complexo, pois mesmo com todas as diretrizes e técnicas disponíveis para elaboração dos planos de manejo das Unidades de Conservação existe sempre a necessidade de se considerar a realidade de cada lugar. Não há como se estabelecer um único modelo de sucesso.

5. REFERÊNCIAS BIBLIOGRÁFICAS

BENNETT, C. F. *Conservation and Management of Natural Resources in the United States*. USA: John Wiley & Sons, 1983.

BRASIL, Sistema Nacional de Unidades de Conservação da Natureza — SNUC. Lei 9.985, de 18/7/2000; Decreto 4.340, de 22/8/2002. 2ª ed. aum. Brasília: Ministério do Meio Ambiente/Secretaria de Biodiversidade e Florestas, 2002, 52 p.

BRITO, M. C. W. de. *Unidades de Conservação*: intenções e resultados. São Paulo: Annablume/FAPESP, 2000.

DIEGUES, A. C. S. *Populações Tradicionais em Unidades de Conservação*: O Mito Moderno da Natureza Intocada. São Paulo: Núcleo de Pesquisa sobre Populações Humanas e Áreas Úmidas do Brasil, 1993, Série Documentos e Relatórios de Pesquisa, nº 1.

GALANTE, M. L. V.; BEZERRA, M. M. L. e MENEZES, O. *Roteiro Metodológico de Planejamento*. Parque Nacional, Reserva Biológica e Estação Ecológica. Brasília: MMA/IBAMA/DIREC, 2002, 135 p.

HAAS, G. The management of public use services in protected areas: the United States Experience. *In*: Milano, M. S. (org.) *Unidades de Conservação — Atualidades e Tendências*. Curitiba: Fundação O Boticário de Proteção à Natureza, 2002, p. 122-130.

JOHNSON, N. *Biodiversity in the Balance*: Approaches to Setting Geographic Conservation Priorities. Washington, DC: Biodiversity Suppoert Program, World Wildlife Fund, 1995.

MAGNANINI, A. e NEHAB, M. A. F. Roteiro para elaboração de Plano Diretor. Reservas Biológicas, Áreas Estaduais de Lazer e Planejamento de Parques Estaduais. *Cadernos FEEMA*, Rio de Janeiro: FEEMA, 1978, Série Técnica 4/78, 36 p.

MAY, P. H. (org.) Economia ecológica: aplicações no Brasil. Rio de Janeiro: Campus, 1995.

MILANO, M. S. Mitos no manejo de unidades de conservação no Brasil ou a verdadeira ameaça. *In*: *Anais do II Congresso Brasileiro de Unidades de Conservação*. Campo Grande: Rede Nacional Pró-Unidades de Conservação/ Fundação O Boticário de Proteção à Natureza, 2000, vol. 1, p. 11-25.

MILLER, K. R. Evolução do conceito de áreas de proteção — oportunidades para o século XXI. *In*: *Anais do I Congresso Brasileiro de Unidades de Conservação*. Curitiba/IAP/Unilivre: Rede Nacional Pró-Unidades de Conservação, 1997, vol. 1, 3-21.

MORAES, A. C. R. e DA COSTA, W. M. *Geografia Crítica*: A Valorização do Espaço. São Paulo: Hucitec. 2ª., ed., 1987.

MORSELLO, C. Unidades de Conservação Públicas e Privadas: Seleção e Manejo no Brasil e Pantanal Mato-Grossense. *In*: Jacobi, Pedro Roberto (org.) *Ciência Ambiental* — Os Desafios da Interdisciplinaridade. São Paulo: Annablume, 1999, p. 333-358.

OLIVEIRA, L. C. A. *The interaction between Park management and the activities of local people around National Parks in Minas Gerais, Brazil*. Ph.D. in Geography. University of Edinburg, 1999.

PÁDUA, J. A. *Natureza e projeto nacional*: as origens da Ecologia Política no Brasil. Rio de Janeiro: IUPERJ, 1986.

PRIMACK, R. B. e RODRIGUES, E. *Biologia da Conservação*. Londrina: E. Rodrigues, 2001, 328 p.

QUINTÃO, A. T. B. Evolução do conceito de Parques Nacionais e sua relação com o processo de desenvolvimento. *Revista Brasil Florestal*. Brasília, n.º 54. 1983, abr-jun, p. 13 a 28.

ROCHA, L. G. M. da. *Os Parques Nacionais do Brasil e a Questão Fundiária*: o caso do Parque Nacional da Serra dos Órgãos. Dissertação de mestrado do Programa de Pós-Graduação em Ciência Ambiental da Universidade Federal Fluminense. Rio de Janeiro, 2002.

SCOTT, J. M. B e DAVIS, F. Gap analysis: An aplication of Geographic Information systems for wildlife species. *In*: Decrer, D.J, Krasny, Goff, M. E, Goff, G. R., Smith C.R. e Gross, D.W. (eds.), *Challenges in the Conservation of Biological Resources*: A Practioner's Guide. Washington: Westview Press Boulder, CO, 1991, p. 167-179.

SHAFER, C. L. Terrestrial nature reserve design and the urban/rural interface. *In:* Schuartz, M.W. (ed.) *Conservation in Highly Fragmented Landscapes*. Nova York: Chapman and Hall, 1997, p. 345-378.

SILVA, J. M. C e DINNOUTTI, A. Análise da representatividade das Unidades de Conservação Federais de uso indireto na Floresta Atlântica e campos sulinos. http://www.conservation .org.br/ma/rp_uc.htm, 2001.

VALLEJO, L. R. *Políticas públicas e conservação ambiental*: territorialidades em conflito nos parques estaduais da Ilha Grande, da Serra da Tiririca e do Desengano (RJ). Tese de doutorado em Geografia, Universidade Federal Fluminense, 2005. 288 p.

_____. Unidades de conservação: uma discussão teórica à luz dos conceitos de território e de políticas públicas. Rio de Janeiro: *Geographia*, Ano IV(8), 2002, p. 77-106.

WORLD RESOURCES INSTITUTE. *World Resources 2000-01*. World Resources Institute and the International Institute of Environment and Development in colaboration with the United Nation Environment Programme. Washington: Library of Congress International Standard, 2001.

Capítulo 6

A Cartografia no Ordenamento Territorial do Espaço Geográfico Brasileiro

Carla Bernadete Madureira Cruz
Paulo Márcio Leal de Menezes

1. Definições e Conceito de Cartografia

Cartografia é palavra etimologicamente derivada do grego *graphein*, significando escrita ou descrita, e do latim *charta*, com o significado de papel, que mostra uma estreita ligação com a apresentação gráfica da informação. Foi criada em 1839 pelo historiador português visconde de Santarém, em carta escrita em Paris e dirigida ao historiador brasileiro Adolfo Varnhagen. Antes de o termo ser divulgado e conseqüentemente consagrado na literatura mundial, usava-se tradicionalmente o vocábulo cosmografia (Oliveira, 1980).

Definir Cartografia, dependendo do contexto que estiver sendo abordado e do grau de profundidade desejado, pode ser uma tarefa bastante simples ou complexa. Uma definição simplista pode ser estabelecida, apresentando-a como a "ciência que trata da concepção, estudo, produção e utilização de mapas" (ONU, 1949).

Em 1991 a ICA (International Cartographic Association) apresentou uma nova definição, nos termos seguintes: "Ciência que trata da organização, apresentação, comunicação e utilização da geoinformação, sob uma forma que pode ser visual, numérica ou tátil, incluindo todos os processos de elaboração, após a preparação dos dados, bem como o estudo e a utilização dos mapas ou meios de representação em todas as suas formas."

Essa é uma das definições mais atualizadas, incorporando conceitos que não eram citados anteriormente, mas nos dias atuais praticamente já estão diretamente associados à Cartografia. Ela extrapola o conceito da apresentação cartográfica, devido à evolução dos meios de apresentação, para todos os demais compatíveis com as modernas estruturas de representação da informação. Apresenta o termo *geoinformação*, caracterizando um aspecto relativamente novo para a Cartografia em concepção, mas não em utilização, pois é uma abordagem diretamente associada à representação e armazenamento de informações. Associa-se a Cartografia como uma ciência de tratamento da informação, mais especificamente de uma informação gráfica, que esteja vinculada à superfície terrestre, seja ela de natureza física, biológica ou humana. Dessa forma, a informação geográfica sempre será a principal informação contida nos documentos cartográficos.

A utilização de mapas e cartas é um aspecto bastante desconsiderado por seus usuários, dado que uma grande maioria deles os utiliza sem conhecimentos cartográficos suficientes para obtenção de um rendimento aceitável que o documento poderia oferecer. No entanto, a esse mesmo usuário cabe uma boa parcela do sucesso de um documento cartográfico, pois a divulgação e a utilização dos documentos são equiparadas a um livro. Um documento escrito sem leitores pode perder inteiramente a finalidade de sua existência; um mapa mal lido ou mal interpretado pode levar a informações erradas sobre os temas apresentados.

Em face do ordenamento territorial, a Cartografia apresenta-se funcionalmente como uma ferramenta de apoio, permitindo, por seu intermédio, a espacialização de todo e qualquer tipo de informação geográfica. Dessa forma, é imprescindível o conhecimento dos aspectos básicos da Cartografia, bem como dos elementos de projeto de mapas.

1.1. DIVISÃO DA CARTOGRAFIA

Modernamente a Cartografia pode ser dividida em dois grandes grupos de atividades (Tyner, 1992; Dent, 1999):

— de propósito geral ou de referência
— de propósito especial ou temática

O primeiro grupo trata da Cartografia definida pela precisão das medições para confecção dos mapas. Preocupa-se com a chamada Cartografia de Base. Procura representar com perfeição todas as feições de interesse sobre a superfície terrestre, ressalvando apenas a escala de representação. Tem por base um levantamento preciso e normalmente utiliza como apoio a fotogrametria, a geodésia e a topografia. Seus produtos são denominados mapas gerais, de base ou de referência.

O segundo grupo de atividades de mapeamento depende do grupo citado. Mapas de ensino, pesquisa, atlas e mapas temáticos, bem como mapas de emprego especial, enquadram-se nessa categoria. Esses mapas são denominados mapas temáticos.

A exigência principal para que um fenômeno qualquer possa ser representado em um mapa é a associação da distribuição espacial ou geográfica. Em outras palavras, deve ser conhecida e perfeitamente definida a sua ocorrência sobre a superfície terrestre. Esse é o elo entre o fenômeno e o mapa. Assim, qualquer fenômeno que seja espacialmente distribuído é passível de ter representada a sua ocorrência sobre a superfície terrestre através de um mapa. Um fenômeno assim caracterizado é dito georreferenciado.

A Cartografia Temática pode ser dividida em três subclasses (Guénin, 1972; Béguin & Pumain, 1994), conforme pode ser visualizado na Tabela 1:

Tabela 1 — Divisão da Cartografia Temática

Subclasse	Conceito e Definição
Cartografia Temática de Inventário	Definida através de um mapeamento qualitativo. Possui uma característica discreta, realizando apenas a representação posicional da informação no mapa. Normalmente estabelecida pela superposição ou justaposição, exaustiva ou não, de temas, permite ao usuário saber o que existe em uma área geográfica.
Cartografia Analítica	É eminentemente quantitativa, mostrando a distribuição de um ou mais elementos de um fenômeno, utilizando para isso informações oriundas de dados primários, com

	as modificações necessárias para a sua visualização. De forma geral ela classifica, ordena e hierarquiza os fenômenos a representar. Muito usada na representação de fenômenos socioeconômicos.
Cartografia de Síntese	É a mais complexa e a mais elaborada de todas, exigindo um profundo conhecimento técnico dos assuntos a serem mapeados. Exige o concurso de várias especialidades integradamente. Representa a integração de fenômenos, feições, fatos ou acontecimentos através da distribuição espacial. Permite estabelecer um estudo conclusivo-analítico sobre a integração e interligação dos fenômenos que estejam sendo estudados.

A Cartografia Temática de caráter especial é destinada a objetivos específicos, servindo praticamente a um único tipo de usuário. Por exemplo, a definida por mapas e cartas náuticas, aeronáuticas, sinóticas, de pesca, entre outras.

O mapeamento temático trata muitas vezes de fenômenos que não necessitam de um posicionamento preciso, pelo tipo de ocorrência do fenômeno, como, por exemplo, um mapa pedológico. Deve haver, porém, a preocupação com uma correta apresentação da ocorrência da sua distribuição, necessitando para isso de uma base cartográfica com precisão compatível às suas necessidades. Não se pode confundir a precisão da base cartográfica com a precisão do fenômeno a representar.

1.2. MAPA: CONCEITOS E DEFINIÇÕES

Mapear pode ser considerado mais do que simplesmente interpretar e representar uma ocorrência, mas ter-se o próprio conhecimento do fenômeno que se está representando. A Cartografia vai fornecer um método ou processo que permitirá a representação de um fenômeno ou de um espaço geográfico, de tal forma que a sua estrutura espacial será visualizada, permitindo que se infiram conclusões ou experimentos sobre a representação (Kraak & Ormeling, 1996).

Os mapas podem ser considerados para a sociedade tão importantes quanto a linguagem escrita. Caracterizam uma forma eficaz de armazenamento e comunicação de informações que possuem características espaciais, abordando tanto aspectos naturais (físicos e biológicos) como sociais, culturais e políticos.

O conceito de mapa é caracterizado como uma representação plana dos fenômenos sociobiofísicos sobre a superfície terrestre, após a aplicação de transformações a que são submetidas as informações geográficas (Menezes, 1996a). Por outro lado, um mapa pode ser definido também como uma abstração da realidade geográfica e considerado ferramenta poderosa para a representação da informação geográfica de forma mental, visual, digital ou tátil (Board, 1990).

Para o ordenamento territorial é também indiscutível a importância da forma de representação da informação geográfica, em essência, dos mapas. Através deles, os diferentes especialistas podem representar, além de informações geográficas, a estrutura, a função e as relações que ocorram entre elas.

Classificar os mapas em categorias distintas é tarefa quase impossível devido ao número ilimitado de combinações de escalas, assuntos e objetivos. Existem tentativas de classificações, que permitem agrupar mapas segundo algumas de suas características básicas, não existindo, porém, consenso com respeito a essas classificações. Nesse contexto serão apresentadas aqui as classificações que melhor estão adaptadas para esses trabalhos. Algumas dessas classificações são conclusões oriundas de aglutinações e combinações de diversos autores.

Inicialmente a própria divisão da Cartografia já fornece uma divisão formal pela função exercida pelos mapas. Encontram-se assim os mapas de referência ou de base e os mapas temáticos, possuindo as características e funções já descritas na divisão da Cartografia.

Quanto à escala de representação, os mapas podem ser classificados em muito pequenos, pequenos, médios, grandes e muito grandes. Autores como Robinson, 1995, dividem apenas em três grandes grupos: pequeno, médio e grande. É difícil, porém, estabelecer o limiar de cada escala. O conceito de grande, médio e pequeno é bastante subjetivo, e essa associação a um valor numérico de escala é definida para estabelecer uma referência ao tamanho relativo dos objetos representados. Também é possível classificá-los segundo características globais, regionais e locais, mas também se encontra outro conceito bastante subjetivo, gerando polêmicas quando de sua associação a escalas numéricas (Robinson, 1995; Menezes, 1996a; Bakker, 1965).

Para a primeira classificação citada vincula-se a seguinte associação de escalas, conforme pode ser analisada na Tabela 3.

Tabela 3 — Classificação dos mapas segundo escala de representação

Escalas	Classificações	
< 1:5.000.000	Muito pequeno	Globais
1:5.000.000 — 1:250.000	Pequeno	Geográficos
1:250.000 — 1:50.000	Médio	Topográficos
1:50.000 — 1:5.000	Grande	Cadastrais
> 1:5.000	Muito grande	Plantas

Definem-se ainda as plantas, que são caracterizadas por escalas grandes e muito grandes. São cartas locais e normalmente não exigem métodos geodésicos, utilizando a topografia para a sua elaboração, envolvendo apenas transformações de escala. Podem ser definidas como "A representação cartográfica plana, dos fenômenos da natureza e da sociedade, observados em uma área tão pequena que os erros cometidos nessa representação, desprezada a curvatura da Terra, são negligenciáveis" (SBC, 1977).

Os mapas em papel possuem uma característica analógica, sendo uma forma de representação permanente da informação, definindo um modelo de dados e armazenamento, como também um modelo de transferência da informação para os usuários (Clarke, 1995).

Os mapas apresentados em telas gráficas correspondem àqueles que possuem uma capacidade de visualização temporária da informação, sendo a transferência estabelecida segundo a vontade ou a necessidade de ser visualizada. A sua visualização também se pode dar por meio de cópias, assumindo nesse caso a característica de visualização dos mapas em papel.

Sob esse enfoque, os mapas podem ser classificados segundo seus atributos de visibilidade e tangibilidade (Moellering, 1983; Cromley, 1992; Kraak, 1996):

— Mapas analógicos ou reais, de características permanentes, diretamente visíveis e tangíveis, tais como os mapas convencionais em papel, as cartas topográficas, atlas, ortofotomapas, mapas tridimensionais, blocos-diagramas. Existe uma característica de a informação ser permanente, não podendo ser atualizada, a não ser por processos de construção de novo mapa.
— Mapas virtuais do tipo I, diretamente visíveis, porém não-tangíveis e voláteis, ou seja, não permanentes, como a representação em um monitor de vídeo e mapas cognitivos. Nesse caso apenas a visualização não é permanente. A informação, porém, possui os mesmos problemas de atualização.
— Mapas virtuais do tipo II, aqueles que não são diretamente visíveis, porém possuem características analógicas e permanentes como meio de armazenamento da informação. Como exemplos, podem-se citar os modelos analógicos de qualquer espécie, dados de campo, hologramas armazenados, CD-ROM, *laser-disc*, etc. A informação contida só poderá ser modificada através de processos completos de atualização.
— Mapas virtuais do tipo III têm características não-visíveis e não permanentes, podendo-se incluir nessa classe a memória, os discos e as fitas magnéticas, animação em vídeo, modelos digitais de elevação (inclusos aqui os modelos digitais de terreno) e mapas cognitivos de dados relacionais geográficos.

Ainda se pode incluir uma quinta categoria, descrevendo os mapas que podem ser considerados dinâmicos. Nessa categoria algumas distinções poderão ser ainda tratadas (Menezes, 1996a; Peterson, 1995):

— Mapas que apresentam dinamismo das informações, mais precisamente representando fluxos, movimentos ou desenvolvimentos temporais de um dado tipo de informação.

— Mapas animados, que apresentam as mesmas características dos mapas anteriores, porém mostrando o dinamismo em seqüências animadas. São de características tipicamente computacionais.

— Mapas dinâmicos em tempo real, que por serem associados a sensores que fornecem a informação em tempo real têm a capacidade de associá-la e representá-la praticamente concomitante à recepção.

Em síntese, pelo exposto, pode-se verificar a importância da visualização espacial de fenômenos e ocorrências que estruturam o ordenamento espacial com a finalidade do entendimento de sua dinâmica e funcionalidade. O estabelecimento do nível de detalhamento dessa visualização será sempre imprescindível para que seja possível atingir esse entendimento, bem como dos temas relevantes a serem integrados no espaço territorial em apreço.

2. INVENTÁRIO CARTOGRÁFICO

A fase de levantamento de dados e informações para a realização de estudos e projetos que considerem a representação espacial de dados passa pela necessidade de se inventariar o mapeamento cartográfico da área de estudo. Tal necessidade se depara normalmente com as inúmeras carências encontradas em nossa cartografia, relacionadas desde a aspectos de detalhamento ou escala a problemas de atualização.

O inventário cartográfico de uma área deve considerar as reais necessidades de consulta e análise do gerenciamento, pesquisa e/ou projeto em curso. Os tipos de mapas ou cartas considerados necessários devem fornecer o conjunto de categorias e feições relevantes, cuja definição é dependente da análise inicial do problema.

A busca desse material de referência cartográfica é direcionada a instituições de responsabilidade técnica, quais sejam: a Fundação Instituto Brasileiro de Geografia e Estatística (IBGE) e a Diretoria do Serviço Geográfico do Exército (DSG), para o caso das cartas do levantamento sistemático (1:1.000.000 a 1:25.000), e a Diretoria de Hidrografia e Navegação da Marinha (DHN) e o Instituto de Cartografia da Aeronáutica (ICA), para as cartas náuticas e aeronáuticas, respectivamente. Para facilitar a consulta de usuários são fornecidos por essas instituições mapas-índices contendo a articulação das folhas existentes nas diferentes escalas levantadas.

Para o caso das escalas cadastrais (superiores a 1:25.000), de maior detalhe, a responsabilidade passa a ser das prefeituras. Para esse último conjunto vale a pena ressaltar que, das mais de 5.700 prefeituras brasileiras, muito poucas possuem a infra-estrutura necessária para a realização de levantamentos e mapeamentos dessa natureza, o que causa imensas lacunas nos mapeamentos nessas escalas.

O uso de bases oficiais possibilita maior interação entre projetos interinstitucionais, muito comuns em programas de gestão territorial e/ou ambiental, através da garantia da compatibilização de dados, principalmente no caso da construção de bases cartográficas de referência. Esse cuidado é muito importante para que se possa manter a homogeneidade entre bases de diferentes projetos, principalmente quando se leva em consideração que são as bases cartográficas os elementos responsáveis pelo georreferenciamento de toda informação armazenada no banco e pela maior ou menor portabilidade desses mesmos dados em rotinas de exportação ou importação.

Outro importante problema diz respeito à data do levantamento que originou os mapas, que define seu grau de atualização. Para o mapeamento sistemático, a situação brasileira é considerada grave, já que são, em média, 25 anos de desatualização que comprometem o traçado e os atributos das feições cartográficas, principalmente as relacionadas com a planimetria: sistema viário, localidades, limites e hidrografia. Dependendo do tipo de aplicação, como no caso do ordenamento territorial, tal defasagem pode inviabilizar o uso exclusivo desses dados, impondo sua atualização através de técnicas de levantamento de campo ou do uso de produtos de sensoriamento remoto, de modo que sérios equívocos possam ser evitados.

Esse quadro tem levantado sérias preocupações para a gestão do território nacional, em termos sociais, econômicos e ambientais. A falta de um conhecimento atualizado de nosso território causa lacunas bastante prejudiciais ao planejamento consciente e conseqüentemente ao processo de tomada de decisão.

O inventário cartográfico considera também o levantamento das bases temáticas necessárias. É muito comum se requererem mapas de solo, geológicos, de vegetação e uso, por exemplo. Isso sem esquecer os mapas derivados, normalmente não disponíveis, que quase sempre devem ser construídos pelo próprio usuário. É o caso dos mapas de declividade, aptidão agrícola, vulnerabilidades, riscos, potencialidades, enfocando diferentes aspectos.

Esse levantamento inicia-se com a busca às instituições de responsabilidade e competência técnica, que geram mapeamentos temáticos no Brasil, das quais podem ser citados:

— Fundação IBGE
— DNPM/CPRM — mapas geológicos
— Embrapa — solos, uso de solos, pedologia
— Institutos de Terras — planejamento rural
— governos estadual e municipal (incipiente)
— DNER — mapas rodoviários

Esses tipos de mapeamentos temáticos são difíceis de se encontrar disponíveis em escalas variadas, necessitando, invariavelmente, de levantamentos complementares de maior detalhamento. Novamente nesse caso adotam-se estratégias de campo e o uso de produtos de sensoriamento remoto.

É fundamental que os dados apresentem qualidade satisfatória ao tipo de utilização a que se propõem, embora seja sabido que dificilmente esses padrões de qualidade são plenamente satisfeitos. Nesse contexto, considerando-se as diversas dificuldades para a criação de bases de dados consistentes, há que ressaltar a necessidade de cuidados com as possíveis aplicações embasadas nesses dados, lembrando que a qualidade oferecida por um dado pode ser adequada a um determinado uso e ser totalmente imprópria a outro.

Numa apreciação sobre a qualidade dos dados, são considerados alguns aspectos, a saber (Pina, 1994):

— *Precisão*: refere-se à qualidade no processo de obtenção do dado; um par de coordenadas, por exemplo, é considerado preciso caso atenda a determinadas tolerâncias preestabelecidas. Relacionada em termos relativos aos devidos valores.

— *Exatidão*: conceito estatístico que considera a probabilidade de um determinado dado se aproximar de seu valor real. Relacionada com valores absolutos.

— *Época*: refere-se à data de coleta dos dados; extremamente importante para o conhecimento da sua idade e, nos casos de relevância, da sua sazonalidade.

— *Atualidade*: avalia o quão recente é o dado. Embora o termo possa oferecer confusão com a época de coleta, chama-se a atenção para o fato de o dado ter sido coletado há muito tempo não implicar necessariamente sua desatualização, sendo o inverso também verdadeiro.

— *Integridade*: refere-se à capacidade de representação correta de um dado fenômeno. Deve objetivar clareza e plenitude.

— *Consistência*: mede se uma mesma informação, armazenada em mais de um arquivo, apresenta o mesmo valor a qualquer tempo. Devem-se evitar redundâncias de dados.

Com o uso crescente de sistemas computacionais, os chamados Sistemas de Informações Geográficas (SIGs), cresce também a necessidade de bases em formato digital. Tal disponibilização ainda é mais difícil que a de bases convencionais, em formato analógico (ou papel). Essa questão, extremamente relevante em face de todas as complexidades envolvidas na construção dessas bases, acaba por gerar graves empecilhos ao uso otimizado das geotecnologias no Brasil. A oferta de tais bases possibilitaria a uniformização do espaço geográfico, garantindo a compatibilização de bases diferentes e minimizando perdas significativas nas operações de conversão. Outra vantagem encontrada é a da padronização, que garante a uniformização da linguagem e da estrutura cartográficas.

Bem recentemente começaram a ser registrados importantes esforços em vencer esse tipo de carência, que, embora possuam caráter pontual e apresentem resultados considerados ainda pequenos, avançam paulatinamente na tentativa de ampliar a oferta de bases cartográficas e/ou temáticas oficiais, em meio digital.

De qualquer forma, o problema básico não se restringe ao processo de digitalização dos mapas, sendo importante frisar que devem ser considerados, na verdade, três aspectos relevantes em todo esse processo:

— a geração ou atualização da base cartográfica através de levantamentos de campo, aerofotogrametria ou outras fontes de sensoriamento remoto, por parte do órgão responsável ou por convênios interinstitucionais presididos e fiscalizados pelo mesmo órgão, de modo a evitar duplicidade de esforços e bases;
— a conversão analógico-digital (digitalização) dessas bases
— e o preparo das bases digitais para geoprocessamento, através da execução de rotinas de edição, geração de topologia, geocodificação e inserção de atributos.

Atualmente nos encontramos consumidos pelo segundo item, cuja execução foi acelerada pelas demandas de uma comunidade de usuários de geoprocessamento cada vez mais crescente. A própria Fundação IBGE está voltada para a construção da mapoteca topográfica digital, tarefa essa bastante árdua, considerando-se a quantidade de cartas de nosso mapeamento sistemático. Esse passo, embora de enorme importância, não soluciona as carências geradas com a não-observância do primeiro item, mantendo dessa forma a fragilidade reinante de nossa cobertura cartográfica em termos de desatualização, seja em meio analógico ou digital (Cruz *et al.*, 1999).

Outra discussão que tem crescido bastante versa sobre a utilização de metadados, que em uma abordagem mais ampla significa "dados sobre os dados" (Cruz, 2000). Quem nunca passou pelas dificuldades de encontrar possíveis dados gerados por outras instituições quando da necessidade de inventariar uma área? Tal busca pode acarretar um custo elevado em termos de tempo, e, na maioria das vezes, seus resultados podem ser considerados infrutíferos ou inadequados por não armazenarem o histórico do processo gerador dos dados, impossibilitando uma avaliação mais realista das suas condições em termos de precisão e atualização, entre outras características importantes.

Segundo Santos (1997), "A documentação dos recursos de dados de uma organização e a sua divulgação sistemática tornam-se fundamentais para a plena utilização dos recursos disponíveis". A finalidade do metadado é ajudar o usuário a localizar, compreender e interpretar os dados de que necessita, bem como especificar adequadamente suas consultas, diminuindo o tempo gasto na sua busca. Nesse contexto, cresce também em importância o uso de recursos, como a Internet, na disponibilização de dados.

3. *Situação Cartográfica Brasileira*

A situação cartográfica brasileira pode ser descrita em poucas palavras como crítica. Não existem no momento investimentos para a atualização cartográfica do território nacional para a cartografia sistemática, ocasionando um mapeamento deficiente e desatualizado de praticamente todo o país. Conforme já apresentado, pouca coisa tem sido desenvolvida, mesmo em termos digitais, restringindo-se à transformação de documentos antigos.

As Tabelas 4 e 5 mostram a situação do mapeamento sistemático do Brasil, relativa ao ano de 1999, segundo informações colhidas junto ao IBGE e à DSG.

Tabela 4 — Situação do Mapeamento Analógico

Escala	Nº de Folhas País	Folhas Impressas			Total de Folhas	
		DSG	IBGE	Outras Orgs.		% Mapeamento
1:1.000.000	48		48		48	100
1:250.000	550	237	152	5	394	71,6
1:100.000	3.036	1.290	656	173	2.119	69,9
1:50.000	12.144	854	718	68	1.640	13,5
1:25.000	48.576	158	30	154	342	0,7

Foi desenvolvido durante muitos anos grande esforço para o estabelecimento de normas disciplinadoras do processo cartográfico brasileiro e para a criação de um órgão responsável pelo cumprimento dessas normas.

Tabela 5 — Situação do Mapeamento Digital

Escala País	Nº de Folhas DSG	Folhas Impressas		Total de Folhas	% Mapeamento
		IBGE	Outras Orgs.		
1:250.000	183	79	0	262	47,6
1:100.000	685	123	0	808	26,6
1:50.000	274	40	0	314	2,6
1:25.000	181	0	0	181	0,4

A Comissão de Cartografia (COCAR), criada em 1967, permitiu que esse objetivo fosse alcançado, porém vem sofrendo problemas desde a sua criação até os dias atuais, como, por exemplo, a sua extinção em 1992. Somente em 21 de junho de 1994 foi sancionado o decreto que cria a Comissão Nacional de Cartografia (CONCAR), em substituição à COCAR, introduzindo algumas modificações na sua estrutura organizacional e administrativa.

Em 10 de maio de 2000, a CONCAR foi mantida por decreto-lei, sendo portanto o órgão de cúpula para gerir e coordenar a Política Cartográfica Nacional.

3.1. LEGISLAÇÃO VIGENTE

A Cartografia Nacional está até os dias de hoje definida pelo Decreto-Lei 243, criado em 28 de fevereiro de 1967, o qual estabelece as diretrizes e bases das atividades cartográficas e correlatas no âmbito nacional. Para alcançar esse objetivo foi criada uma estrutura cartográfica, que atende e acompanha o desenvolvimento econômico-social do país e as necessidades da segurança nacional. Essa estrutura se traduz com o estabelecimento de alguns conceitos e normas, além da criação da COCAR, atual CONCAR.

Alguns desses conceitos são essenciais para o entendimento da estrutura cartográfica e a sua vinculação com o ordenamento territorial. Entre eles, podem ser citados os seguintes:

3.1.1. Sistema Cartográfico Nacional

As atividades cartográficas, em todo o território nacional, serão levadas a efeito por meio de um sistema único — o Sistema Cartográfico Nacional (SCN) — sujeito à disciplina de planos e instrumentos de caráter normativo, consoante os preceitos do citado decreto-lei. O SCN é constituído pelas entidades nacionais, públicas e privadas que tenham por atribuição principal executar trabalhos cartográficos ou atividades correlatas.

Em 1981 foi criado o Plano Cartográfico Nacional, constituído pelo conjunto dos Planos Cartográficos Terrestre Básico, Náutico e Aeronáutico, destinados a orientar a execução das atividades cartográficas em seus respectivos campos. O Plano Cartográfico Terrestre Básico é integrado pelos Planos Geodésico Fundamental, Cartográfico Básico do Exército e Cartográfico Básico do IBGE.

3.1.2. Representação do Espaço Territorial

O espaço territorial brasileiro, para os efeitos do decreto-lei, é representado através de cartas, mapas e outras formas de expressão afins. As cartas, determinadas pela representação plana, gráfica e convencional da superfície terrestre são classificadas quanto à representação dimensional em planimétricas e planialtimétricas; e quanto ao caráter informativo em gerais, quando proporcionam informações genéricas de uso não particularizado; especiais, quando registram informações específicas, destinadas, em particular, a uma única classe de usuários; e temáticas, quando apresentam um ou mais fenômenos específicos, servindo a representação dimensional apenas para situar um tema.

3.1.3. Cartografia Sistemática

A Cartografia Sistemática tem por finalidade a representação de todo o espaço territorial brasileiro por meio de cartas, que são elaboradas seletiva e progressivamente, consoante as prioridades conjunturais, segundo os padrões cartográficos terrestre, náutico e aeronáutico.

A Cartografia Sistemática Terrestre Básica objetiva a representação da área terrestre nacional, por meio de séries de cartas gerais contínuas, homogêneas e articuladas, nas escalas-padrão assim discriminadas:

— Série de 1:1.000.000 — Carta Internacional do Mundo — CIM
— Série de 1:500.000
— Série de 1:250.000
— Série de 1:100.000
— Série de 1:50.000

— Série de 1:25.000

A Cartografia Sistemática Náutica tem por fim a representação hidrográfica da faixa oceânica adjacente ao litoral brasileiro, assim como dos rios, canais e outras vias navegáveis de seu território, mediante as informações necessárias à segurança da navegação.

A Cartografia Sistemática Aeronáutica visa à representação da área nacional, por meio de séries de cartas aeronáuticas padronizadas, destinadas ao uso da navegação aérea.

A Cartografa Sistemática Especial, bem como a Temática, obedecem aos padrões estabelecidos para as cartas gerais, com as simplificações que se fizerem necessárias à consecução de seus objetivos precípuos, ressalvados os casos de inexistência de cartas gerais.

3.1.4. INFRA-ESTRUTURA CARTOGRÁFICA

Os levantamentos cartográficos sistemáticos apóiam-se obrigatoriamente em sistema planialtimétrico único, de pontos geodésicos de controle, materializado no terreno por meio de marcos, pilares e sinais, constituído pela rede geodésica fundamental interligada ao sistema continental e pelas redes secundárias, apoiadas na fundamental, de precisão compatível com as escalas das cartas a serem elaboradas.

São admitidos sistemas de apoio isolados, em caráter provisório, somente em caso de inexistência ou impossibilidade imediata de conexão ao sistema planialtimétrico previsto nesse artigo.

Compete precipuamente ao Conselho Nacional de Geografia promover o estabelecimento da rede geodésica fundamental, do sistema planialtimétrico único. O Conselho Nacional de Geografia (CNG) era subordinado ao IBGE. Hoje em dia, as atividades desse conselho são dirigidas pela Diretoria de Geodésia e Cartografia, subordinada ao IBGE.

3.1.5. Normas Técnicas

Os trabalhos de natureza cartográfica realizados no território brasileiro obedecem às normas técnicas estabelecidas pelos órgãos federais competentes, discriminadas na forma seguinte:

— ao Conselho Nacional de Geografia, do IBGE, no que concerne à rede geodésica fundamental e às séries de cartas gerais, das escalas menores de 1:250.000;
— à Diretoria do Serviço Geográfico, do Ministério da Guerra, no que concerne às séries de cartas gerais, das escalas de 1:250.000 e maiores;
— à Diretoria de Hidrografia e Navegação, do Ministério da Marinha, no que concerne às cartas náuticas de qualquer escala;
— à Diretoria de Rotas Aéreas, do Ministério da Aeronáutica, no que concerne às cartas aeronáuticas de qualquer escala.

As normas técnicas de cartas temáticas e especiais são estabelecidas por órgãos públicos interessados. Cabe ao IBGE difundir e fazer observar as normas técnicas de cartas gerais.

4. Escalas de Ordenamento e Natureza da Informação

Quando as questões prioritárias de um estudo giram em torno do que existe em um local preestabelecido e onde se localiza uma determinada informação, a abordagem geográfica ou espacial do problema deve ser considerada em um sistema preparado para tal. A necessidade de responder a tais questões apresenta, dessa forma, outra importante necessidade: a de manipulação de dados ou informações geográficas ou espaciais.

Atualmente, as informações veiculadas pela maioria das aplicações necessárias ao planejamento e pesquisa de diversas áreas possuem o atributo espacial, ou de posicionamento no espaço terrestre, como mais uma de suas características básicas. Cada vez mais se tem consciência da importância de se considerarem a distribuição e a localização geográficas dos dados manipulados, assim como os seus inter-relacionamentos, implícitos ou explícitos.

O espaço em que vivemos está repleto de informações geográficas, ou seja, de dados posicionados geograficamente. Essa localização espacial é representada através de um sistema de coordenadas qualquer, associado ou não a um sistema de projeção cartográfica, podendo ser bi ou tridimensional (Cruz, 1994).

4.1. Escalas de Ordenamento

A escala é a primeira transformação a que a informação geográfica é submetida no seu trajeto de transformação para a informação cartográfica. O conceito de escala em termos cartográficos é essencial para qualquer tipo de representação espacial, traduzido por uma grande importância, uma vez que todo documento cartográfico será afetado por sua transformação, no mínimo segundo uma redução do mundo real.

Genericamente pode ser definido de uma forma bem simples, como a relação entre a dimensão representada do objeto e a sua dimensão real. É portanto uma razão adimensional entre as unidades da representação e do seu tamanho real (Robinson *et al.*, 1995; Mahling, 1993; Kraak & Ormeling, 1996).

O termo *escala*, se analisado superficialmente, pode parecer ambíguo, possuindo significados diversos, em certos aspectos até divergentes entre si. É necessário em alguns casos para se evitarem quaisquer dúvidas, que o contexto onde esteja colocado seja bastante claro, evitando, assim, possíveis problemas de interpretação.

A importância da escala é fundamental em pesquisas de cunho geográfico, cartográfico ou ambiental, ou qualquer outra que se realize sobre o espaço físico de atuação de um fenômeno, espacializando a sua representação. Seus conceitos serão sempre aplicados em quaisquer desses estudos (Turner, 1989).

A escala pode ser abordada dentro de um contexto espacial ou temporal. A escala temporal é importante para o estudo de uma grande quantidade de fenômenos, sendo muitas vezes aplicada em conjunto com a escala espacial, principalmente para a indicação de elementos ligados a fatores evolutivos e ambientais, como seus períodos de ocorrência e atuação.

Sob a abordagem espacial, a escala estará sempre presente em qualquer nível de estudos geográficos e cartográficos, sendo considerada fator determinante para a delimitação do espaço físico, grau de detalhamento de uma representação ou identificação de feições geográficas. Dentro desse contexto, surgiram alguns conceitos que serão opostos, como a escala geográfica e cartográfica.

Em termos geográficos, por sua vez, a percepção é espacial, dependente da amplitude da área em estudo. A visão dos fenômenos ou informações dentro da área será afetada de alguma forma pelo conceito de escala.

Pela visão cartográfica, o conceito de escala é estabelecido pela razão de semelhança entre a representação e o mundo real. Analogicamente o conceito é perfeitamente captado, pela facilidade de tangibilidade exercida por um mapa. Em termos digitais, porém, o conceito em certa forma pode inclusive tornar-se um problema sério, uma vez que a representação de um mapa se pode dar em coordenadas de terreno. Podem, inclusive, acontecer afirmações perigosas do tipo de não-dependência à escala por parte de bases digitais (Goodchild & Quattrochi, 1997). Uma vez que se trabalhe com um conjunto georreferenciado, ou seja, em coordenadas de terreno, as funções de aproximação e afastamento (*zoom in* e *zoom out*), existentes em todos os sistemas computacionais, fornecem essa sensação de independência de escala, uma vez que podem gerar visualizações em uma série contínua de escalas. Entretanto, a obtenção das coordenadas de terreno foi efetuada através do georreferenciamento, em uma aquisição vetorial ou matricial, em uma escala preexistente (mapas em diversas escalas). Assim, a informação digitalizada está vinculada a todos os erros e à generalização que foi aplicada ao documento-fonte.

Escalas cartograficamente maiores representam nível de detalhamento superior ao de escalas menores, abordando, por sua vez, uma área geográfica menor (Figura 1). Isso, por sua vez, leva também ao estabelecimento de um nível de detalhamento da própria informação que esteja sendo representada. Assim, a informação poderá ser visualizada segundo diferentes níveis de detalhamento, ocasionando diversas possibilidades de interpretação. De certa forma, sob a visão cartográfica, não existe erro ou representação errada da informação, porém se questiona até que ponto essa diferença entre as representações ou interpretações da informação é aceitável.

A percepção de escala é diferente, conforme seja abordada por diferentes usuários, como também até pelo tipo de fenômeno que esteja sendo representado. Para alguns fenômenos geográficos, por exemplo, os ambientais e geoecológicos, a informação só será percebida se visualizada em uma escala, dentro de sua área de atuação ou dentro do seu contexto

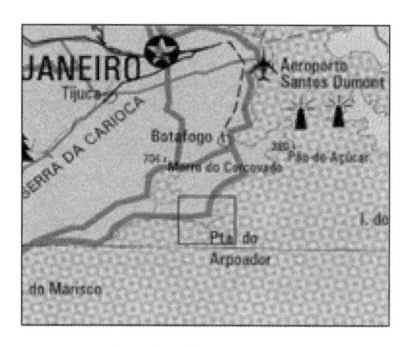

Figura 1 — Diferenças no nível de detalhamento em escalas distintas.

espacial, integrada com outras informações e por suas propriedades e seus relacionamentos. Dessa forma, muitas vezes pode ocorrer que a generalização, em vez de simplificar, possa adicionar mais informação ao mapa. Nesse aspecto a escala representa um limite para o volume de informação que pode ser incluído no mapa, bem como o nível de realidade que pode ser visualizado (Lam & Quattrochi, 1992).

Logo, o conceito de escala geográfica se contrapõe ao conceito de escala cartográfica, sendo traduzida pela amplitude da área geográfica em estudo. Esse conceito estabelece que quanto maior a extensão da área, maior será a escala geográfica associada. Desse modo, é mostrado o antagonismo existente com a escala cartográfica: quanto maior a escala geográfica, menor será a escala cartográfica aplicada.

O último conceito a ser estabelecido é o de escala operacional. Esse conceito relaciona-se diretamente com a escala geográfica de atuação ou de operação de um determinado fenômeno. Por exemplo, a escala operacional da poluição ambiental de uma fábrica isolada será menor que a escala operacional de um distrito industrial como um todo.

Cabe a consideração de que a escala operacional de alguns fenômenos pode aumentar sensivelmente, levando-se em conta a sua ocorrência temporal. Por exemplo, um breve período de lançamento de esgoto *in natura* (horas ou dias) terá uma área de atuação bastante menor do que se considerado um período de tempo maior (semanas ou meses).

4.1.1. Informações e Escalas de Observação

As informações geográficas possuem características que podem ser assumidas como qualitativas ou quantitativas. A qualitativa é a que apresenta a sua tipificação, ou seja, a sua qualificação. Por exemplo, uma igreja, uma estrada, um rio, uma área de vegetação, uma ocorrência de determinado tipo de solo, um tipo específico de cobertura vegetal. A simbologia adotada irá apenas qualificar o tipo de ocorrência, juntamente com seu posicionamento geográfico, os seus principais atributos. Não existe associação com nenhum tipo de hierarquização ou quantificação de valores.

Já a informação quantitativa é caracterizada por representar um valor mensurável para o fenômeno ou sua ocorrência. Podem também, sem valorar, dar uma idéia de hierarquia ou de priorização de elementos ou associar valores quantificáveis para a representação do fenômeno. Por exemplo, a ocorrência de estradas, distintas por classes (auto-estrada, primeira classe, federal, estadual, pista simples, pista dupla, etc.), dando uma idéia de hierarquia, ordenação ou prioridade. A associação às estradas de dados de fluxo de veículos, capacidade de escoamento de carga, capacidade de suporte de veículos é típica de quantificação por valores mensuráveis sobre o fenômeno.

O objetivo de um mapa de base é exibir uma variedade de informações geográficas e, pelo menos em teoria, nenhuma classe deve ser mais importante que outra. Um mapa temático, por sua vez, tem interesse principal em apresentar a forma geral ou a estrutura de uma dada distribuição espacial ou combinação de algumas. O relacionamento estrutural de dada parte com o todo é que terá maior importância. É uma espécie de ensaio gráfico relacionado com as variações espaciais e relacionamentos com alguma distribuição espacial.

As escalas de observação (nesse caso, o termo *escala* refere-se à forma de associação às informações qualitativas e quantitativas e não ao conceito clássico espacial de razão de escala) são denominadas nominais, ordinais, intervalos e razão (Robinson, 1995).

A escala nominal traduz as informações qualitativas, possuindo portanto todas as suas características. A escala ordinal associa-se às distribuições quantitativas não valoradas, definidas por uma hierarquização de importância ou priorização apropriada. As escalas de intervalo e razão associam-se às informações quantitativas valoradas, sendo as de intervalo traduzidas por valores dentro de uma faixa contínua de ocorrência e as de razão representadas por valores obtidos de associações ou relacionamentos entre dois ou mais elementos.

Existe uma variedade ilimitada de dados espaciais que podem ser mapeados e todos devem ser representados por símbolos. De maneira a considerar as maneiras pelas quais os sinais convencionais (ou convenções) podem ser empregados, é útil classificá-las, definindo-se três tipos de classes de símbolos, quanto às suas características gráficas: pontos, linhas e áreas (Robinson *et al.*, 1995; Cromley, 1992). Pode-se ainda estabelecer outra classe, definida por uma característica volumétrica (Laurini, 1994).

4.2. Natureza do Dado Ambiental

O mundo real consiste de inúmeras características geográficas. Estudos indicam que 90% das decisões efetuadas por prefeituras e órgãos estaduais ou federais estão relacionadas a fenômenos posicionados no espaço geográfico. Logo, consideram um conjunto de dados físicos, sociais e econômicos, cujo significado contém uma associação ou relação com uma localidade específica. Esses tipos de dados, devidamente organizados, permitem efetivar diversas tarefas temáticas e ajudam a responder questionamentos, tais como: Onde está? Quais são as suas características? Como se relacionam? O que contêm?

É importante o conhecimento da natureza dos dados ambientais para que se possam acompanhar as variações espaço-temporais a que estão sujeitos, descrevendo-as e mensurando-as, de modo a se determinar o grau de incerteza a eles atrelados.

Atualmente tais representações são construídas em meio digital, através do auxílio de sistemas computacionais especializados no tratamento da informação georreferenciada. Dessa forma, cresce cada vez mais a importância do uso de Sistemas de Informações Geográficas (SIGs) nos processos de aquisição, armazenamento, tratamento e análise de dados geográficos.

Inúmeros são os fatores que devem ser considerados no processo de discretização do espaço que viabilize a transposição da informação geográfica para o meio digital, não se podendo esquecer que dela depende todo o sucesso de qualquer implementação. Segundo Borges & Davis (1999), os fatores mais importantes são:

— transcrição da informação geográfica em unidades lógicas de dados;
— forma como o espaço é percebido;
— natureza diversificada dos dados geográficos;
— existência de relações espaciais;

— coexistência de entidades essenciais ao processamento e entidades "cartográficas".

Ao se iniciar o estudo de fenômenos geográficos é extremamente importante que seja possível abstrair os modelos conceituais que melhor se ajustem às variáveis a serem representadas no sistema.

Como cada caso possui particularidades próprias, são vários e diferentes os caminhos a seguir e, conseqüentemente, as soluções a serem adotadas. Os diferentes tipos de dados podem ser caracterizados como de natureza contínua ou discreta, sendo denominados por Burroughs (1998) como campos e objetos, respectivamente.

Pode-se dizer que quando for necessário descrever o fenômeno a partir de seus atributos ou propriedades, e de representá-lo por meio de uma geometria bem definida, a associação deve ser feita com o modelo-objeto. De outra forma, para os casos em que ocorra a variação contínua de um atributo no espaço geográfico, o modelo conceitual adequado passa a ser o de campo.

A visão mais comum do espaço geográfico é dada através dos objetos. Constantemente nos referimos à localização e dimensões dessas entidades, expressas, por exemplo, por casas, quadras, bairros, fazendas, rios. Observando esses exemplos, é fácil verificar que tais entidades são bem definidas através de seus limites e posicionamento.

Para o caso dos campos, a aproximação do espaço geográfico é dada em termos de um sistema de coordenadas cartesianas contínuas, de duas ou três dimensões (ou até quatro, quando o tempo for considerado). Variáveis expressas por uma variação contínua no espaço, tais como a pressão, a temperatura, o relevo, a poluição, são enquadradas nesse tipo de modelo. Nesses casos, são importantes as avaliações do padrão de distribuição e da possível existência de aglomerações de valores ou *clusters*.

Obviamente, o conjunto de funções de manipulação disponível para cada um desses modelos é particular, sendo esse o fator mais limitante para a realização do processo de análise posterior sobre dados que tenham sido indevidamente representados.

Por sua vez, esses modelos podem ser ainda especializados em conjuntos de dados mais homogêneos, muito manipulados em sistemas de informações geográficas. De acordo com Câmara *et al.* (1999), têm-se:

Objetos:
— Cadastral (ex.: cadastro urbano, com objetos do tipo lote, quadra, poste e cadastro fundiário, composto por propriedades rurais).
— Rede (muito usada em serviços de utilidade pública, como transporte, concessionárias de luz, água e esgoto).

Campos:
— Temático (descritores da distribuição espacial de fenômenos, em que a abordagem qualitativa pode também ser aplicada, como, por exemplo, em um mapa de solos, geologia).
— Numérico (usado para a representação quantitativa de uma grandeza que varia continuamente no espaço. Mais conhecido como Modelo Numérico do Terreno — MNT).
— Imagem de Sensoriamento Remoto (podendo ser fotografias aéreas ou imagens orbitais).

Análises geográficas geralmente consideram um conjunto amplo de dados de naturezas distintas. Nesse contexto, mais importante se faz a seleção de representações cartográficas adequadas a cada tema, de forma a que o processo de integração de dados e informações seja otimizado e atenda às demandas dos usuários.

5. Generalização e Compatibilização Cartográficas

As transformações cognitivas são aquelas sofridas pela informação geográfica, para que possa tanto ser representada cartograficamente quanto ser reconhecida como a informação existente no mundo real. É uma transformação do conhecimento, uma vez que suas características podem ser alteradas durante o processo, justamente para poder representar a sua ocorrência no mundo real.

Para o processo cartográfico, as transformações cognitivas mais importantes são a generalização e a simbolização. Essas transformações realizam uma adaptação da informação geográfica, selecionando, eliminando o que não é importante representar, classificando a informação e representando-a por uma simbologia apropriada, adequadamente aos objetivos propostos para o mapeamento, de acordo com o tema representado, pelas características da área geográfica, pela natureza das informações disponíveis e de acordo com a escala do mapeamento.

O processo de generalização é essencial tanto para a cartografia de base como para a cartografia temática, pois tem como objetivo principal a elaboração de mapas, cujas informações possuam clareza gráfica suficiente para o estabelecimento da comunicação cartográfica desejada; em outras palavras, a legibilidade do mapa.

5.1. Generalização Cartográfica

Devido ao fato de os mapas não poderem representar integralmente a realidade terrestre, surge a necessidade de se efetuarem seleções, ou seja, discriminar potencialmente as entidades de maior interesse. Pode-se assim dizer que os mapas são generalizações do mundo real.

Generalização diz respeito à seleção, simplificação e simbolização de fenômenos, sendo diretamente dependente do objetivo a ser alcançado e da escala de representação cartográfica a ser empregada. Isso é válido tanto para dados básicos quanto para temáticos.

O processo de generalização é extremamente importante à comunicabilidade do mapa, pois permite maior clareza e objetividade na veiculação da informação de interesse. Esse processo não é de simples execução, devendo ser elaborado por profissionais especialistas na temática abordada para que omissões importantes sejam evitadas, ou seja, as simplificações efetuadas não devem mascarar a caracterização do dado com comprometimento da informação.

A transformação de escala é a operação mais relevante para a imposição da generalização. Como toda operação de mapeamento implica transformação de escala, fica também implícito o processo de generalização para todo e qualquer processo de mapeamento. Esse fator é considerado o mais importante, porque, independentemente de todos os demais, o mapa será generalizado. Quanto menor a escala, maior será a generalização das informações, sendo portanto a generalização inversamente proporcional à escala.

Em resumo, a generalização é função dos seguintes fatores:

— escala (mais importante)
— finalidade da carta
— tema representado
— características da região mapeada
— natureza das informações disponíveis sobre a região

A finalidade diz respeito ao emprego do mapa, para o que ele vá servir e a quais usuários deverá atender.

O tema conduz a uma simplificação dos detalhes que não interessam exibir ou são irrelevantes; por exemplo, o relevo numa carta básica é essencial, enquanto em uma carta náutica é apenas esquematizado.

As características regionais vão estabelecer o que é importante ser representado no mapa, dependendo de sua importância relativa para a região considerada. Por exemplo, a localização de um poço artesiano no Rio de Janeiro e em uma região desértica ou semidesértica. O poço da região desértica tem importância relativa muito maior, sendo relevante a sua representação.

O problema da generalização torna-se bastante sério em um ambiente digital, uma vez que a possibilidade de existir uma função de *zoom* ilimitada pode resultar em mapas ilusórios, na interpretação de seus conteúdos.

Muitas técnicas são utilizadas para a representação gráfica da realidade terrestre. São elas: a seleção, a simplificação, a classificação e a simbolização (Tyner, 1992).

A seleção envolve as operações de definição dos tipos de dados relevantes e o nível de informações levantadas por categoria. Por exemplo, pode-se ter o caso de se definir a necessidade de representar as categorias, hidrografia e sistema viário em uma determinada área, e num nível mais específico pode-se querer representar somente os rios principais e as rodovias federais.

A simplificação é muito utilizada no caso da representação de feições complexas, como podem ser o contorno de uma linha de costa ou o curso de um rio, por exemplo. O nível de detalhamento é reduzido, principalmente no caso de limitações em escala ou devido a uma objetividade temática mais direcionada, ou seja, quando não for de interesse. Podemos exemplificar esses casos comparando o nível de detalhamento obtido nas escalas 1:25.000 (maior) e 1:1.000.000 (bem menor), ou, ainda, a definição do traçado de uma linha de costa, como, por exemplo, numa carta náutica (de extrema importância) e num mapa de solos.

Na classificação os dados são normalmente agrupados. Nesse caso, torna-se primordial que a definição dessas categorias seja feita cuidadosamente, evitando-se omissões importantes ou detalhamento excessivo. O número de classes ideal para cada aplicação não é de fácil resolução, demandando uma série de considerações. Na maioria dos casos, esse processo não possui propósitos cartográficos.

Já a simbolização, que para alguns autores não é um processo de generalização, inclui a seleção e o desenho de símbolos que representem o fenômeno geográfico no mapa, considerando todas as suas características gráficas, tais como cor, forma, etc. (é o caso da utilização das cores vermelha e azul para a representação de quente e frio, respectivamente, ou, ainda, o uso de um avião indicando a localização de um aeroporto). Deve-se ter o cuidado de na utilização de símbolos manter-se a coerência com o fenômeno representado pelo dado.

5.2. Compatibilização

Um dos maiores problemas na integração de dados está relacionado com a sua compatibilização. Não é difícil deparar-se com mapas em escala, sistema de projeção, *datum* e até qualificações variadas durante um processo de gestão territorial ou ambiental, cuja solução pode ser bastante complexa. Normalmente o que ocorre é uma situação de ignorância quanto a esses aspectos, o que pode ser responsável por mensurações e análises distorcidas da realidade.

Tais problemas se agravam ainda mais pelo fato de a maioria dos usuários manipular dados em meio digital e buscar apoio nas funções disponibilizadas pelos sistemas computacionais vigentes, sem um critério técnico mais apurado que respalde as operações realizadas. Em muitos casos, soluções duvidosas são assumidas.

Logo, a maior ou menor facilidade da integração de dados e informações depende do nível de compatibilização entre as bases consideradas. Ampliar esse nível requer, muitas vezes, exaustivos trabalhos de campo e/ou gabinete. A pior situação ocorre quando tais necessidades são completamente ignoradas ou relegadas a um plano de menor importância, sendo muitas vezes consideradas como preciosismo por parte de alguns usuários. É necessário, portanto, ampliar o nível de consciência quanto a essa problemática e indicar os principais cuidados a serem tomados para que erros graves não ocorram.

Os elementos mais importantes a serem considerados são os seguintes:

— Quanto à escala:
Evitar ampliações, dando prioridade às reduções.
Generalizar sempre que necessário, não esquecendo que operações de generalização são inversamente proporcionais à escala.
Verificar se as escalas são adequadas aos objetivos propostos ou se novos levantamentos serão necessários.

— Quanto às transformações projetivas:
Verificar se todos os documentos cartográficos encontram-se referenciados ao mesmo sistema geodésico e sistema de projeção e se as coordenadas encontram-se sob as mesmas dimensões.

— Quanto ao nível de atualização:
Verificar se as informações são suficientemente atualizadas e o grau de atualização existente entre os diversos documentos.

— Quanto à generalização das informações:
Verificar o nível de generalização, principalmente da sua classificação.

6. Considerações Finais

Procurou-se apresentar uma visão ampla dos aspectos fundamentais da Cartografia no ordenamento territorial. Foram tecidas considerações sobre escalas, níveis de generalização, problemática atual da Cartografia brasileira como exemplos das questões necessariamente importantes para a criação do cenário cartográfico.

Cuidados importantes diante de problemas comuns são responsáveis, muitas vezes, pelo sucesso ou insucesso de projetos. Nesse contexto, ressalta-se ainda mais que a necessidade de integração de dados embute, na verdade, outra necessidade, a da sua compatibilização. Para que essa seja então realizada satisfatoriamente, devem-se adquirir conhecimentos específicos que minimizem o nível de desconhecimento cartográfico, responsável muitas vezes pela grande maioria dos problemas diagnosticados.

Conclui-se que, como os estudos geográficos podem abranger escalas locais, regionais, nacionais e globais, considerando tanto aspectos físicos como socioeconômicos, é necessário dispor-se de uma Cartografia adequada para a representação de ocorrências, funções e funcionalidades existentes entre os diversos tipos de informações geográficas, encontradas em todos os aspectos, no ordenamento territorial.

7. Referências Bibliográficas

BÉGUIN, M. & PUMAIN, D. *La Représentation des Données Géographiques*. Paris: Armand Colin, 1994, p. 192.

BOARD, C. Report of the Working Group on Cartographic Definitions, *Cartographic Journal* 29, 1990, p. 65-69.

CLARKE, K. *Analytical and Computer Cartography*. Englewood Cliffs: Prentice Hall, 1995, p. 334.

CROMLEY, R. G. *Digital Cartography*. Englewood Cliffs: Prentice Hall, 1992, 317p.

CRUZ, C. B. M. *As Bases Operacionais para a Modelagem e Implementação de um Banco de Dados Geográficos em apoio à Gestão Ambiental* — Um Exemplo Aplicado à Bacia de Campos, RJ. Tese de doutorado, UFRJ, 2000.

CRUZ, C. B. M. & PINA, M. F. R. P. Fundamentos de Cartografia. Apostila em CD-ROM, 1999.

DENT, B. D. *Cartography*. Thematic Map Design, 4ª ed. Iowa: Dubuque, 1999.

GOODCHILD, M. F. & QUATTROCHI, D. A. Scale, multiscaling, remote sensing and GIS, Scale in Remote Sensing and GIS. Boca Ratton: Lewis Pub., CRC Press, 1997.

GUENIN, R. *Cartographie Générale*. Collection Scientifique d L'Institut Geographique National. Paris: Eyrolles, 1972.

KRAAK, M. J. & ORMELING, F. J. *Cartography-Visualization of Spatial Data*. Essex: Addison Wesley Longman Limited, 1996, 222p.

LAM, N. & QUATTROCHI, D. A. On the issues of scale, resolution, and fractal anlysis in the mapping sciences. *In Prof Geographer*, 44: 1992, p. 88-98.

MAHLING, D. H. *Coordinate Systems and Map Projections*. 2ª ed. Nova York: Pergamon Press, 1993, 476p.

MENEZES, P. M. L. Notas de Aula de Cartografia e Cartografia Temática, não publicadas. Curso de Graduação em Geografia, Dep. de Geografia, UFRJ, Rio de Janeiro, RJ, 1996a.

MOELLERING, H. Designing Interactive Cartographic Systems Using the Concepts of Real and Virtual Maps. Proccedings, AUTOCARTO 6, Sixth International Symposium on Computer — Assisted Cartography, Ottawa, 1983, Vol. 2, p. 53-64.

OLIVEIRA, C. *Dicionário Cartográfico*, 1ª ed. Rio de Janeiro: IBGE, 1980, 640 p.

PETERSON, M. P. *Interactive and Animated Cartography* Nova York: Prentice Hall, 1995, 464p.

PINA, M. F. R. P. *Modelagem e Estruturação de Dados Não-Gráficos em Ambiente de Sistemas de Informação Geográfica:* estudo de caso na área de Saúde Pública. Tese de mestrado, IME, 1994.

ROBINSON, A. H.; MORRISON, J. L.; MUEHRCKE, P. C.; KIMERLING, A. J. & GUPTILL, S. C. *Elements of Cartography*. 6ª ed. Nova York: John Willey & Sons, 544, p. 1995.

SANTOS, C. A. *Suporte de Metadados na Recuperação de Imagens de Satélites Digitais Classificadas*. Tese de mestrado, IME, 1997.

TURNER, M. G. *et alii*. Effects of changing spatial scale on analysis of lanscape pattern. *Landscape Ecology* 3: 1989, p. 153-162.

TYNER, J. *Introduction to Thematic Cartography*. Englewood Cliffs: Prentice Hall, 1992, 299p.

CAPÍTULO 7

O Processo de Formação Territorial do Estado do Rio de Janeiro

Hélio de Araújo Evangelista
Rui Erthal

1. Introdução

Partimos da concepção de que a organização espacial é permeada por diversas relações de poder. A distribuição das atividades, a localização das pessoas, as vias de circulação, etc. estão calcadas por relações não só econômicas ou culturais, mas políticas, e a sua expressão mais nítida é a delimitação do território, processo em que o Estado adquire papel ímpar.

Entendemos que a fronteira ora em estudo não tem nos elementos naturais — um rio, uma montanha, etc. — a sua base. Na verdade, ela decorre de uma grande diversidade de fatores mediatizados por um jogo de forças dos atores sociais que visam a uma estratégia de controle e uso do território; a concepção de fronteira natural só existe na condição de ser extraída de uma dinâmica histórica, estando adequada a projetos de uma dada sociedade (Raffestin, 1993, p. 164-165).

A formação de uma fronteira não é entendida como a cristalização de um processo histórico que atua como se fosse uma reminiscência do passado. Entendemos ser ela continuamente revalidada pela dinâmica socioeconômica da sociedade, de modo que a sua alteração representa o acúmulo de tensões que se expressam politicamente e que derrotam as forças sociais que procuravam manter a linha original. A fronteira traz no seu bojo uma combinação muito complexa entre o que ela traz de história e o que ela passa a significar nos dias atuais.

A princípio, o trabalho se pautou por uma concepção pela qual a formação das fronteiras do Rio de Janeiro fora marcada pelo processo de ocupação do território; por essa perspectiva imaginava-se que o corte das fronteiras decorreria do encontro de processos de ocupação com sentidos opostos (por exemplo: a fronteira entre Rio de Janeiro e Minas Gerais seria originada pelo "confronto" entre dois vetores de ocupação).

No entanto, a partir da análise desse processo verificou-se que as delimitações ocorriam a partir de uma lógica que não tinha, necessariamente, um vínculo com o que se dava no local. Na verdade, para compreendermos a "costura" da linha de fronteira eram exigidos diferentes *cenários geopolíticos* interligados.

A pesquisa considerou os cenários geopolíticos a partir da identificação de fenômenos políticos situados em diferentes porções territoriais, mas interligados por estratégia(s) espacial(ais) que chegava(m) a afetar a conformação das fronteiras do Rio de Janeiro.

Outro aspecto a frisar diz respeito à impossibilidade de analisarmos a formação das fronteiras a partir de uma noção de tempo contínuo, longo, cumulativo; pelo contrário, os sucessivos cenários geopolíticos que nos víamos obrigados a considerar correspondiam também a diferentes processos históricos em diferentes tempos com diferentes espaços.

1.1. AS FASES DA OCUPAÇÃO DO TERRITÓRIO

Embora não se tenha conhecimento de um alvará que explicite a formação da Capitania do Rio de Janeiro (Moreira Pinto, 1899, p. 371-372), essa foi sendo constituída paulatinamente ao longo dos séculos XVI e XVII.

1.1.1. O DESCOBRIMENTO

A partir do descobrimento do Brasil foram implantadas algumas feitorias na área em estudo, como a de Cabo Frio, fundada por Américo

Vespúcio em 1503, e a do Rio de Janeiro, por João Braga, como forma de favorecer o reconhecimento das diferentes partes da colônia (Santos, 1968, *in:* SEAF, 1991, p. 10).

No entanto, dados os progressos dos espanhóis nas margens do Rio Paraguai e as sucessivas invasões dos franceses no território recém-descoberto, D. João III, filho de D. Manuel I, dividiu a colônia em lotes de terras marcadas por léguas de costa avançando para o interior em linhas retas, as conhecidas capitanias hereditárias (Souza, 1988, p. 7).[58]

Das 15 capitanias estabelecidas pela Coroa portuguesa para o Brasil, três delas "riscaram" o atual território do Estado do Rio de Janeiro, a saber: a de São Vicente, a de São Tomé e a do Espírito Santo (Cecierj, 1993, p. 13).

Das três capitanias, no entanto, somente a de São Vicente alcançou significativo sucesso, mas numa faixa territorial correspondente ao território do atual Estado de São Paulo.[59]

A Capitania de São Tomé, por sua vez, apresentou alguma prosperidade no cultivo agrícola nas terras férteis próximas ao Rio Paraíba do Sul, porém, a ação belicosa dos índios goitacazes, aliada ao desconhecimento da morfologia do brejo existente na bacia de Campos, destruiu a maioria das plantações e núcleos populacionais, inclusive o povoado Vila da Rainha, fundado pelo donatário Pero de Góis e localizado próximo à cidade de São João da Barra (Peixoto, 1966).

A Capitania do Espírito Santo, apesar dos esforços de seu donatário, Vasco Fernandes Coutinho, que após vender todos os seus bens em Portugal investiu o montante arrecadado no Brasil, não obteve o mesmo sucesso verificado na Capitania de São Vicente.

---

[58] Os seus proprietários deveriam mediar as terras, torná-las agricultáveis, povoá-las e defendê-las. No entanto, o sistema de governo colonial, na avaliação de Hyppolito J. da Costa Pereira (*Correio Braziliense*, tomo 10, 1813, p. 203 (*in* Souza, 1988, p. 27), foi equivocado por ser uma imitação do sistema realizado na África, onde era realizada não uma colonização, mas sim uma conquista, para a qual o uso da força de armas e um governo militar eram elementos necessários, ao contrário da colônia, que deve seguir a legislação da metrópole.

[59] Segundo Moreira Pinto (1899, p. 371), na época o donatário Martim Afonso de Souza não compreendeu a importância do sítio da Baía de Guanabara para um futuro porto, não obstante ter ficado na área cerca de três meses.

Dados o precário sucesso do sistema de capitanias e o receio de que elas viessem a se afastar da metrópole, em função da grande distância, condições de vida diferentes e ilimitados privilégios concedidos aos donatários,[60] Tomé de Souza foi nomeado em 1549 como o primeiro governador-geral da colônia (Souza, 1988, p. 23), o qual tinha por incumbência criar uma sede do governo e indicar vários capitães e capitães-mores para as diversas capitanias, no intuito de estabelecer uma rede articulada de defesa no território colonizado (Souza, 1988, p. 23).

1.1.2. O Porto e a Cidade do Rio de Janeiro

A sua história está estreitamente vinculada ao sítio da Baía de Guanabara, que propiciou o aparecimento de um porto que serviria de ponto de embarque e desembarque dos mais diversos produtos.

A configuração da Baía de Guanabara, ao contrário da Baía de Sepetiba, situada a leste daquela, apresenta uma embocadura estreita, o que facilitava o sistema de defesa contra qualquer invasor vindo pelo mar. Desse modo, passa a ser desenvolvida na baía uma concentração de tropas que visavam não só a sua defesa, mas também como ponto de defesa das áreas vizinhas (Figueira de Almeida, 1929).[61]

O início da valorização da Baía de Guanabara, enquanto ponto de defesa, só veio a ocorrer a partir de sua invasão pelos franceses em 1556, na intenção de favorecer a colonização e a expansão das redes comerciais francesas (na época muito interessadas no pau-brasil).

A reação da corte portuguesa aos franceses foi liderada por Mem de Sá e seu sobrinho, Estácio de Sá,[62] os patriarcas da família, cuja influência sobre o Rio de Janeiro perduraria até o século XVIII.

---

[60] Numa citação de Varnhagen encontrada em Souza (1988, p. 23), seria "dizer que Portugal reconhecia a independência do Brasil antes de ele colonizar-se".
[61] Em 1710, mesmo com o forte dispositivo de defesa, a cidade foi invadida por Duclerc, após um desembarque na Baía de Sepetiba e percorrida toda a extensão do atual município do Rio de Janeiro para alcançar a cidade.
[62] Caberia ainda destacar a liderança do índio Araribóia, que dado o ferimento de Estácio de Sá na luta contra os franceses veio a tomar o comando da luta e alcançar a vitória. Esse índio, pelo apoio que deu, ganhou uma sesmaria no outro lado da Baía de Guanabara, chegando a fundar a aldeia de São Lourenço, local da atual cidade de Niterói.

A Cidade de São Sebastião do Rio de Janeiro, fundada em 1565 como forma de efetivar a ocupação da baía, passou a ser governada por capitães ou governadores em nome do rei (Cardoso, 1984, p. 11), dando origem à formação da Capitania do Rio de Janeiro, embora não se tenha constatado nenhuma Carta Régia ou Alvará decretando a doação em prejuízo do primeiro donatário, Martim Afonso de Souza (Moreira Pinto, 1899).

A fundação dessa cidade e o seu incremento como um dos pontos estratégicos de defesa da colônia suscitaram o aumento da produção agrícola no entorno da Baía de Guanabara, sendo incentivada a produção da cana-de-açúcar. Entre outros núcleos, surgiram São Gonçalo, São Lourenço e Icarahi.[63]

Após a fundação da cidade, a delimitação da capitania conhecia progressiva expansão dados os esforços de Salvador Correia de Sá (filho de Martim de Sá) e, posteriormente, de Cristóvão de Barros, que veio a criar a Prelazia Fluminense (Pizarro Araújo, p. 50-51, tomo 1, 1820).

No início da década de 1870, durante o reinado de D. Sebastião, o governo do Brasil é dividido em dois: do Norte e do Sul, cujas respectivas sedes seriam Salvador e Rio de Janeiro (Souza, 1988, p. 24). É confiado a Antônio Salema todo o território meridional do Brasil, ou seja, todo o território ao sul do Rio Jequitinhonha.[64] Essa divisão, embora tenha perdurado por apenas quatro anos, já destacava o caráter estratégico do Rio de Janeiro, proporcionado pela Baía de Guanabara.

Essa divisão, no entanto, é efetivada em 1641, um ano após o término da União Ibérica: a Capitania do Rio de Janeiro tornou-se independente do Governo Geral do Estado, segundo Provisão Régia de El-Rei D. João IV, que conferiu ainda jurisdição dessa capitania sobre as demais do Sul (Pizarro Araújo, tomo 1, 1820, p. 254).

O governo do Rio de Janeiro passou a ter delimitação que chegou a abranger uma vasta área, conforme duas descrições assim relacionadas:

---

63 Para um histórico sobre a cidade do Rio de Janeiro e região vizinha, entre as mais diversas obras, recomendaríamos o clássico de Alberto Lamego, *O Homem e a Guanabara*.
64 Segundo Moreira Pinto (1899, p. 373), a posse de Antonio Salema teria ocorrido em 1572; no entanto, Pizarro Araujo, tomo 1, 1820, p. 51, indica que a divisão do governo só ocorreu em 1574.

1ª descrição ... *a capitania geral do Rio de Janeiro abrangia todo o território do Estado do Rio de Janeiro, menos o da antiga capitania do Parahyba do Sul, a quasi totalidade do território mineiro, Goyaz, Matto Grosso, S. Paulo, Paraná, Santa Catharina, Rio Grande do Sul, denominada Capitania de El-Rei, e a Colônia do Sacramento e São Paulo, outr'ora capitania de São Vicente, que dependia da Bahia, obteve ser annexada ao Rio de Janeiro por Carta Regia de 22 de novembro de 1698, dirigida ao governador Arthur de Sá e Menezes, na qual se lêem as seguintes palavras: "Fui servido resolver fiquem nesse Governo do Rio de Janeiro, como pedem, com declaração que as causas que se moverem entre aquelles moradores de S. Paulo hão de ir por appellação para a Bahia, porque estas não podem acabar no Ouvidor do Rio de Janeiro; de que me parece avisar-vos, e ao Governador Geral do Estado para um e outro o terem assim entendido." Escripta em Lisboa a 22 de novembro de 1698. — Rey. Conde de Alvôr. Para o Governador da Capitania do Rio de Janeiro* (Moreira Pinto, 1899, p. 372).

2ª descrição *Abrange o Governo da Capitania todo território por costa de Mar desde Cabo Frio, até a Colônia do Sacramento, em cujo rumo ficava a nova Capitania do Rio Grande do Sul, e o Governo subalterno de Santa Catharina, e para o Sertão, tudo quanto se dilata aos confins da Coroa Portugueza. Dividido porém esse continente estensissimo em Capitanias, differentes, de S. Paulo, Minas Gerais, Goiás e Cuiabá, ou Mato Grosso, compreende hoje o espaço de setenta e cinco legoas, contadas da bordadura do mar desde o Septentrião até o Meio dia, e de cincoenta e cinco legoas desde o Oriente até o Occidente. Em largura para o Poente, desde Cabo Frio, terá vinte legoas com alguma differença que as situaçoens irregulares occasionam: para o Nascente se estreita muito para finalisar no Rio Camapoãn com mais ou menos de seis legoas, segundo os Mappas, que por Ordens especificas dos Governadores fizeram os Engenheiros encarregados d'essa diligencia* (Pizarro Araújo, tomo /, 1820, p. 144).

Paulatinamente, até por força do novo papel do Rio de Janeiro, a estrutura portuária dessa cidade foi atingindo maior complexidade, a cidade passou a apresentar um estamento burocrático e um sistema de defesa cada vez mais desenvolvido com a transferência mais tarde da capital da colônia para o Rio, em 1763, e a vinda da família real, em 1808, veio a acentuar ainda mais o papel gerenciador que a cidade vai ter desde o território fluminense até o território nacional.

1.1.3. CABO FRIO

Semelhante ao ocorrido com a baía da cidade do Rio de Janeiro, a região de Cabo Frio só veio a ser destacada com as sucessivas invasões dos europeus, destacadamente franceses, que a procuravam para coletar pau-brasil.

No entanto, essas invasões não devem ser vistas apenas no prisma econômico. Cabe considerar, também, o aspecto estratégico que a ocupação francesa poderia ter para o estabelecimento de uma espécie de "cabeça-de-ponte" para futuras expansões, dado que a região de Cabo Frio, que envolvia a Lagoa de Araruama, o vale do Rio São João, entre outros acidentes geográficos, proporcionava uma fácil expansão para o interior do atual Estado do Rio de Janeiro.

Em 1619, Gaspar de Souza, então governador-geral da colônia, mandou Constantino Menelau, governador do Rio de Janeiro, expulsar os franceses de Cabo Frio; após a expulsão, este veio a empossar, como governador de Cabo Frio, Estevam Gomes (Figueira de Almeida, 1929, 1ª parte, p. 33).

Estevam Gomes, por sua vez, tinha por governo a capitania de Cabo Frio, cujos limites, segundo Moreira Pinto (1899, p. 371-372), se estendiam da foz do rio *Macahé*, pela fronteira oriental, até alcançar a ponta Negra, com uma extensão de 29 léguas.[65] Entretanto, Moreira Pinto destaca, semelhante à observação sobre a Capitania do Rio de Janeiro, que nunca teve acesso à Carta Régia ou Alvará decretando a doação dessa nova capitania em prejuízo do primeiro donatário, Martim Afonso de Souza (Moreira Pinto, 1899, p. 371-372).

---

[65] Dado o caráter sucinto na descrição desse limite, não nos foi possível localizar a Ponta Negra.

1.1.4. ANGRA DOS REIS E PARATY

Paulatinamente, começa a surgir entre o Rio de Janeiro e São Vicente um intenso comércio, na medida em que o porto do Rio de Janeiro era privilegiado como ponto de acesso ao mercado europeu.

Por esse intercâmbio, toda a área intermediária passa a sofrer o influxo desse comércio, a ponto de se destacarem Paraty, Angra dos Reis e Ilha Grande. Essas localidades, embora sob a jurisdição da Capitania de São Vicente, estavam sob a influência do Rio de Janeiro.[66]

Em função das relações comerciais entre as partes, foi fundada em 1608 na Ilha Grande uma vila como uma forma de auxiliar a navegação ao favorecer o reabastecimento; em 1624 o núcleo populacional dessa Ilha foi deslocado por João Moura Fogaça para o continente onde é hoje Angra dos Reis (Vieira, 1985).

Além do acesso pelo mar, foi constituída uma via, o "Caminho dos guaianases ", que ia da vila de Piratininga (futura cidade de São Paulo) até alcançar o Atlântico no extremo sul da estrada; daí até São Sebastião do Rio de Janeiro o acesso era por via marítima. Nesse ponto de baldeação foi fundada a vila de Paraty em 1667.

De modo que em 1709, quando foram criadas as novas capitanias gerais de S. Paulo e de Minas Gerais, a delimitação da capitania do Rio de Janeiro iniciava-se a partir das serras de Paraty em direção ao norte (Moreira Pinto, 1899, p. 372).[67]

---

[66] " ... Graças ao facto de se ir ampliando a autoridade do governador do Rio a sua jurisdicção se foi extendendo ao longo do littoral do sul fluminense até Angra e Paraty, que, com o tempo, incorporou definitivamente ao torrão fluminense" (Figueira de Almeida, 1929, 1ª parte, p. 35).

[67] Nessa época a região de Paraty foi desanexada da Capitania de São Paulo e ligada ao Rio de Janeiro pelo rei D. João V (1706-1750). (Cardoso, 1986, p. 59.) Porém, em 1832, quando foi retificada a fronteira entre as então províncias de São Paulo e do Rio de Janeiro, Paraty foi novamente utilizada como referência na divisão fronteiriça, segundo o decreto de 29 de janeiro de 1833.

Pela Lei Provincial 302 de 11/3/1844, a vila de Paraty é elevada a cidade (Vieira, 1985). Nove anos depois da criação da cidade de Angra dos Reis, ocorrida em 1835, e cinco anos após a transformação da vila da Ilha Grande em cidade.

Data dessa época a primeira delimitação da Capitania do Rio de Janeiro que mais se aproxima do atual território fluminense, quando, por Carta Régia de 9 de novembro, foram criadas as capitanias gerais de São Paulo e de Minas Gerais. E segundo Moreira Pinto (1899, p. 372), depois deste desmembramento, "... ficou a Capitania do Rio de Janeiro reduzida a um diminuto território, entre as serras de Paraty e da Mantiqueira à ponta Negra; alcançando a foz do Rio Macahé pela incorporação da Capitania de Cabo Frio em 1749."[68]

Segundo Pizarro, esta delimitação seria:

> ... *Pelos nascimentos dos rios Moriahé e Camapoãn, seguindo a desembocadura d'esse no Oceano, se divide com a Capitania da Bahia, ao Norte, no Termo da Capitania do Espírito Santo. Separa-se de Minas Gerais, á Oeste, pelas Cachoeiras, ou origens dos mesmos rios á buscar, por linha recta, o alto da Serra Cordilheira, e d'ahi o encontro do Rio Pará-iba, seguindo-o á confluencia dos Rios Preto e Novo, formentados na Serra da Mantiqueira, de cujo cimo se vai encontrar o marco divisor. No mesmo rumo se aparta de S. Paulo por outra linha recta, tirada do mesmo marco, que atravessando o sobredito Pará-iba no lugar denominado Funil, córta, em rumo de Sul, e estrada geral de S. Paulo, distante quatro lagoas ao Oeste da Guarda do Coutinho, e passando por meio dos rios Piratinga e Jacuy, a Leste da Freguezia do Fação, atravessa a estrada, que d'alli segue á Villa de Parati pello cume de um morro, d'onde busca a guarda mencionada, e por ella terminan ao mar na pequena Ilha das Coves, situada entre as Enseiadas de Cambory e das Larangeiras: ao Sul e á Este tem por baliza o Occeano* (Pizarro Araújo, tomo 7, 1820, p. 144-145).

No entanto, a importância dessa região litorânea do território fluminense será muito alterada com a adoção das ferrovias, cuja malha estará direcionada para o porto do Rio de Janeiro e a abolição dos escravos, que afetará drasticamente a sua produção agrícola (Vieira, 1985).

---

[68] É ainda dessa época a criação do Registro Paroquial de Terras, "... onde as terras seriam registradas nas respectivas freguesias, e esses registros ficariam sob a incumbência dos vigários" (SEAF, 1991, p. 26).

1.1.5. Campos dos Goytacazes

Após o fracasso do empreendimento do primeiro donatário da Capitania de São Tomé, Pero de Góis, a mesma volta para a Coroa a partir de uma indenização fornecida ao seu herdeiro, Gil de Góis.

Na posse da capitania, Martim de Sá, segundo Figueira de Almeida, (1929, 1ª parte, p. 34), teria recebido uma ordem régia determinando que as donatarias abandonadas fossem cedidas por sesmarias.

Neste ínterim, Miguel Ayres Maldonado, José de Castilho Pinto e seus companheiros (irmãos Gonçalo, Manuel e Duarte Correia de Sá, Antônio Pinho Pereira e Miguel da Silva Riscado), os chamados "sete capitães", faziam uma petição por sesmaria "desde o rio de Macahé, correndo a costa, até o rio que chamam Iguassú, ao Norte do Cabo de S. Thomé, e para o sertão até o cume das serras " (Figueira de Almeida, 1929, 1ª parte, p. 34).

A vinda dos chamados "sete capitães", cuja petição por sesmarias foi atendida em 1627, favoreceu, inicialmente, o desenvolvimento do setor da pecuária, uma atividade, segundo Figueira de Almeida, que não pagava tributo ao Mestrado da Ordem de Cristo, ao contrário da lavoura. A atividade, dado o relevo plano, veio a abranger uma vasta área de Cabo Frio à Bacia de Campos (1929, 1ª parte, p. 54).

No entanto, o sucesso da ocupação fez com que o então governador Salvador Correia de Sá e Benevides (neto de Salvador Correia de Sá) redistribuísse entre 1647 e 1648 as terras cedidas aos "sete capitães". A partir de sua grande influência, operou em 1674[69] a restauração da antiga Capitania de São Tomé em proveito de seus dois filhos, dando início à sucessão de quatro viscondes de Asseca, provenientes da família Sá, que veio acompanhada de uma série de litígios destes com os descendentes dos

---

[69] "... O General, abusando de seu prestígio e da boa-fé dos capitães, fel-os assignar, em 9 de março de 1648, uma escriptura que determinava nova divisão das sesmarias em 12 quinhões, dos quaes: quatro e meio foram reservados aos verdadeiros donos de tudo; tres para o General, tres para os padres Jesuitas; um para o capitão Pedro de Souza Pereira e meio para os frades de S. Bento. Esta maliciosa e extorsiva partilha foi a origem da guerra de cem annos, periodicamente manifestada em agitações e motins, desde 1652 até 1753..." (Figueira de Almeida, 1929, p. 54).

"sete capitães" (Cardoso, p. 10).⁷⁰ Nesta época, até mesmo como parte da restauração da capitania, são fundadas, em 1677, as vilas de São Salvador de Campos e São João da Barra (SEAF, 1991, p. 16).

Ao término do século XVIII, a Capitania do Espírito Santo passava a contar com uma Ouvidoria, que reunia as de "... S. Salvador dos Campos dos Goytacazes e a de S. João da Praia, hoje da Barra, por se convencer afinal o governo das dificuldades que haverão tanto para os povos como para os ouvidores que tinham sede no Rio de Janeiro; todavia os novos ouvidores fazião quase a residência em Campos ..." (Daemon, 1879, p. 153).⁷¹

A partir do recrudescimento dos conflitos entre os descendentes dos "sete capitães" e os familiares do visconde de Asseca, houve a decisão de se demarcar, territorialmente, a ouvidoria do Espírito Santo da do Rio de Janeiro em 1743 (Felisbello Freire, p. 383).⁷² E em 1753 a Vila de São Salvador de Campos e a de São João da Barra passaram a pertencer à Capitania do Espírito Santo.

Essa situação perduraria até 1832, quando as vilas de São Salvador de Campos e de São João da Barra são destacadas do Espírito Santo e anexadas à Província do Rio de Janeiro em 1835 (Figueira de Almeida, 1929, 1ª parte, p. 62).

---

70 "Em 1674 — por instigação do General Salvador — o príncipe D. Pedro (depois Pedro II de Portugal, successor de Afonso VI) fez doação da capitania da Parahyba do Sul ao 1º Visconde de Asséca, Martim Corrêa de Sá e Benevides, e a João Corrêa de Sá, tocando 20 leguas ao 1º e 10 leguas ao 2º, com obrigação, para ambos, de fundarem duas villas, igrejas, casa para reunião dos vereadores, etc." (*Terra Goytacá*, de Alberto Lamego, p. 120, citado em Figueira de Almeida, 1929, 1ª parte, p. 56).

71 A Ouvidoria foi criada pelo decreto de 15 de janeiro de 1732, com "appellação para o tribunal da Relação do Rio de Janeiro, em conformidade da Provisão de 3 de julho do mesmo ano" (Pizarro Araújo, tomo 7, 1820, p. 150).

72 Essa demarcação foi realizada pelo Ouvidor Paschoal Ferreira Devéras, "... na presença de todas as authoridades e moradores dos differentes lugares, fazendo parte da mesma Ouvidoria as villas de S. João da Praia, ou da Barra, e a de S. Salvador dos Campos dos Goytacazes" (Daemon, 1879, p. 158).

1.1.6. Vale do Paraíba

O que agregou, inicialmente, uma parte do interior, ou seja, parte do Vale do Paraíba à dinâmica econômica, veio a ser o abastecimento necessário à exploração das minas, realizada em Minas Gerais.

Garcia Rodrigues Paes, estabelecido à margem do Paraíba, veio a ser um precursor da melhor ocupação do interior do Vale do Paraíba, pois será ele o responsável, com o apoio do então governador Arthur Corrêa de Meneses, por uma via de acesso, em 1698, entre o Rio e Minas Gerais (Figueira de Almeida, 1929, 1ª parte, p. 75), que veio a competir com o antigo caminho que exigia um transporte marítimo entre os portos do Rio de Janeiro em direção ao de Paraty, e deste, por via terrestre, até Taubaté, de onde seriam levadas as mercadorias solicitadas (alimentos, vestuário, escravos, etc.) até as Minas Gerais.

Essa nova via, conhecida como "Caminho Novo", além de favorecer a ocupação do vale, ao ter ranchos e pontos de entroncamento que visassem abastecer as tropas dos muares, propiciou a valorização do povoado de Paraíba do Sul, fundado pelo próprio Garcia Paes, que mais tarde sediaria uma casa de fundição de metais vindos de Minas e que tinham por destino o Rio de Janeiro.

Esse périplo tomava o curso médio superior do vale do Rio Paraíba do Sul (delimitado a partir do encontro deste com o Rio Paraibuna a montante), pois, usualmente, era só usada metade do dia para a caminhada (1986, p. 41).

A fundação desse povoado e a ocupação de seu entorno fomentaram a expansão da ocupação em direção à Serra da Mantiqueira (que mais tarde seria reconhecida como referência limítrofe entre o Rio de Janeiro e Minas Gerais).

Ao término do século XVIII são verificadas a queda da mineração e a retomada a expansão agrícola no território fluminense. O aumento da demanda por produtos agrícolas acompanhada pela diminuição da oferta por países como Estados Unidos e Haiti, dadas suas crises socioeconômicas, veio a favorecer a economia do Rio de Janeiro (SEAF, 1991, p. 20).

A cultura do café foi incentivada pelo marquês de Lavradio, por volta de 1770, transformando a vida agrícola e chegando a atingir o período áureo no século seguinte (Dídima Peixoto, 1966).[73]

Com o café vieram os escravos, as fortunas particulares, novas vias de acesso e melhores meios de transporte (como foi a estrada de ferro), o que estimulou o aparecimento de várias freguesias, vilas e respectivos municípios no interior da Província do Rio de Janeiro.[74]

A vinda da família real em 1808 trouxe uma série de desdobramentos com uma série de medidas sendo tomadas.[75]

Uma que terá forte significado para interiorizar a ocupação fluminense em direção ao vale do Rio Paraíba é a decisão de permitir que estrangeiros pudessem ter acesso à terra brasileira, antes restrito a originários da colônia ou portugueses (SEAF, 1991, p. 21). Tal medida veio conjugada com a implementação da primeira experiência de colonização estrangeira na região serrana, através de suíços vindos de Fribourg, que chegam aqui para formar Nova Friburgo em 1820 (Erthal, 1992).

No campo da propriedade, há uma evolução do seu próprio conteúdo. Por exemplo, em 1822 é extinto o sistema de sesmarias, ficando o critério da posse da terra como elemento a nortear a aquisição. Esse período de relativa anarquia seria finalizado com a instituição, em 1850, da cha-

---

[73] Em 1772 esse marquês isentou do serviço militar os que viessem a plantar café (Figueira de Almeida, 1929, p. 78).

[74] O rio Paraíba muito influenciou no desenvolvimento da Capitania do Rio de Janeiro, pois enriqueceu o extenso e magnífico vale fluminense, fertilizando suas terras e regiões adjacentes; até à abertura das estradas de rodagem, o rio era o único meio de saída para o escoamento da extraordinária produção agrícola de Campos, que além do açúcar também cuidava da plantação dos cereais, algodão, mandioca e tabaco (Dídima Peixoto, 1966).

[75] Como exemplo: a) pela Carta Régia de 28 de abril de 1808 é determinada a abertura dos portos às nações amigas, b) é editado um alvará conferindo liberdade para o estabelecimento de fábricas e manufaturas, c) criação do Banco do Brasil, d) criação da Biblioteca Nacional, e) criação da Imprensa Régia, pela qual é impresso o famoso livro de Pizarro Araújo sobre a história de diferentes províncias, f) criação da Academia Militar e da Marinha, etc. (SEAF, 1991, p. 20).

Cabe ainda ressaltar que é a partir de 1815 (segundo Pizarro Araújo) que são registradas as primeiras referências sobre a Província do Rio de Janeiro, e não mais capitania, o que parece indicar uma mudança relacionada à ascensão da colônia a província.

mada Lei das Terras, que afirmaria a aquisição da terra através da compra e não mais por doações na forma de sesmarias (SEAF, 1991, p. 22 e 26).[76]

A noção de acessibilidade foi muito alterada com a implantação da estrada de ferro. Se a construção do "Caminho Novo" por Rodrigues Garcia foi considerada obra antipaulista, pois vinculou Minas Gerais diretamente com o Rio de Janeiro sem a mediação de São Paulo, a ferrovia proporcionou a diminuição da distância entre os diferentes locais do Rio de Janeiro.[77]

Em resumo, a ferrovia, em termos regionais, teve um triplo aspecto: 1) afetou postos secundários, como os portos de pequeno e médio portes, que tinham consigo uma estrutura comercial com casas comissárias; 2) acentuou a dependência das novas vilas (destacadamente as encontradas no vale do Rio Paraíba) à cidade do Rio de Janeiro; 3) favoreceu a expansão da influência fluminense em direção ao noroeste.

A época áurea do café no vale do Paraíba é também a da formatação do Estado brasileiro, na qual a questão territorial era fundamental, daí o esforço verificado no século XIX de promover a definição dos limites de cada província.[78]

No caso da Província do Rio de Janeiro, o decreto de 14 de março de 1813 lançou os limites até o Rio Furado, em direção a São Paulo, e pela Carta de Lei de 9 de agosto de 1832 incorporou-se ao território do Rio de Janeiro toda a antiga Capitania de São Tomé ou do Paraíba do Sul, como já havia feito com a de Cabo Frio em 1749 (Moreira Pinto, p. 372).[79]

---

[76] A Lei das Terras e a Lei Euzébio de Queiroz, combinadas à Lei Hipotecária, correspondem às novas concepções de propriedade: a terra, por exemplo, "... tornou-se domínio público, não mais domínio real, e uma mercadoria acessível a qualquer pessoa que tivesse capital suficiente para adquiri-la ..." (SEAF, 1991, p. 26).

[77] A expansão da ferrovia, ao transformar a dimensão de tempo nas relações comerciais e o aumento da capacidade de carga, extinguiu uma série de companhias que tinham nos muares o meio de transporte; além disso, os portos que sobreviviam da cabotagem, tais como os de Paraty, Angra dos Reis, Cabo Frio, etc., vão sofrer negativamente com a sua expansão.

[78] O início do uso dessa denominação ocorreu quando o Brasil deixa de ser colônia para ser Reino Unido a Portugal e Algarves.

[79] Em 1820, quando o processo da independência vinha amadurecendo dadas a insistência da solicitação do retorno de D. João VI a Portugal e a perspectiva de o país voltar ao estágio de colônia, o Brasil estava dividido em 19 governos distintos, a saber: "... 10 maiores,

No entanto, pelo art. 72 da Constituição de 1824, a Província do Rio de Janeiro não teve reconhecido o direito de representação legal, que só veio a ser revogado pelo Ato Adicional de 1834, quando passa a ter presidência e uma assembléia legislativa; no ano seguinte, é estabelecido que a cidade do Rio de Janeiro seria considerada território neutro, e a Vila Real da Praia Grande (que em seguida é elevada a cidade com o nome de Niterói), capital da província.

A delimitação com São Paulo foi igualada à fronteira em dois pontos, nas comarcas de Paraty e de Resende. Com a primeira nos dá testemunho o decreto de 29 de janeiro de 1833, que aqui reproduzimos:

A Regencia, em nome do Imperador, o Senhor D. Pedro II, resolvendo definitivamente as dúvidas, em que até agora se teem conservado as camaras municipaes das villas de Paraty, desta provincia, e de Cunha, da de S. Paulo, sobre os limites dos seus termos confrontantes: depois de proceder ás necessarias informações e de ponderar as razões offerecidas: de uma e outra parte, decreta: Os termos das villas de Paraty e Cunha ficaram divididos pelo alto da Serra, pertencendo a cada uma das villas a parte da mesma Serra, que verte para o seu lado (Moreira Pinto, 1899, p. 372),

Pelo lado da comarca de Resende expediu-se em 1846 o Decreto 408 de 28 de maio, que assim se destaca:

Contando na minha Imperial Presença que se teem suscitado conflictos entre as autoridades da villa de Arêas, pertencente à Provincia do Rio de Janeiro, pondo-se assim em perigo ... segurança e a tranqüilidade dos habitantes daquelles logares por se não haverem guardado, entre o pé do

---

governados por Capitães-Generais: Pará, Maranhão, Pernambuco, Bahia, Rio de Janeiro, S. Paulo, Rio Grande do Sul (compreendendo o governo das Missões do Uruguai), Minas Gerais, Mato Grosso e Goiás; e 9 menores, administrados por simples Governadores ou Capitães-Mores; Rio Negro, Piauí, Ceará, Rio Grande do Norte, Paraíba, Alagoas, Sergipe, Espírito Santo e Santa Catarina..." (Souza, 1988, p. 25).

Segundo Aires do Casal, citado por Souza (1988), a circunscrição administrativa do Rio de Janeiro seria formada da reunião da Capitania de São Tomé e parte das de São Vicente e dos Campos dos Goitacazes.

morro de Santa Anna e o logar denominado Maximo, os limites que na inauguração desta ultima villa foram a ella demarcados pelo Ouvidor da comarca José Albano Fragoso, em 29 de Setembro de 1801, época muito anterior á creação da villa de Arêas, que teve logar por Alvará de 28 de novembro de 1816, e deixou subsistente aquelles limites; e desejando concorrer com o conveniente remédio para que não continuem os mencionados conflictos: Hei por bem, tendo ouvido a Secção do conselho de Estado dos Negocios do Imperio, que d'ora em diante se respeitem o observem os ditos limites, os quaes ultimamente mandei avivar por uma commissão .... tendo esta comissão fixado, para maior clareza e perduravel memoria dos mesmos limites, um marco no alto do morro de Santa Anna, 750 braças distante do pe do mesmo morro; outro na margem esquerda do regato Carrapatinho em distancia de quatro milhas do primeiro marco; e finalmente outro na margem esquerda do rio Formoso, em distancia de quatro milhas e meia do segundo; comprehendendo a estrada em sua extensão vinte milhas e meia, contadas pelas voltas do caminho, desde o morro de Santa Anna, que divide a freguezia de Barreiros da de Arêas, até o rio Formoso, que divide a freguezia de Barreiros da do Bananal, como tudo se mostra do auto de avivamento de limites, que se lavrou e do mappa respectivo, os quaes se conservarão annexos ao presente Decreto (Moreira Pinto, 1899, p. 372).

Pela avaliação de Moreira Pinto esta delimitação é muito imprecisa, sendo preferível no seu entender que "... uma recta da serra Geral á fóz do riacho do Salto, ficando para este estado os municípios de Arêas e do Bananal, como os mesmos habitantes desses logares teem reclamado, e por ora infructiferamente" (Moreira Pinto, 1899, p. 372).[80]

No entanto, se a delimitação com a Capitania de São Paulo não apresentou maiores pendências, o mesmo não podemos dizer em relação a Minas Gerais.

O primeiro documento que Moreira Pinto encontrou sobre este assunto foi o Alvará de 9 de março de 1814, em que o Rio Paraíba é desig-

---

[80] Atualmente, o município de Areias pertence a São Paulo.

nado como limite entre as capitanias do Rio de Janeiro e de Minas Gerais. Eis a sua íntegra:

> *Hei por bem, conformando-me com o parecer da referida mesa (do Desembargo do Paço), erigir em villa o dito arraial com o nome de S. Pedro de Cantagallo; e terá por limites todo o territorio que se comprehende desde o rio Parahyba, no sitio que o Ministro encarregado do levantamento da villa lhe assignar, correndo pelo alto da serra dos Orgãos a partir com os termos das villas de Magé, Macacu e Campos dos Goitacazes até fechar no mesmo rio Parahyba, o qual lhe servirá de divisa em toda a extensão da parte da Provincia de Minas Geraes. Ficará comprehendida neste limites a Aldèa da Pedra, que até agora pertencia ao termo da villa de São Salvador dos Campos, do qual sou servido desmembral-a com todo o territorio do alto da serra a dentro, para ficar pertencendo á villa de S. Pedro de Cantagallo e á comarca do Rio de Janeiro* (Moreira Pinto, 1899, p. 372-373).

Porém, cabe a observação de que essa delimitação estava circunscrita à fronteira da Vila de São Pedro de Cantagalo com a Província de Minas Gerais. Logo, é uma delimitação que destaca apenas a seção da fronteira que utiliza o Rio Paraíba do Sul como referência e que ainda hoje é respeitada.

Em 1832, quando a antiga capitania de Paraíba do Sul é definitivamente anexada à Província do Rio de Janeiro, os mapas de época passam a sofrer uma significativa alteração. Até aquele ano o limite ao norte era dado pelo Rio Paraíba até atingir a sua foz; depois da anexação, o "Rio Itabapoana passa a servir como referência na delimitação da fronteira com a Província do Espírito Santo", mas deixando uma imprecisão quanto aos limites com a Província de Minas Gerais.[81]

Com a Província de Minas Gerais a linha divisória mais pronunciada é a Serra da Mantiqueira, os rios Preto, Paraibuna e Paraíba do Sul, até a

---

[81] Dos três Estados vizinhos, o de Minas Gerais foi o que mais se sentiu lesado com a expansão fluminense. (Ver a obra de Baptista Martins, de 1904, *Limites entre Minas Geraes e o Rio de Janeiro*. Parecer.)

foz do Riachão Pirapetinga. No entanto, conforme Moreira Pinto (1899), essa linha não se acha demarcada, e o autor do *Dicionário Geográfico do Brasil* não conhece os atos do governo que fixaram tais fronteiras.

No entanto, dado o aumento do conflito entre as províncias de Minas Gerais e do Rio de Janeiro nas nascentes dos rios Muriaé e Itabapoana, o governo tomou o encargo de, como medida provisória, fixar os limites pelo Decreto 297, de 19 de maio de 1843, que foi assim redigido:

> *Tendo em consideração as duvidas que diariamente se suscitam sobre a verdadeira demarcação de limites entre a Província do Rio de Janeiro e a de Minas Geraes, e querendo evitar os conflictos a que necessariamente dá lugar esse estado de incerteza; Hei por bem ordenar que, enquanto a Assembléa Geral Legislativa não resolver definitivamente sobre semelhante objecto, se conserve o seguinte: Art. 1º Os limites entre a Província do Rio de Janeiro e a de Minas Geraes ficam provisoriamente fixados da maneira seguinte: Começando pela foz do riacho Pirapetinga, no Parahyba, subindo pelo dito Pirapetinga acima até o ponto fronteiro á barra do ribeirão Santo Antonio no Pomba, e dahi por uma linha recta á dita barra de Santo Antonio, correndo pelo ribeirão acima até a serra denominada Santo Antonio e dahi a um logar do rio Muriahé, chamado Poço Fundo, correndo pela serra do Gavião até á cachoeira dos Tombos no rio Carangola e seguindo a serra do Carangola até encontrar a Província do Espírito Santo* (Moreira Pinto, 1899, p. 372-373).

Essa delimitação diz respeito à seção da fronteira com Minas Gerais que ensejou uma série de dúvidas que só vieram a ser dirimidas durante o Estado Novo, no governo do Sr. Getúlio Vargas, iniciado na década de 1930[82] (Mapa 10, p. 25).

O então presidente do Brasil, Sr. Getúlio Vargas, diante da perspectiva de uma possível guerra na Europa, o que traria sérios desdobramentos para a economia brasileira, empreendeu no seu primeiro governo (1930-

---

[82] Já nessa época, a da República, as províncias passam a ser tratadas como Estado, conforme determinação da primeira Constituição republicana de 1891.

1945) uma série de levantamentos estatísticos e geográficos, no intuito de melhor conhecer os recursos disponíveis e respectivas localizações.

Esses levantamentos, empreendidos, inicialmente, tanto pelo Conselho Nacional de Estatística quanto pelo Conselho Nacional de Geografia, corroboraram mais tarde a formação de várias comissões para melhor definir as fronteiras interestaduais e as intermunicipais.[83]

No entanto, cabe ressaltar que embora essa seção da fronteira com Minas Gerais não se encontre em litígio, não podemos perder de vista a perspectiva de que o território tem uma dimensão de ser um espaço vivido; assim, a fronteira não é só fruto de uma lei ou decreto, mas sim por quem de fato a ocupa, e nesse sentido o relativo abandono do noroeste fluminense favorece o crescimento da influência mineira.

1.1.7. Noroeste Fluminense

Essa região foi ocupada, basicamente, a partir do cultivo do café e da expansão paulatina do mineiro em território fluminense, que aí chegava pelo Rio Pomba e Muriaé a jusante. A expansão do café vinda de Cantagalo teria a direção de São Fidélis e deste a montante do vale do Rio Muriaé.

Porém, correlata à expansão da agricultura há a influência da ferrovia. Esse meio de transporte, ao substituir os muares como transporte de carga, propiciou um alargamento da faixa agrícola fluminense ao mesmo tempo que estabelecia uma dependência dessa área agrícola à cidade do Rio de Janeiro, pois nela estava situado o grande porto de exportação e principal praça financiadora.

A consolidação dessa nova fronteira foi alcançada no final do século XIX e início do XX, tendo a região alcançado, na década de 1920, o apogeu da cafeicultura a ponto de os municípios "... do noroeste fluminense, incluindo São Fidélis,... [terem contribuído] com mais de 50% da área cafeeira do Estado..." (SEAF, 1991, p. 26).

---

[83] Para a regularização da malha municipal brasileira foi editado o Decreto-Lei 311 de março de 1938, que relacionava uma série de medidas para evitar municípios com nomes homônimos, municípios que tinham áreas descontínuas, etc.

2. Conclusão

Naturalmente uma obra que não veja a criação de linha fronteiriça exclusivamente numa perspectiva técnica ou jurídica passa por importantes desafios.

O trabalho foi calculado segundo uma perspectiva que levava em conta uma noção de intercomplementaridade de fatores sociais, econômicos, políticos e históricos que vieram circunscrever as condições do delineamento.

Outro aspecto que chamou atenção durante a realização do trabalho foi o desenvolvimento da ciência cartográfica; essa, por ser necessária para orientação dos navegadores, localização e delimitação das colônias, exigia de nossa parte um melhor conhecimento quanto aos condicionantes que orientavam a produção de mapas e cartas nos termos que eram colocados na época. Dimensões, por exemplo, de léguas, braças eram decisivas na demarcação de uma capitania e de uma sesmaria, respectivamente, em conseqüência, para o nosso estudo.

Outro aspecto diz respeito aos nomes, o que no presente tem um significado, mas no passado tinha outro. Desse modo, quando estamos a abordar o Rio de Janeiro ou Paraty, estamos nos referindo às designações territoriais cujas dimensões são distintas das encontradas hoje em dia. Logo, cabe uma atenção a essa diferença.

Além disso, exigia-se termos em mente *quatro cenários:* o primeiro seria o europeu — a dinâmica geopolítica no contexto europeu trazendo conseqüências para o Rio de Janeiro —; o segundo era o da própria América — em que a exploração mineral e a evolução geopolítica na Bacia do Prata terão influência sobre o Rio de Janeiro —; o terceiro é o nacional — as mudanças da dinâmica da ocupação das diferentes capitanias (e/ou províncias) brasileiras ensejaram mudanças nas próprias fronteiras do Rio de Janeiro —; e, por último, o quarto cenário diz respeito à dinâmica interna do Rio de Janeiro, em que é traçada a área de influência mais imediata da cidade de mesmo nome em áreas como Cabo Frio, Paraty, Campos de Goitacazes e o vale do Rio Paraíba do Sul.

Cabe considerar que os sucessivos cenários geopolíticos que passamos a considerar correspondiam também a diferentes processos históricos, sendo inviabilizado que o processo de formação das fronteiras seguisse uma única dimensão de tempo contínua, longa, cumulativa. Foram verificados cortes, mudanças na evolução das fronteiras em função de processos históricos que ocorriam em diferentes cenários geopolíticos.

Além disso, cabe considerar que os sucessivos cenários geopolíticos que passamos a considerar correspondiam também a diferentes processos históricos, para os quais não havia uma única dimensão de tempo, contínua, longa, cumulativa. Foram verificados cortes, mudanças, na evolução das fronteiras em função de processos históricos que ocorriam em diferentes cenários geopolíticos.

Analisar o processo de formação de uma fronteira não diz respeito à idéia de que o corte operado anos atrás venha a ter um resultado para o período seguinte, mesmo porque não estamos lidando, em períodos distantes, com classes iguais. A menos que se utilize como método de investigação a evolução dos diferentes recortes territoriais.

De qualquer forma, ao tratarmos de fronteiras, estamos a tratar de um raciocínio estratégico que visa preservar, estender interesses territoriais; no entanto, por trás de uma concepção estratégica (política) há uma determinada concepção de tempo-espaço e uma respectiva capacidade técnica de representá-los (o que diz respeito à cartografia).

Logo, a formação dos limites não é algo que possa ser compreendido pela feitura de uma linha no território. Essa, consoante uma gestão política, está subordinada às limitações dos meios de medição e compreensão do território.

Estamos ainda a considerar que a própria evolução da política, da ciência política, terá no espaço novas formas de gestão à medida que a capacitação tecnológica de localização vai propiciando um melhor controle sobre a noção de controle e dimensão.

3. REFERÊNCIAS BIBLIOGRÁFICAS

ANDRADE, Manuel Correia de. *Geopolítica do Brasil*: Rio de Janeiro: Ed. Ática, 1989.

BECKER, Bertha K. A Geografia e o Resgate da Geopolítica. *In: Rev. Bras. de Geografia*, ano 50, n. especial, t. 1. Rio de Janeiro: FIBGE, 1988, p. 99-126.

CARDOSO, Ciro Flamarion S. *Atlas Histórico do Estado do Rio de Janeiro — Da Colônia a Meados do Século XX*, mimeo, 1984.

CENTRO DE CIÊNCIAS DO ESTADO DO RIO DE JANEIRO — CECIERJ. *Atlas Histórico e Geográfico Escolar do Estado do Rio de Janeiro*, 1993.

COSTA, Wanderley Messias. *Geografia Política e Geopolítica*. São Paulo: Hucitec/Edusp, 1992.

DAEMON, Bazilio de Carvalho. *Província do Espírito Santo: sua descoberta, história, cronologia*. Seção de Obras Raras do Arquivo Nacional, cód. OR/0742 BIB, 1879.

ERTHAL, Clélio. *Cantagalo: da Miragem do Ouro ao Esplendor do Café*. Niterói: Gráfica Erthal Ltda., 1992.

FAORO, Raimundo. *Os Donos do Poder. Formação do Patronato Político Brasileiro*. 9ª ed. São Paulo/Rio de Janeiro: Ed. Globo, 1991.

FIGUEIRA DE ALMEIDA, Antonio. *História Fluminense*. Do Início até a Independência do Brasil, 1ª parte (período colonial). Niterói: Casa Editora Jeronymo Silva, 1929.

FLEMING, Thiers (1880). *Limites e superfície do Brasil e seus estados*. Prefácio de Victor Viana. Rio de Janeiro: Imprensa Naval, 1918.

_____. *Limites interestaduais*. Rio de Janeiro: Imprensa Naval, 1917.

FREIRE, Felisbello Firmo de Oliveira. *História territorial do Brasil*, Vol. 1: Rio de Janeiro: *Jornal do Commercio*, 1906.

GERSON, Brasil. *O Ouro, o Café e o Rio*. Rio de Janeiro: Livraria. Brasiliana Editora, 1970.

LACOSTE, Yves. *A Geografia — Isso Serve, em Primeiro Lugar, para Fazer a Guerra*. São Paulo: Papirus, 1989.

_____. *Unité & Diversité du Tiers Monde*, tomo I, Paris: François Maspero, 1980.

_____. Préambule *in Dictionnaire de Geopolitique*. Sous la direction de Yves Lacoste. Paris: Flammarion, 1993.

MAGNOLI, Demétrio. *O que é Geopolítica*. 2ª ed. São Paulo: Brasiliense, 1988.

MARTINS, J. Baptista. *Limites entre Minas Gerais e o Rio de Janeiro:* Parecer. Belo Horizonte: Imprensa Oficial do Estado de Minas Gerais, 1904.

MOREIRA PINTO, Alfredo. *Apontamentos para o Dicionário Geográfico do Brazil*, Vols. P-Z. Rio de Janeiro: Imprensa Nacional, 1899, p. 371-382.

PEIXOTO, Dídima de Castro. *História Fluminense*. 2ª edição ampliada. Niterói, Eduff, 1966.

PIZARRO ARAÚJO, José de Souza Azevedo. *Memórias históricas do RJ e das províncias anexas à jurisdição do Vice-Rei do Estado do Brasil.* Dedicada a El-Rei Nosso Senhor D. João VI. Tomos 1 e 7. Rio de Janeiro: Imprensa Régia, 1820.

RAFFESTIN, Claude. *Por uma geografia do poder.* São Paulo: Ed. Ática, 1993.

SECRETARIA ESTADUAL DE ASSUNTOS FUNDIÁRIOS (SEAF). *Atlas Fundiário do Estado do Rio de Janeiro*. Rio de Janeiro: Instituto Estadual da Terra, 1991.

SODRÉ, Nelson Werneck. A Geopolítica. *In: Introdução à Geografia*, 5ª ed. Petrópolis: Vozes, 1986, p. 54-71.

SOUZA, Augusto Fausto de. *Estudo sobre a Divisão Territorial do Brasil.* 2ª edição (1ª edição: 1877). Brasília: Fundação Projeto Rondon, 1988.

THOMÁS, Claudio. *História do Brasil,* vol. 1. São Paulo: Ed. FTDSA, 1967.

VIEIRA, Antonio. *Estados do Brasil: Rio de Janeiro*. Rio de Janeiro: Ao Livro Técnico, 1985.

ENCICLOPÉDIAS

BARSA. Vol. 13. Rio de Janeiro/São Paulo: Encyclopaedia Britannica do Brasil Editora Ltda., 1981, p. 373-388.

DELTA UNIVERSAL. Vol. 13. Rio de Janeiro: Ed. Delta S.A., 1974, p. 6.942-6.947.

GRANDE ENCICLOPÉDIA DELTA LAROUSSE. Vol. 10. Rio de Janeiro: Editora Delta S.A., 1970, p. 5.846-5.852.

GRANDE ENCICLOPÉDIA PORTUGUESA E BRASILEIRA. Vol. 25. Lisboa Ed. Enciclopédia Ltda., Rio de Janeiro: 1958, p. 728-731. (Encontrada na Biblioteca Euclides da Cunha — referência R/036.9/G751.)

MIRADOR. Vol. 18. Rio de Janeiro/São Paulo: Encyclopaedia Britannica do Brasil Publicações Ltda., 1972, p. 9.920-9.926.

4. ANEXO

Expomos a seguir uma série de datas que marcam a história fluminense e estão relacionadas direta ou indiretamente com a configuração das fronteiras aqui analisadas.

A princípio, as informações estão baseadas na *Enciclopédia Delta Larousse*; no entanto, quando a informação for de outra enciclopédia, esta será destacada.

Chamamos ainda a atenção para alguns "desencontros" de informações em função da existência de referências diferentes. Tais desencontros podem ser de diferentes enciclopédias, assim como destas com a bibliografia utilizada.

Em vez de uniformizarmos as informações, ao diminuirmos as nossas referências, mantivemos as diferenças, pois propiciam um maior número de questionamentos.

Datas

1502 — 6 de janeiro: André Gonçalves e Américo Vespúcio descobrem Angra dos Reis.

1504 — 2 de abril: Vespúcio parte de Cabo Frio com destino a Lisboa, após fundar ali uma feitoria.

1511 — Saiu de Cabo Frio a nau *Bretoa*, carregada de pau-brasil. *Enciclopédia Delta Universal*, p. 6.943.

1555 — Villegaignon entrou com três navios na Baía de Guanabara, fundou a França Antártica, estabeleceu-se na Ilha de Sergipe, atual Villegaignon, e ergueu o forte Coligny. *Enciclopédia Delta Universal*, p. 6.943.

1557 — Chegada de Bois-le-Comte com 300 colonos franceses. *Enciclopédia Delta Universal*, p. 6.943.

1560 — O governador-geral Mem de Sá venceu os franceses e destruiu o forte Coligny. *Enciclopédia Delta Universal*, p. 6.943.

1564 — Estácio de Sá inicia a luta contra franceses e tamoios (6 de fevereiro). *Enciclopédia Barsa*, p. 386.

1565 — Estácio de Sá lança os fundamentos da cidade do Rio de Janeiro, entre o Pão de Açúcar e o Morro Cara de Cão (1º de março). *Enciclopédia Barsa*, p. 386.

1567 — Morte de Estácio de Sá, ferido na batalha de Uruçu-Mirim. *Enciclopédia Barsa*, p. 386.

1567 — Mem de Sá veio ajudar Estácio de Sá no combate aos franceses, derrotando-os definitivamente. *Enciclopédia Delta Universal*, p. 6.943.

1567 — A cidade de São Sebastião foi transferida para o Morro de São Januário, depois Morro do Castelo, e recebeu o nome de São Sebastião do Rio de Janeiro. Mem de Sá transformou o primeiro lote da Capitania de São Vicente em Capitania Real do Rio de Janeiro. *Enciclopédia Delta Universal*, p. 6.943.

1568 — Salvador Correia da Sá foi nomeado governador da capitania. *Enciclopédia Delta Universal*, p. 6.943.

1615 — 13 de novembro: é fundada a povoação de Cabo Frio pelo governador do Rio de Janeiro, Constantino de Menelau (que antes expulsou os holandeses). *Enciclopédia Delta Universal*, p. 6.943.

1619 — A Capitania de São Tomé tornou-se propriedade da Coroa e foi incorporada à do Rio de Janeiro.

1624 — 2 de outubro: o capitão João de Moura Fogaça instala a Vila de Nossa Senhora da Conceição da Ilha Grande, atual Angra dos Reis.

1627 — 19 de agosto: os irmãos Gonçalo, Manuel e Duarte Correia de Sá e, mais, Miguel Aires Maldonado, João de Castilho, Antônio Pinto e Miguel Riscado recebem de Martim de Sá, governador do Rio de Janeiro, sesmarias em Campos dos Goitacazes; essas terras, situadas na antiga Capitania de São Tomé, iam do Rio Macaé (ou dos Bagres) ao Paraíba do Sul.

1647 — Carta régia concedendo à Cidade do Rio de Janeiro o título de "mui leal" (6 de junho). *Enciclopédia Barsa*, p. 387.

1650 — Foi fundado o primeiro engenho de açúcar da região. *Enciclopédia Delta Universal*, p. 6.943.

1658 — Salvador Correia de Sá e Benevides é nomeado governador do Rio de Janeiro e das capitanias situadas mais ao sul.

1660 — Insurreição popular contra a oligarquia dos Sá (8 de novembro). *Enciclopédia Barsa*, p. 387.

1674 — A Capitania de São Tomé é repartida em duas: São Tomé e Paraíba do Sul.

1676 — São Salvador dos Campos foi elevada a vila. *Enciclopédia Delta Universal*, p. 6.943.

1696 — 6 de novembro: conclui-se a construção da fortaleza de Santa Cruz, localizada na entrada da Baía de Guanabara.

1710 — 7 de setembro: as tropas do francês François Duclerc tentam desembarque na Vila da Ilha Grande (Angra dos Reis), são repelidas pelas forças do capitão João Gonçalves Vieira. (Segunda invasão francesa ocorrida em 18 de setembro, segundo a *Enciclopédia Barsa*, p. 387.)

1733 — Início do governo de Gomes Freire de Andrade, futuro conde de Bobadela, que durou 30 anos (26 de julho). *Enciclopédia Barsa*.

1747 — 23 de agosto: através de carta régia é reconhecido o direito do visconde de Asseca sobre as terras da Capitania de Paraíba do Sul ou Campo dos Goitacazes.

1748 — Irrompe a revolta contra os direitos concedidos no ano anterior ao visconde de Asseca sobre os Campos dos Goitacazes.

1752 — É criado o Tribunal da Relação.

1774 — Chegada do primeiro bispo brasileiro, D. Mascarenhas Castelo Branco (28 de maio).

1801 — Funda-se a vila de Resende.

1808 — Com a chegada do príncipe regente D. João, inicia-se a reforma urbanística da cidade do Rio de Janeiro (7 de março). Circula a *Gazeta do Rio de Janeiro*, primeiro jornal impresso no Brasil. *Enciclopédia Barsa*.

1811 — É fundada a Vila de São João Marcos.

1813 — É fundada a Vila de Macaé.

1814 — Estabelecem-se as vilas de Maricá e Cantagalo.

1817 — Funda-se a Vila de Piraí.

1818 — 16 de maio: D. João VI aprova as condições para a criação de um núcleo de colonização suíço na Real Fazenda do Morro Queimado; o núcleo foi denominado Nova Friburgo.
É fundada a Vila de Itaguaí.

1819 — 10 de maio: um alvará concede o título de Vila Real da Praia Grande à antiga povoação de São Domingos da Praia Grande (atual Niterói).
Tem início a primeira tentativa de colonização estrangeira realizada no Brasil, com a chegada dos primeiros contingentes de suíços.

1820 — Instalam-se as vilas de Vassouras e Nova Friburgo.

1822 — A capitania foi transformada em província. *Enciclopédia Delta Universal*, p. 6.943.

1823 — Carta imperial dando à cidade do Rio de Janeiro o título de "mui leal e heróica" (9 de janeiro). *Enciclopédia Barsa*, p. 387.

1823 — É fundada a Vila de Valença.

1834 — Um ato adicional transforma a cidade do Rio de Janeiro em Município Neutro (12 de agosto). *Enciclopédia Barsa*, p. 387.

1834 — 12 de agosto: o ato adicional reforma o art. 72 da Constituição de 1824, que excetuava a província do Rio de Janeiro de possuir representação legal; atribui 36 membros à Assembléia Legislativa da província.

14 de outubro: Joaquim José Rodrigues Torres assume a presidência da província.

1835 — Reúne-se na Vila Real da Praia Grande a primeira Assembléia Legislativa da província.

16 de março: estabelecida a neutralidade da cidade do Rio de Janeiro, a Lei Provincial nº 2 determina que a Vila Real da Praia Grande seja a capital da província. *Enciclopédia Barsa*, p. 387. A data é 6 de março de 1835.

28 de março: pela Lei Provincial nº 6, a Vila da Praia Grande é elevada à categoria de cidade, com o nome de Niterói.

Campos recebe o predicamento de cidade em 28 de março, segundo a *Enciclopédia Barsa*, p. 387.

1836 — Lei da Assembléia Legislativa fluminense dando à Vila Real da Praia Grande foros de cidade com o nome de Niterói (2 de abril). *Enciclopédia Barsa*, p. 387.

1852 — 29 de agosto: tem início a construção da estrada de ferro de Mauá.

1853 — 5 de setembro: pela primeira vez no Brasil uma locomotiva movida a vapor corre sobre trilhos; percorre cerca de três quilômetros já concluídos da estrada de ferro de Mauá.

22 de setembro: Luís Antônio Barbosa assume a presidência da província.

1854 — 19 de setembro: Petrópolis é elevada à condição de cidade.

1860 — 22 de abril: a estrada de ferro de Cantagalo inaugura o trecho entre Porto das Caixas e Cachoeiras.

1861 — 23 de junho: é inaugurada a estrada de rodagem União e Indústria, ligando Petrópolis a Juiz de Fora, em Minas Gerais.
    21 de setembro: Luís Alves Leite de Oliveira Belo assume a presidência da província.

1862 — 29 de junho: a Companhia Ferry inaugura o serviço de ligação por barcas a vapor entre a cidade do Rio de Janeiro e Niterói.

1869 — 4 de janeiro: têm início os trabalhos de construção da estrada de ferro de Valença.

1873 — Inaugura-se o cabo submarino (27 de dezembro). *Enciclopédia Barsa*, p. 387.

1874 — Início das comunicações telegráficas com a Europa (22 de junho). *Enciclopédia Barsa*, p. 387.

1875 — 13 de junho: é inaugurada a estrada de ferro de Macaé a Campos.

1877 — 7 de setembro: é inaugurada a estrada de ferro Leopoldina.

1877 — Inauguração do engenho central de Quissamã, o primeiro fundado no Brasil, por iniciativa do barão (depois conde) de Araruama (12 de setembro). *Enciclopédia Barsa*, p. 387.

1881 — 11 de setembro: corre a primeira composição pelos trilhos da estrada de ferro de Rio Bonito a Capivari.

1883 — 24 de julho: Campos inaugura os serviços de luz elétrica; foi a primeira cidade brasileira a adotá-los.

9 de agosto: é inaugurado o último trecho da ferrovia que leva à cidade de Santo Antônio de Pádua.

1886 — 18 de fevereiro: a estrada de ferro Príncipe do Grão-Pará inaugura o trecho entre Petrópolis e Pedro do Rio.

1890 — A capital do Estado é transferida para Teresópolis.

1891 — 29 de junho: a assembléia constituinte do Estado promulga a primeira Constituição republicana, elegendo governador e vice-governador.

1894 — Combate da Ponta da Armação, em Niterói, onde Saldanha da Gama fizera um desembarque, sendo repelido pelas forças legais (9 de fevereiro). Em 20 de fevereiro a capital do Estado é transferida para Petrópolis e só volta para Niterói em 20 de julho de 1903. *Enciclopédia Barsa*, p. 388.

1903 — A sede do poder estadual volta a Niterói.

1905 — Niterói inaugura os serviços de força e luz elétrica.

1906 — Chegada do primeiro cardeal, D. Joaquim Arcoverde Albuquerque Cavalcanti (1º de abril). *Enciclopédia Barsa*, p. 388.

1923 — Intervenção federal no Estado do Rio (11 de janeiro). *Enciclopédia Barsa*, p. 388.

1928 — Inauguração da rodovia asfaltada Rio — Petrópolis (27 de agosto). *Enciclopédia Barsa*.

1937 — No Rio, inauguração do primeiro trecho eletrificado da linha suburbana da E. F. Central do Brasil (11 de julho). *Enciclopédia Barsa*.

1960 — Mudança da capital federal para Brasília (21 de abril). *Enciclopédia Barsa*.

1961 — Promulgação da Constituição do Estado da Guanabara (27 de março). Criação da Universidade Federal Fluminense e da Universidade do Estado da Guanabara, esta transformada depois em Universidade do Estado do Rio de Janeiro (1975). *Enciclopédia Barsa.*

1974 — Inauguração da ponte Presidente Costa e Silva, entre o Rio e Niterói (4 de março). *Enciclopédia Barsa,* p. 388.

1975 — Fusão dos Estados da Guanabara e do Rio de Janeiro (15 de março). Promulgação da Constituição do novo Estado (17 de julho). *Enciclopédia Barsa,* p. 388.

CAPÍTULO 8

O ORDENAMENTO TERRITORIAL DO ESTADO DE MINAS GERAIS: BREVE HISTÓRICO

David Márcio Santos Rodrigues

1. OLHANDO A PAISAGEM, ENTENDENDO O TERRITÓRIO

O espaço natural (G. Bertrand — 1968)

Estando no limiar do século XXI, o século da explosão tecnológica e do domínio quase exacerbado dos mitos poderosos da informática, o abastecimento das memórias que se acumulam nos discos rígidos dos computadores continua sendo feito com a passagem dos conhecimentos registrados nos documentos cartográficos e bibliográficos sobre o nosso país e produzidos a partir da segunda metade do século XVI (desbravamento), ao longo do século XVIII (povoamento), pelas viagens dos naturalistas estrangeiros no século XIX e reduzidos conhecimentos armazenados durante o século passado.

A bibliografia especializada indica que uma análise dos conhecimentos acumulados demonstrou não ter havido mudanças substanciais no século XX. A precariedade de informações é generalizada, demonstrando que a bibliografia existente sobre as condições naturais de Minas Gerais, apesar de volumosa, apresenta algumas deficiências fundamentais.

Todavia, o que o autor pretende aqui é oferecer ao leitor uma síntese adequada ao seu interesse mais voltado para a importância do quadro natural e a ocupação gradativa do espaço territorial de Minas Gerais e, como conseqüência, a necessidade indispensável não apenas da análise de sua evolução histórica, mas, sobretudo, do registro cartográfico do que caracterizou essa ocupação do espaço geográfico mineiro.

2. O Início da Ocupação

Ainda no século XVI, apenas as bandeiras de Francisco de Espinosa e de Martin Carvalho e Fernandes Tourinho alcançaram o interior do atual Estado de Minas Gerais, partindo do litoral sul da Bahia e penetrando pelos vales dos Rio Jequitinhonha (os dois primeiros), Carvalho chegando ao vale do São Francisco e Tourinho alcançando o vale do Rio Doce.

Nessa época, a mata atlântica ainda era virgem, e o Tratado de Tordesilhas prevalecia.

Todavia, foram as bandeiras dos séculos XVII e XVIII que deram início ao Ciclo da Mineração, ao povoamento gradativo do fundo dos vales (ouro de aluvião) e, mais tarde, das partes elevadas do interior de Minas, instaurando a fase de ocupação na região central do Estado, muito bem demarcada atualmente pelo chamado Quadrilátero Ferrífero, possuidor das chamadas rochas metassedimentares das séries Minas e Rio das Velhas, importantes matrizes auríferas.

Atuando na direção Sul-Norte, com retorno no sentido oposto, as bandeiras de Fernão Dias Paes Leme e de Borba Gato, já na segunda metade do século XVII, avançaram pelo interior do Estado, com Fernão Dias alcançando a região cárstica do norte da capital mineira, e Borba Gato a região de Sabará.

Mais tarde, a atração maior coube à descoberta no vale do Córrego do Tripuí, nas áreas próximas ao maciço quartzítico do Itacolomi. Certamente "incrustado" em um fragmento de hematita, esse ouro preto passou a atrair os aventureiros com a chegada de outras "bandeiras", como a de Salvador Fernandes (1696), que alcançou o Ribeirão do Carmo e deu início a um povoado denominado Vila do Ribeirão do Carmo, mais tarde Mariana. Foi, porém, Antonio Dias de Oliveira que, em 1698, chegou ao vale do Tripuí, Ouro Preto, Mariana, Sabará e Caeté. Essas localidades passaram a ser os principais pólos de expansão da população regional. Ao iniciar-se o século XVIII, mais de 100 mil pessoas trabalhavam nas atividades mineradoras e quase 80 mil na região correspondente ao Quadrilátero Ferrífero.

Nos terraços fluviais, onde nos sedimentos Cenozóicos era encontrado o ouro de aluvião, distinguiam-se três níveis de ocorrência e, à medida que essas ocorrências diminuíam, decresciam também os índices de ocupação humana.

Posteriormente, as explorações a céu aberto (grupiaras) e nas galerias deram continuidade ao ciclo que abasteceu a Coroa portuguesa durante todo o período colonial.

Em meados do século XVIII, eram mais de duas dezenas os aglomerados, povoados que tinham suas atividades econômicas dedicadas à mineração do ouro. Dentre elas merecem destaque Ouro Preto, Mariana, Sabará, Caeté, Santa Bárbara, Barão de Cocais, Congonhas, Catas Altas e Nova Lima.

Fora dessa região situada ao sul de Belo Horizonte, Serro, São João Del-Rei e Diamantina destacam-se como cidades históricas da maior importância ao longo do chamado Ciclo do Ouro.

Terminada essa ampla fase da extração do ouro, têm início as atividades da exploração do minério de ferro e o conseqüente apogeu das suas forjas. Juntamente com a expansão dessa forma de utilização dos recursos minerais inicia-se também o período da devastação da cobertura vegetal do fundo dos vales para a produção de energia de biomassa. Tais atividades econômicas concentradas no centro de Minas Gerais possibilitaram ainda o desenvolvimento da agricultura no seu trecho meridional e da pecuária em direção ao norte, onde as condições do relevo propiciavam a sua expansão.

À academia reserva-se o direito, com raras e circunstanciais exceções, da produção de pesquisas e artigos estritamente pontuais e indicadores, quase sempre da falta de uma visão holística para temas de maior amplitude e, ao mesmo tempo, com maior objetividade.

Predominaram os estudos regionais e as citações repetitivas de obras publicadas e reeditadas, mas, de um modo geral, sem um valor científico adequado às metodologias que fazem da Geografia e da Cartografia contemporâneas e integrantes de destaque no grupo das Geociências. Tal atraso evolutivo acabou induzindo a erros de conhecimentos quase sempre repetitivos, mais históricos do que geográficos.

Não quero me referir aqui aos trabalhos de análises econômicas, mais precisos e mais avançados ainda no século XX, mas, lamentavelmente, quase sempre utilizados na busca de estatísticas tendenciosas e comprometidas com a oficialidade do poder. Refiro-me à principal causa que retardou tal evolução do conhecimento do nosso território e do nosso espaço natural: grande lentidão no processo de produção dos documentos cartográficos indispensáveis à leitura, análise e registro dos fenômenos responsáveis pela evolução da nossa paisagem, incluindo-se aqui, sobretudo, os estudos geológicos, geomorfológicos, fitogeográficos e pedológicos, indispensáveis à evolução de qualquer programa de desenvolvimento e ocupação territorial. Mais uma vez, direcionamentos político-imediatistas e interesses econômicos alienígenas direcionaram tais estudos apenas às regiões (eternamente) carentes, como as bacias do Rio Jequitinhonha e do Mucuri ou possuidoras de riquezas minerais cobiçadas internacionalmente, como o Quadrilátero Ferrífero, situado ao sul da capital mineira.

Assim, para uma avaliação geográfica de todo esse processo de evolução do povoamento do Estado de Minas Gerais, torna-se imprescindível a montagem de uma trilha de pesquisas que deverá tomar como referência o registro cartográfico dessas conquistas históricas da forma de ocupação do espaço territorial. O caminho recomendado, além da leitura de uma bibliografia relativamente reduzida, é o da análise e interpretação da documentação geocartográfica existente e, de certa forma, distribuída de modo desordenado nas entidades governamentais que nem sempre identificam e valorizam tais documentos como peças fundamentais e não apenas pictóricas, meramente ilustrativas, sem o aproveitamento dos verdadeiros conteúdos científicos que possuem.

Todos os interessados em conhecer e pesquisar os processos e as formas de ocupação do nosso Estado de Minas Gerais consultam e interpretam freqüentemente as obras que relatam as viagens feitas por astrônomos, engenheiros e naturalistas entre 1820 e o final do século XIX. Eschwege, Hartt, Varnhagen, Spix, Martius, Saint-Hilaire, James Wells, entre outros, são fontes obrigatórias sobre o tema.

Lamentavelmente, uma das grandes contribuições ao conhecimento do território mineiro raramente é citada pelos pesquisadores. Trata-se do *Itinerário do Rio de Janeiro ao Pará e Maranhão, pelas províncias de Minas Geraes e Goiás*, obra dedicada ao Exmo. Sr. *Diogo Antonio Feijó, Regente do Império do Brazil, pelo Brigadeiro Raimundo José da Cunha Mattos, Official da Ordem Imperial do Cruzeiro, Comendador de S. Bento d'Aviz* e publicado em 1856.

Em edição recuperada e publicada em 2004 pelo Instituto Cultural Amilcar Martins e integrando a Coleção Memória de Minas, os conteúdos encontrados nas descrições são bastante esclarecedores e com informações que enriquecem profundamente o conhecimento sobre o Estado de Minas Gerais, com ilustrações e descrições da paisagem natural e observações sobre a cultura e hábitos encontrados pelo viajante português entre 1823 e 1826.

A título de ilustração, merece ser citada a seguinte descrição, com riqueza de detalhes e observações que identificam a "visão de síntese" que tanto caracteriza os estudos realizados pelos geógrafos. Assim, vejamos, a título de exemplo:

OBSERVAÇÕES sobre a minha marcha desde o rio de São Francisco até o rio Paranaíba:

O terreno que fica entre o rio de São Francisco e o Paranaíba, a que vulgarmente se dá o nome de sertão ou deserto, apresenta tantos caracteres físicos, civis e políticos diferentes de outras porções do território das Minas Gerais que quase se pode afiançar que não é o mesmo país, por não haver os mesmos idênticos usos e costumes em várias circunstâncias da sociedade. Na parte física observa-se que a vegetação é mais fraca, exceto na mata da Corda, até os rios Andaiá e Abaeté. As matas são menores; as árvores, mais baixas e menos densas; os capões, menos extensos e numerosos; os cerrados ou matos, carrasquenhos, ocupando a maior parte do país. O terreno levanta-se gradualmente desde a margem do rio de São Francisco até à serra da Marcela, pois que todos os rios e córregos se perdem nos de Bambuí e Santo Antônio, que entram no de São Francisco aos dois lados do chapadão ou cadeia de montes que, ligados entre si por mais altos ou baixos, eles acabam no ponto culminante da serra da Marcela. Daqui para oeste a estrada atravessa um chapadão com algumas quebradas e as águas correm da parte do sul para o rio Quebra Anzol e da parte do norte para o Paranaíba.

Quem conhece o percurso identifica com perfeição as características fisiográficas da região, e o relato minucioso dos aspectos culturais explica as razões que fundamentam as descrições dos viajantes como contribuições ainda atualizadas e comprobatórias da realidade contemporânea.

Indispensável também será a leitura da *Breve Descrição Geográfica, Física e Política da Capitania de Minas Gerais*, escrita por Diogo Pereira Ribeiro de Vasconcelos e publicada no início do século XIX. É publicação integrante da Coleção Mineiriana (Fundação João Pinheiro, Belo Horizonte, 1994, com apoio cultural da Fundação Vitae), com excelente estudo crítico da professora do Departamento de História da FAFICH/UFMG, Carla Maria Junho Anastásia.

Na sua parte primeira, Capítulo 1º, artigo 3º — Natureza Mineral — Descobrimento das Gerais, ele descreve: "A conquista do gentio, a princípio, e depois a aquisição de ouro fizeram com que os habitantes de São Paulo, hoje cidade e capital da capitania deste nome, rompessem as matas que ocupavam e encobriam a (capitania) de Minas.

Não há convir ao certo nos primeiros descobridores. Sabe-se apenas que, estabelecida a povoação de São Paulo, aos 25 de janeiro de 1554, concordaram alguns dos seus povoadores em penetrar a densidade dos matos em alcance do gentio. Sem munição alguma de boca, providos somente de armas, pólvora e chumbo, os paulistas arrostaram todos os perigos; caça, peixe e mel silvestre lhes serviam de alimento ordinário. E, na diligência de cativar os índios, lançaram os fundamentos à Capitania de Minas, a que depois deram o nome de Gerais, por aparecer ouro mais ou menos em toda a sua extensão."

Descrevendo cidades e vilas, comenta a Divisão da Capitania por Comarcas, as jurídições correspondentes e as atividades econômicas em desenvolvimento.

Um dos trabalhos mais interessantes e objetivos sobre Minas Gerais, *Aspectos Geográficos de Minas Gerais* (inédito), escrito em 1984 pelos técnicos do IGA, incorporou um documento elaborado pelos geógrafos

Eugênio Ângelo Arreguy Amado e Miguel Angel Sanz Y Sanz, que é uma das mais completas sínteses sobre povoamento, divisão administrativa e limites interestaduais.

Para entender melhor a fase inicial de ocupação do território mineiro, merece ser citado:

> "Dada a prioridade de São Paulo quanto aos achados auríferos, o *Distrito das Minas Gerais dos Cataguazes* passou a pertencer àquela Capitania, durante os primeiros anos de sua ocupação.
>
> O contrabando, a anarquia administrativa e os desmandos das autoridades na área levaram o governador, Antônio de Albuquerque Coelho de Carvalho, a decretar, em 1711, a primeira divisão administrativa do território mineiro. O Distrito das Minas foi desmembrado em três municípios, cujas sedes foram as primeiras vilas mineiras: Ribeirão do Carmo (atualmente Mariana), Vila Rica (Ouro Preto) e Vila Real de Nossa Senhora da Conceição de Sabará. Coube à Vila do Carmo o território abrangendo os sertões dos rios Pomba, Muriaé e Doce, até a fronteira do Rio de Janeiro. Vila Rica ficou com o centro, o sul e o sudoeste da futura Capitania, cuja separação já se esboçava. E a parte mais vasta passou à jurisdição de Sabará, compreendendo o centro-norte, o nordeste, a bacia do São Francisco e o sertão da Farinha Podre, que hoje constitui o Triângulo Mineiro, mas que, na época, pertencia quase totalmente à Capitania de Goiás."

Foi essa a forma encontrada pela Coroa para controlar a acelerar o processo de fiscalização da produção do ouro. Novas descobertas de ouro e de diamantes permitiram inúmeras emancipações e, finalmente, a criação da Capitania de Minas.

Toda a evolução das soluções administrativas para o controle territorial das Minas Gerais gerou inúmeras anexações, até que, na segunda metade do século XVIII, com o declínio do "ciclo do ouro", são ampliados os desmembramentos, e as atividades agrícolas tornam-se as principais ocupações daqueles que, vindo do Rio de Janeiro ou São Paulo, ou mesmo abandonando os já esgotados recursos auríferos da parte central de Minas, instalam-se nos vales fluviais da regiões da Mata e do Sul.

Finalmente, na segunda década do século XIX (1816), D. João VI assina o alvará que faz a anexação do Triângulo Mineiro à Província de Minas Gerais. Estava assim definida a principal configuração territorial que ainda é mantida pelas linhas que traçam os limites interestaduais do Estado de Minas Gerais.

Daí para a frente, basta acompanhar a evolução das atividades agrícolas no Estado para se entender o processo de criação, emancipação e surgimento de vilas, distritos, municípios e cidades mineiras.

3. A BUSCA DE INFORMAÇÕES PARA O PLANEJAMENTO

Ressaltando a importância do planejamento para a definição da ocupação efetiva de um território, bem como a necessidade básica da Cartografia, Rodrigues, in: *O Espaço Geográfico de Minas Gerais: uma visão cartográfica* (IGA/FAPEMIG, Belo Horizonte, 2002) faz um comentário sobre o tema — O Capítulo II — Caracterização do Território — do *PLANO DE ELETRIFICAÇÃO DE MINAS GERAIS* (1950), o qual, coordenado pelo engenheiro Lucas Lopes, já registrava:

> "A história da ocupação humana do território mineiro ressalta a importância de fatores geográficos que marcaram o destino das gentes que penetraram as interlândias do país num movimento lógico de expansão territorial em busca das riquezas da terra. A história que o futuro reserva a essa unidade política já vê definidos, por antecipação, marcos e rumos irretorquíveis que lhe impõem alguns fatores de caracterização regional.
>
> A posição geográfica de Minas no quadro territorial do país define relações políticas e econômicas que têm sido elementos básicos da sua evolução e parecem destinadas a perdurar em seus efeitos.
>
> Quando as levas de conquistadores iniciaram a penetração do território pátrio e galgaram a Serra do Mar e a da Mantiqueira, encontraram um território de morfologia perturbada, onde as riquezas minerais, o ouro e as gemas apresentavam-se superficialmente.
>
> Essas conquistas e essas invasões, iniciadas ainda no século XVI, o povoamento gradativo a partir do século XVII e a visita de inúmeros

cientistas a partir do século XIX não deram, contudo, uma grande contribuição ao conhecimento do espaço geográfico de Minas Gerais.

Curiosamente, ao contrário do que quase todos imaginam, não foram os europeus e sim os brasileiros que estudaram em Coimbra os principais iniciantes das atividades científicas no país. Conforme acentua Carvalho em seu excelente livro *A Escola de Minas de Ouro Preto, o peso da glória* (1978):

> *Em termos de medidas de política mineral, o primeiro documento importante após o alvará de 1795, que liberou a produção de ferro em Minas, foi o alvará de 1803, que teria tido a influência de Manuel F. da Câmara em sua confecção. Este alvará criou a Real Junta Administrativa de Mineração e Moedagem na Capitania de Minas Gerais.*

Todavia, uma avaliação sobre a listagem da bibliografia produzida até meados do século XX leva a concluir que nem sempre ela é digna de ser classificada como de bom nível. Conforme já observara Barbosa, em *Diagnóstico da Economia Mineira* (1966), "os conhecimentos acumulados são escassos. A grande massa de referências bibliográficas é essencialmente compilativa e extensamente repetitiva, denunciando uma significativa ausência de pesquisas primárias".

Mesmo assim, no caso específico da Geologia, o Estado de Minas Gerais apresentava a partir do início do século passado um acervo bibliográfico razoável, sobretudo no que diz respeito à Geologia Econômica, já que os estudos estiveram direcionados às jazidas minerais especificamente. Até o início da década de 1930, quando Freyberg escreveu o seu *Relatório sobre os Resultados das Explorações Geológicas em Minas Gerais (Ergebnisse Geologischer Forschungen in Minas Gerais), 1932,* as pesquisas permaneciam esparsas e com direcionamento pontual.

Essas conquistas, essa busca de um direcionamento de cunho científico e não meramente descritivo, permitiram uma grande mudança nos paradigmas que até então eram perseguidos.

Dando seqüência ao período que identificou a política arrojada de Juscelino Kubitschek como o mais inovador até então conhecido em toda a América Latina, a presença de Magalhães Pinto (1963–1966) e de Israel Pinheiro (1967–1970) no governo de Minas Gerais permitiu a elaboração e aplicação das propostas resultantes de um dos mais importantes trabalhos de pesquisa realizados em Minas Gerais: o *Diagnóstico da Economia Mineira*.

Publicado em 1966 e dividido em seis volumes, é considerado um documento dos mais importantes, pois foi elaborado a partir de metodologias mais avançadas, contando com uma equipe coordenada pelo economista Fernando Roquette Reis. Objetivando uma análise crítica sobre o declínio da economia, indicou alternativas e fez propostas para as áreas de Geografia e Geologia. O segundo volume cuidou do Espaço Natural e teve a sua coordenação sob a responsabilidade do geógrafo e professor Getúlio Vargas Barbosa, da Universidade Federal de Minas Gerais. Foi dividido em duas partes. A primeira, com um total de 243 páginas, está composta por oito capítulos: Caracterização do Espaço Natural, Geologia, Relevo, Hidrografia, Condições Climáticas, Pedologia, Fitogeografia e Regionalização. A segunda parte consta de um conjunto de 32 mapas temáticos, na escala de 1:2.000.000. É, talvez, o mais completo conjunto de cartografia temática sobre o Estado de Minas Gerais publicado até a década de 1970.

Incluído nesse conjunto está o mapa geológico de Minas Gerais, impresso em policromia, na escala de 1:1.000.000, de autoria de Djalma Guimarães e Octávio Barbosa, primeiro documento cartográfico oficial do Estado de Minas Gerais a ser editado depois de 1934 e que induziu mais tarde o IGA à publicação de outro mapa geológico de Minas Gerais, mais completo, na escala de 1:1.000.000, cuja elaboração foi coordenada pelo professor Manoel Teixeira da Costa.

Ao contrário de algumas interpretações errôneas e/ou tendenciosas e, por que não dizer, oportunistas e forçosamente direcionadas para um "politicamente correto" incorreto e demagógico, o setor público de Minas Gerais, sobretudo na área do planejamento, teve, no Governo Israel Pinheiro, identificada como de oposição ao regime militar e sob a liderança da equipe do BDMG (Banco de Desenvolvimento de Minas Gerais) uma linha de ação permanentemente preocupada com as questões sociais.

Nesse *Diagnóstico*, no Livro 8, o capítulo sobre Regionalização, de autoria do geógrafo Getulio Vargas Barbosa registra: "A divisão do Estado de Minas Gerais em zonas ou regiões é um dos assuntos de menor desenvolvimento, apesar de sua grande importância científica e técnica. É possível mesmo que a ausência de estudos sobre a matéria colaborasse para a sua reduzida valorização e tenha sido raramente utilizada em planejamento e ação administrativa.

A falta de pesquisa sobre o tema e a carência de mentalidade que impede a região de ser tomada como unidade de trabalho, a complexidade de um problema que deve atender a finalidades diversas, as sucessivas divisões administrativas obrigando a revisões periódicas são, entre outros, fatores que têm impedido o progresso de estudos sobre divisões regionais."

Ainda nesse trabalho, Getulio Barbosa organizou um quadro comparativo que nos permite entender a evolução das divisões regionais de Minas Gerais entre 1941 e 1962.

Concluindo as pesquisas desenvolvidas sobre o tema, o autor propõe uma Caracterização Sumária das Unidades da Divisão Regional (Quadro 6),

Quadro 6 — Divisão territorial das mesorregiões e Microrregiões geográficas e municípios — Estado de Minas Gerais. Compõe-se de 12 mesorregiões e de 66 microrregiões, no total de 853 municípios

MESORREGIÕES	MICRORREGIÕES	Nº DE MUNICÍPIOS
01 — NOROESTE DE MINAS	01 — Unaí	9
	02 — Paracatu	10
02 — NORTE DE MINAS	03 — Januária	16
	04 — Janaúba	13
	05 — Salinas	17
	06 — Pirapora	10
	07 — Montes Claros	22
	08 — Grão-Mongol	6
	09 — Bocaiúva	5
03 — JEQUITINHONHA	10 — Diamantina	8
	11 — Capelinha	14
	12 — Araçuaí	8
	13 — Pedra Azul	5
	14 — Almenara	16

04 — VALE DO MUCURI	15 — Teófilo Otoni	13
	16 — Nanuque	10
05 — TRIÂNGULO MINEIRO/ALTO PARANAÍBA	17 — Ituiutaba	6
	18 — Iberlândia	10
	19 — Patrocínio	11
	20 — Patos de Minas	10
	21 — Frutal	12
	22 — Uberaba	7
	23 — Araxá	10
06 — CENTRAL MINEIRA	24 — Três Marias	7
	25 — Curvelo	11
	26 — Bom Despacho	12
07 — METROPOLITANA DE BELO HORIZONTE	27 — Sete Lagoas	20
	28 — Conceição do Mato Dentro	13
	29 — Pará de Minas	5
	30 — Belo Horizonte	24
	31 — Itabira	18
	32 — Itaguara	9
	33 — Ouro Preto	4
	34 — Conselheiro Lafaiete	9
08 — VALE DO RIO DOCE	35 — Guanhães	15
	36 — Peçanha	9
	37 — Governador Valadares	25
	38 — Mantena	7
	39 — Ipatinga	13
	40 — Caratinga	20
	41 — Aimorés	13
09 — OESTE DE MINAS	42 — Piunhy	9
	43 — Divinópolis	11
	44 — Formiga	8
	45 — Campo Belo	7
	46 — Oliveira	9
10 — SUL/SUDOESTE DE MINAS	47 — Passos	14
	48 — São Sebastião do Paraíso	14
	49 — Alfenas	12
	50 — Varginha	16
	51 — Poços de Caldas	13
	52 — Pouso Alegre	20
	53 — Santa Rita do Sapucaí	15

	54 — São Lourenço	16
	55 — Andrelândia	13
	56 — Itajubá	13
11 — CAMPO DAS VERDENTES	57 — Lavras	9
	58 — São João Del-Rei	15
	59 — Barbacena	12
12 — ZONA DA MATA	60 — Ponte Nova	18
	61 — Manhuaçu	20
	62 — Viçosa	20
	63 — Muriaé	20
	64 — Ubá	17
	65 — Juiz de Fora	33
	66 — Cataguases	14

tomando como referência uma interpretação inovadora, ou seja, a relação atividades econômicas/macrounidades geomorfológicas. A proposta divide o Estado de Minas Gerais em: "Região dos Maciços Antigos (toda a área ocupada pelos maciços antigos mineiros, independentemente das características geológicas ou geomorfológicas, é empregada em atividades de agricultura e pecuária), Região dos Planaltos Sedimentares (toda a região geomorfológica ocupada pelos planaltos sedimentares paleomesozóicos caracteriza-se essencialmente pelo baixo grau de povoamento, pela pecuária extensiva, pelas grandes propriedades, pela ausência quase total de verdadeiras cidades e pela cobertura de cerrados) e Região das Depressões de Contato (corresponde às faixas de contato entre os maciços antigos e os planaltos sedimentares)."

4. Cartografia, Política e Ordenamento Territorial

A partir da segunda metade do século XX, os interesses internacionais e o início do processo de industrialização do país, os conhecimentos do nosso solo e subsolo, bem como a ocorrência de inúmeras missões de reconhecimento do nosso amplo espaço geográfico, deram início à elaboração de inúmeros programas de mapeamento do Estado. Como exemplo, merece destaque o Mapeamento Geológico do Quadrilátero Ferrífero, realizado por convênio entre o DNPM (Departamento Nacional da Produção Mineral) e o USGS (United States Geological Survey), permitindo pesquisas de alto nível científico e a abertura de espaço para a formação de inúmeros pesquisadores.

A produção científica no âmbito das ciências da Terra alcançou índices de produtividade com inúmeras publicações geocartográficas de qualidade.

Sabemos todos que a documentação cartográfica básica é imprescindível à elaboração de qualquer estudo sério e científico de um espaço territorial de Minas Gerais, tendo na sua estrutura administrativa um excelente Departamento Geográfico, seguindo a tradição iniciada em Ouro Preto em 1891, onde funcionava a Comissão Geográfica e Geológica. Todavia, até 1972, apenas 40% do território mineiro estavam cobertos por mapas topográficos (1:50.000 e 1:100.000). Somente em 1980, após um esforço hercúleo dos governos Rondon Pacheco e Aureliano Chaves e a participação efetiva da Diretoria do Serviço Geográfico do Exército, da Diretoria de Cartografia do IBGE e do Instituto de Geociências Aplicadas de Minas Gerais — IGA, o Estado passou a ter toda a sua superfície coberta por documentos cartográficos de comprovada qualidade e sem nada dever aos sofisticados processos que ampliaram os horizontes científicos da cartografia no terceiro milênio.

Nesse mesmo período, de grande fecundidade científica na área governamental, a criação da Secretaria de Estado de Ciência e Tecnologia, dirigida pelo cientista e professor José Israel Vargas, permitiu a montagem e conclusão de inúmeros projetos, dando-se assim início à sensibilização para as questões geoambientais.

O ritmo dessa produção científica e o conhecimento sobre o nosso quadro natural, com destaque para os aspectos físicos e geológicos, poderiam ter sido contínuos e ampliados com vigor, não fossem os desvios maléficos provocados pelas composições políticas que levaram à criação, no final da década de 1980, da Secretaria de Minas e Energia, mais voltada para interesses da Geologia Econômica e sem nenhum interesse pela Geologia básica, ausente em Minas Gerais desde aquela época.

O Estado de Minas Gerais abandonou o mapeamento geológico básico e suprimiu as pesquisas fundamentais ao conhecimento do nosso subsolo. Programas existiram, projetos foram concluídos, mas quase todos direcionados para os resultados imediatistas e fornecedores de subsídios à exploração econômica e com reduzida preocupação científica. Exemplos como esse diminuem a importância da participação do Estado nas atividades de pesquisa.

Recentemente, orientações governamentais para o fortalecimento do Instituto de Geociências Aplicadas com os chamados projetos endogovernamentais, apoiados pela Fundação de Amparo do Estado de Minas Gerais (Fapemig), iniciam a reversão desse quadro.

Quando se tem um espaço territorial que apresenta grandes diversificações nas suas características geoambientais, a evolução do seu ordenamento relaciona-se diretamente com a necessidade do conhecimento, sobretudo das condições geomorfológicas. O nível desse conhecimento dependerá do tratamento que vier a ser dado pelos administradores governamentais e principalmente pela chamada, apesar de desgastada, vontade política.

Conseqüentemente, essa vontade política está diretamente ligada à competência dos governantes, isto é, aqueles que são realmente estadistas inferem, ousam, planejam e executam políticas abrangentes, grandiosas, perenes ou não, como vem acontecendo no Brasil pós-Constituição de 1988, em que se prestigia e se adota o comportamento que Roger-Gérard Schwartzenberg, em *O Estado Espetáculo,* ensaio sobre e contra o "star system" em política, analisa com precisão.

À medida que os políticos brasileiros esqueceram a nação como prioridade única para suas ações, que os Planos de Desenvolvimento foram abandonados, que a próxima eleição passou a ser a grande meta dos nossos "estadistas" e que o ser político deixou de ser o homem político e passou a interpretar um papel composto e dissimulado, ele passou a conquistar o público não por suas idéias, mas por seu desempenho artístico, passando aos chamados "marqueteiros" a programação do papel a ser desempenhado para a adequada representação e sucesso.

Esse processo passou a permitir de forma perversa uma governabilidade sem comprometimento com as reais necessidades de um país, *et pourtant* é impossível querer esperar deles uma visão abrangente e que possa alcançar a tão distante compreensão de que o progresso de um país, o crescimento da sua economia, os avanços científicos e tecnológicos, o alcance do federalismo, o desempenho eficiente dos municípios são dependentes do conhecimento adequado do seu espaço territorial e, como conseqüência lógica e imediata, da existência de coberturas cartográficas de qualidade.

Minas Gerais é dos poucos Estados da Federação que têm conseguido manter instituições ligadas às questões geográficas e cartográficas com atendimento a sua dinâmica desenvolvimentista. Todavia, o pragmatismo superficial e a tendência à diminuição dos recursos financeiros fundamentais aos programas geocartográficos poderão induzir os governantes menos preparados a um caminho indicado pelos guizos da simplicidade meramente produtiva e da busca de soluções "empacotadas". Essas, quase sempre, isolam a criatividade e castram a curiosidade do pesquisador, que é induzido a pensar que com a utilização da tecnologia, e só dela, poderá alcançar a verdade científica. É fundamental não esquecer que sem os trabalhos de campo, sem a interpretação de fotos aéreas, imagens orbitais, cartas topográficas e/ou temáticas de qualidade, tudo não passará de uma "compilação eletrônica".

A partir da segunda metade do século XX, os interesses internacionais e o início do processo de industrialização do país, os conhecimentos do nosso solo e subsolo, bem como a ocorrência de inúmeras missões de reconhecimento do nosso amplo espaço geográfico deram início à elaboração de inúmeros programas de mapeamento do Estado.

Mesmo já citados, dos principais trabalhos desenvolvidos em Minas Gerais no que diz respeito ao espaço geográfico e à importância da sua análise para o ordenamento territorial e o mapeamento dos recursos naturais, entre 1930 e 1973, quatro merecem destaque: a *Carta Física e Política do Estado de Minas Gerais* — na escala de 1:1.000.000, foi impresso sobre tecido (linho) —; o *Atlas Geográfico de Minas Gerais* — são dezenas de mapas temáticos. Elaborado pela Secretaria da Agricultura, sob a direção de Israel Pinheiro, o *Plano de Eletrificação de Minas Gerais*, dividido em cinco volumes, foi publicado durante o Governo Juscelino Kubitschek (1950-1954). Coordenado por Lucas Lopes, foi o documento básico para a definição da política energética de Minas Gerais e criação da CEMIG, e o *Mapeamento Básico e Geológico do Quadrilátero Ferrífero* — publicado em 1962 e realizado na década de 50, mediante convênio entre o Departamento Nacional da Produção Mineral e o United States Geological Survey (USGS). Abriu perspectivas para explorações minerais e possibilitou o desenvolvimento de inúmeras pesquisas.

Diagnóstico da Economia Mineira — publicado em 1967 pelo Banco de Desenvolvimento de Minas Gerais (BDMG). São seis volumes que analisam a situação real da economia de Minas Gerais em meados do século passado.

Todos esses trabalhos contribuíram para mudanças fundamentais ao desenvolvimento de Minas e, conseqüentemente, permitiram alterações no mapa de uso e ocupação das diversas regiões do Estado.

Seguindo uma política desenvolvimentista e de atendimento às inovações tecnológicas, a criação do Instituto de Geociências Aplicadas possibilitou o fornecimento ao governo do Estado de Minas Gerais de todas as bases cartográficas e estudos temáticos imprescindíveis à modernização da sua política de expansão econômica e que foram apontadas quando da publicação desse *Diagnóstico*.

A criação do Instituto de Geociências Aplicadas (IGA).

Torna-se impossível deixar de se registrar a importância dessa instituição no tocante aos progressos alcançados pelas mais variadas formas de ocupação do espaço territorial de Minas Gerais e do seu ordenamento nos últimos 35 anos, sobretudo nos trabalhos de criação de novos municípios.

Todos os programas governamentais de desenvolvimento buscaram nos documentos geocartográficos elaborados pelo IGA a sua principal base de sustentação e elaboração dos programas e metas que sempre caracterizaram as políticas públicas no Estado de Minas Gerais.

Com a criação do IGA em outubro de 1971, iniciativa apoiada na idéia do geógrafo Alisson Pereira Guimarães, quando diretor do Departamento Geográfico do Estado, o instituto iniciou suas atividades no Governo Rondon Pacheco, sendo presidente do Conselho Estadual de Desenvolvimento o engenheiro Paulo José de Lima Vieira. Tendo em vista as programações desenvolvidas e os investimentos aplicados a partir do dia 15 de março de 1972, data da posse da diretoria, Minas Gerais destacou-se como o Estado que melhor desempenho apresentou no âmbito da Cartografia básica, temática e municipal. No período 1972–1986, a realização de convênios entre IGA/IBGE/DSG (Diretoria do Serviço Geográfico do Exército) permitiu a ampliação dos 46% de áreas mapeadas em 1971 para 100% em 1982. Todos esses esforços foram direcionados aos municípios, com grandes contribuições na área social.

Desde sua criação, o IGA elaborou e publicou mais de 400 mapas municipais, diversos atlas temáticos, desenvolveu o *Projeto Radar MG,* elaborou e publicou o *Mapa Geológico de Minas Gerais (1976)* na escala de 1:1.000.000, inúmeras cartas geológicas do entorno de Belo Horizonte, prestou serviços petrográficos sob a direção do Dr. Cláudio Vieira Dutra, organizando também um amplo banco de dados municipais, editando, em quatro folhas, o Mapa Geográfico de Minas Gerais, na escala de 1:500.000, e deu início ao mapeamento topográfico e geológico da Região Metropolitana de Belo Horizonte, na escala de 1:25.000.

Dentre os inúmeros trabalhos desenvolvidos e concluídos, podem ser destacados como de grande importância aos estudos que permitiram a definição de estudos de âmbito regional e de gestão territorial os seguintes mapeamentos temáticos:

Projeto Radar/MG — Resultante de um convênio firmado em 1976 entre o IGA e o DNPM, a utilização do corpo técnico do instituto, treinado durante 18 meses na Amazônia (Projeto Radam), permitiu que aproximadamente 234.000km² dos trechos central e nordeste de Minas Gerais fossem cobertos por imagens de radar na escala original de 1:400.000 e ampliados em mosaico para 1:250.000.

Num total de 13 folhas, esse levantamento cobriu amplas áreas do Estado onde ocorriam as maiores falhas do vôo AST-10 (USAF), com fotos na escala de 1:60.000 e concluído na década de 60. Apesar de elaborado para a produção de documentação referente à planimetria, geologia, geomorfologia, uso do solo, vegetação e pedologia, somente os três primeiros temas foram concluídos. Todavia, alterações na política governamental de Minas Gerais sepultaram as perspectivas de conclusão do projeto.

Projeto Mapa Geológico de Minas Gerais — Coordenado pelo Professor Manoel Teixeira da Costa (1976), veio substituir o histórico *Mapa Geológico de Minas Gerais,* organizado por Djalma Guimarães e

Octávio Barbosa em 1934. Foram publicados três mil exemplares. O mapa, na escala de 1:1.000.000, foi editado juntamente com uma nota explicativa, também escrita pelo professor Manoel Teixeira da Costa, em que constam comentários técnicos sobre a geologia de Minas Gerais, com destaque para o seu quadro estratigráfico. Na introdução do texto citado são feitos os seguintes comentários:

> *Faltava, entretanto, um mapa que adicionasse ao de 1934 os conhecimentos geológicos adquiridos daquela época até a data de sua publicação.*
>
> *Esta lacuna devia-se a três fatores principais: em primeiro lugar, à falta de recursos humanos, tecnológicos e financeiros, que assoberbava todos os órgãos governamentais responsáveis pela execução de pesquisas geológicas, tanto no plano federal como no estadual, até a década de 60; em segundo lugar, à inexistência de mapas topográficos que fornecessem as bases para o mapeamento geológico em vastas áreas do Estado, o que se devia ao fato de que os setores de mapeamento e cartografia dos órgãos governamentais padeciam das mesmas dificuldades que os setores de geologia; finalmente, às dificuldades inerentes ao próprio problema, pois a divisão em unidades estratigráficas, a determinação da ordem de sucessão destas unidades e o seu mapeamento, em áreas polimetamórficas que sofreram intensos processos geotectônicos, particularmente em escudos cristalinos, são problemas intricados, e as determinações geocronológicas realizadas nas últimas décadas mostraram que, mesmo em países desenvolvidos, onde constantes estudos e sucessivos mapeamentos foram feitos, os métodos clássicos falharam várias vezes na tentativa de resolvê-los. O principal fator que permitiu a confecção e a edição do mapa geológico ora divulgado foi o interesse, tanto do Governo Federal como do Estadual, pelo aproveitamento de nossos recursos minerais conhecidos, bem como pela descoberta de novos depósitos e a conscientização dos órgãos governamentais, direta ou indiretamente ligados ao problema, de que uma pesquisa consciente e eficaz desses recursos necessita de mapas geológicos adequados que permitam um bom planejamento e forneçam apoio seguro ao desenvolvimento dos trabalhos.*

A criação do IGA, por exemplo, permitiu aos diversos campos das ciências geocartográficas um longo período de produção e incentivo às atividades de pesquisa. A continuidade dessas ações firmou-se durante o Governo Rondon Pacheco e expandiu-se no Governo Aureliano Chaves. Curiosamente, após 1985, em governos "voltados para as áreas sociais", começaram a faltar recursos exatamente para essas áreas. Talvez os responsáveis pelo PROER, BNDES, Banco Central, Suframa, Sudam, Sudene, CPMF, Comissão de Orçamento do Congresso Nacional, programas paternalistas com "bolsas" de várias "grifes", entre outros, pudessem abastecer as nossas bases cartográficas com informações precisas sobre o que aconteceu com o dinheiro do povo brasileiro nos últimos 20 anos.

Mesmo assim, a existência em Minas Gerais de um corpo técnico de alto nível integrado aos diversos segmentos da administração pública permitiu proposições da alto nível.

As propostas apresentadas no documento *Minas Gerais do Século XXI — Uma visão do novo desenvolvimento* (BDMG, 2002) definem a necessidade básica da valorização do conhecimento do espaço geográfico mineiro, e os temas nele tratados identificam não apenas a necessidade de se conhecer com profundidade as características regionais, mas também a importância de um sistema estadual de inovações, a necessidade do desenvolvimento sustentável e os principais eixos de atuação para a busca de uma visão de futuro: Minas Gerais como um dos centros dinâmicos da economia nacional. Todavia, em nenhum momento faz referência à importância da Cartografia, como ciência e instrumento básico para qualquer projeto de desenvolvimento, qualquer referência à necessidade da representação efetiva e correta do espaço territorial como necessidade básica à construção de diagnósticos, ainda que elementares, sobre a verdadeira necessidade da busca da melhoria da qualidade de vida.

Também em 2002, a publicação do livro *O Espaço Geográfico de Minas Gerais: Uma visão cartográfica* (IGA/FAPEMIG/SECT) propôs novas diretrizes para o direcionamento de uma proposta inovadora no âmbito da cartografia estadual, complementando, ainda que modestamente, o magnífico trabalho já citado.

É importante destacar que as propostas meramente acadêmicas, as teorias econômicas baseadas exclusivamente em índices e dados estatísticos que desconhecem ou menosprezam *a relação homem/quadro natural/*

evolução da paisagem dão contribuições inesquecíveis ao desenvolvimento social. Tais contribuições são realmente inesquecíveis pelo fato de que, em sua maioria, desprezam o passado e imaginam a presença do ser humano como simples componente estático e desvinculado das alterações que podem vir a ser causadas pelo comportamento das sociedades, quase sempre reprimidas e muitas vezes indispostas às mudanças comportamentais.

Procurando neutralizar tais atitudes, muito comuns quando o poder de decisão é entregue a técnicos demasiadamente conservadores e sem visão inovadora, o governo atual elegeu um grupo de especialistas com grande experiência na administração pública e consciente da necessidade do planejamento por intermédio de uma gestão eficaz.

5. Histórico sobre as Divisões Geográficas, Administrativas e Regionais em Minas Gerais

A primeira divisão administrativa de Minas Gerais data de 1711 e foi decretada pelo governador Antonio de Albuquerque Coelho de Carvalho.

O então Distrito de Minas foi subdividido em três municípios:

- Vila Real de Nossa Senhora da Conceição de Sabará
- Ribeirão do Carmo (atual Mariana)
- Vila Rica (Ouro Preto)

A chamada Vila Real abrangia o centro norte, o nordeste, a bacia do Rio São Francisco, o então Sertão da Farinha (Triângulo Mineiro) e o que fazia parte da Capitania de Goiás.

A Vila do Carmo (Mariana) tinha controle sobre os sertões dos Rios Doce, Muriaé e Pomba, alcançando a fronteira com o Rio de Janeiro.

Vila Rica (Ouro Preto) controlava o centro, o sul e o sudeste.

Conforme Amado & Saenz (1984), Vila Rica possuía aproximadamente 100.000km^2, a Vila do Carmo, 50.00km^2, e a Vila Real de Sabará, 400.000km^2 .

Atualmente, a área média dos municípios mineiros é inferior a 800km^2.

O principal objetivo de tais divisões administrativas estava em racionalizar os trabalhos de fiscalização.

Gradativamente, a partir de 1713, tiveram início algumas emancipações:

- 1713 — São João Del-Rei
- 1714 — Vila Nova da Rainha (Caeté) e
  Vila do Príncipe (Serro)
- 1715 — Vila de Nossa Senhora da Piedade de Pitangui

Em 1720 é criada a Capitania de Minas, desmembrada da de São Paulo. Sua área territorial era próxima da atual. Apenas a região do Triângulo Mineiro foi anexada posteriormente (século XIX).

Mais ou menos durante uma década (1720-1730) não ocorreram outras alterações, e somente em 1730 foi criada a Vila de Minas Novas.

A partir do ano da Inconfidência Mineira (1789) iniciaram-se novos desmembramentos:

- Vila de São Bento do Tamanduá (Itapecerica)
- Vila de Queluz (Conselheiro Lafaiete — 1790)
- Vila de Barbacena (1798)
- Vila de Campanha da Princesa da Beira (Campanha — 1798)
- Vila de Paracatu do Príncipe (1798) e, já no século XIX, as vilas de São Carlos do Jacuí e Baependi (1814)

Quando da Proclamação da Independência, Minas Gerais possuía 16 municípios, cujas sedes eram vilas, e somente Mariana era considerada cidade (desde 1745).

Até 1831 não foram criados novos municípios, mas a partir desse ano surgiram mais nove: Tijuco (Diamantina), Lavras, Formiga (Montes Claros), Pouso Alegre, São Domingos do Araxá (Araxá), Curvelo, Rio Pardo, Rio Pomba e São Romão (São Francisco).

A partir de 1830, o direcionamento econômico busca as atividades agropecuárias e ampliam-se de modo acelerado as emancipações. Em 1822, Minas possuía 111 municípios.

Novos desmembramentos ocorreram no início do século passado, com duplicação registrada, em geral, a cada 10 anos e também com a redução deste prazo, registrando-se outras subdivisões em 1916, 1921, 1923, 1936, 1937 e 1978.

Somente em 1938, ano em que se desmembraram mais de 70 municípios, foi regulamentado o uso dos termos *cidade* e *vila*. O primeiro correspondia à sede municipal, enquanto o segundo, aos atuais distritos.

Em 1943 iniciam-se as regulamentações para as novas emancipações, com exigências para um prazo mínimo de cinco anos. A proporção ocorrida foi a seguinte: 1943 (28 municípios), 1948 (72 municípios), 1953 (97 municípios), 1962 (237 municípios), atingindo o Estado o total de 722 municípios.

Projetando-se esse total sobre as jurisdições no ano de 1711, teríamos:

- Vila do Carmo — 150 municípios
- Sabará — 314 municípios
- Vila Rica — 258 municípios

Até 1984, Minas Gerais já possuía 732 municípios, e atualmente, após a última ampliação ocorrida em 1995, o Estado de Minas Gerais possui 853 municípios. Levando-se em consideração que a criação dos municípios é feita com o desmembramento dos distritos, é fácil concluir: se nos últimos anos foram criados 131 municípios, Minas Gerais possui hoje, no mínimo, 262 municípios, cujos prefeitos desconhecem o espaço territorial sob a sua responsabilidade administrativa.

Portanto, refletindo a realidade geopolítica e socioeconômica do Estado de Minas Gerais, essas divisões passaram a ser o ponto de referência para as análises e estudos que levaram o IBGE e os órgãos estaduais de planejamento à criação das Zonas Geopolíticas, Microrregiões Homogêneas (1969), regiões para efeito de planejamento (1972-1983) e Regiões Administrativas (1995).

6. Conclusão

A análise do mapa atual da divisão municipal identifica com nitidez o excesso de subdivisões ao sul do paralelo 20º e grandes áreas municipais no trecho norte. Ao sul, os municípios têm uma superfície média inferior a 380km², enquanto ao norte a superfície média de cada município está próxima dos 1.300km².

Curiosamente, numa demonstração de que os administradores municipais pouco ou nada sabem sobre a importância dos mapeamentos básicos e temáticos, assiste-se com freqüência a comentários e até mesmo a seminários sobre Planos Diretores Municipais sem qualquer tipo de referência aos estudos geocartográficos.

Diante desse quadro, torna-se fundamental que seja definida com a devida urgência uma política cartográfica para o país, já que a ausência do poder central, com a ineficiência dos órgãos responsáveis pela Cartografia básica, há muito tempo desconhece as necessidades das cartas para a busca de um desenvolvimento prometido e adiado. Até mesmo as políticas paternalistas e populistas tão em moda no mundo latino-americano, até mesmo as variadas "grifes" criadas para as "bolsas" que passaram a ser o paradigma maior das políticas assistencialistas e eleitoreiras do Brasil contemporâneo, precisam de mapas para nortear a distribuição das benesses financeiras, nem sempre identificadas para a população como recursos de origem legal, predominando em certos casos os "recursos não contabilizados".

Após um período de ausência e de desconhecimento da necessidade de valorização de uma Política Regional Brasileira, torna-se essencial que o Estado retome a sua posição de promotor e coordenador das políticas que modifiquem o quadro desolador apresentado nas regiões urbanas e tragicamente seguido pelas microrregiões, a cada dia mais próximas da ameaçadora linha da pobreza, da marginalidade e da exclusão social, sem perspectivas de retorno.

Produzir, divulgar e monitorar as informações são os caminhos que precisam ser ofertados ao cidadão brasileiro, irresponsavelmente penalizado por uma carga tributária insustentável, uma educação falida e uma infra-estrutura de serviços que começa a fazer inveja a muitos bolsões de pobreza localizados na África e muito próximos do Haiti.

7. Referências Bibliográficas

AMADO, Eugênio Ângelo Arreguy e SANZ Y SANZ, Miguel Angel. Povoamento, Divisão Administrativa e Limites Interestaduais. *In: Aspectos Geográficos de Minas Gerais* (inédito). Belo Horizonte: Instituto de Geociências Aplicadas de Minas Gerais (IGA), 1984.

BANCO DE DESENVOLVIMENTO DE MINAS GERAIS (BDMG), *Diagnóstico da Economia Mineira.* 7 vols. Belo Horizonte: BDMG, 1967.

_____. *Minas Gerais do Século XXI* — Uma visão do novo desenvolvimento, Vol. X. Belo Horizonte: BDMG, 2002.

COSTA, Manoel Teixeira da. *Mapa Geológico do Estado de Minas Gerais.* Nota explicativa. Belo Horizonte: Instituto de Geociências Aplicadas (IGA), Belo Horizonte, MG, 1976.

DEPARTAMENTO NACIONAL DA PRODUÇÃO MINERAL e United States Geological Survey. *Mapeamento Básico e Geológico do Quadrilátero Ferrífero.* Rio de Janeiro, 1962.

FREYBERG, B.V. Relatório sobre os Resultados das Explorações Geológicas em Minas Gerais (Ergebnisse Geologischer Forschungen in Minas Gerais. Stuttgart, 1932). Tradução mimeografada.

GOVERNO DE MINAS GERAIS. *Plano de Eletrificação de Minas Gerais* — Coordenação do Engenheiro Lucas Lopes. Belo Horizonte, 1950.

GUIMARÃES, Alisson Pereira. A Divisão Regional do Estado de Minas Gerais. *In: Boletim Geográfico do Departamento Geográfico de Minas Gerais*, ano I, nº 1. Belo Horizonte: Imprensa Oficial de MG, 1958.

MATTOS, Raimundo José da Cunha. *Itinerário do Rio de Janeiro ao Pará e Maranhão, pelas províncias de Minas Geraes e Goiaz. Obra dedicada ao Exmo. Sr. Diogo Antonio Feijó, Regente do Império do Brazil.* Edição recuperada e publicada pelo Instituto Cultural Amílcar Martins, Coleção Memória de Minas, Belo Horizonte, 2004.

RODRIGUES, David Márcio Santos. *O Espaço Geográfico de Minas Gerais*: uma visão cartográfica. Belo Horizonte: IGA/Fapemig, 2002.

SCHWARTZENBERG, Roger-Gérard. *O Estado Espetáculo.* ensaio sobre e contra o "star system" em política. Rio de Janeiro/São Paulo: DIFEL, 1978.

VASCONCELOS, Diogo Pereira Ribeiro. *Breve Descrição Geográfica, Física e Política da Capitania de Minas Gerais.* Belo Horizonte: Fundação João Pinheiro, 1994. Coleção Mineiriana. Escrita e publicada no início do século XIX. É acompanhada de excelente estudo crítico da professora do Departamento de História da FAFICH/UFMG, Carla Maria Junho Anastásia. Apoio cultural da Fundação Vitae.

Impresso na gráfica Markgraph.